害羞也是一项天赋，是看待这个世界的一种独特方式。

羞涩的潜在优势

——害羞者心理指南

【英】乔·莫兰 Joe Moran 著　张勇 译

Shrinking Violets

重庆出版集团 重庆出版社

目录 contents

纪念我的外祖母爱伦·伊凡斯奇塔斯（Ellen Evaskitas，1917—1958），婚前姓氏为罗伯兹（Roberts）。

第 1 章
害羞史初探

1939 年 10 月，新学期伊始。牛津大学正处于战火之中。学校的建筑被征用作了空袭预警中心，一些医院和为孕妇而设的产科医院从伦敦疏散到了这里。油漆刷成的白线穿过了拱门、四方形的院子和庭院，以便于人们在灯火管制期间能够看清道路。用沙袋和帆布搭成的空袭避难处仓促间出现在学校的绿地上。

但是奥里尔学院（Oriel College）的一名新生，来自南非的年轻的大卫·赖特（David Wright）① 却几乎没去想战争的事。他正遭受着害羞的困扰，这个困扰是如此之深，以至于在他清醒时便占据了他的整个大脑，甚至于把他变成了一个完全的隐居者。一天天过去了，他还未跟任何人说过话。过去全是男生的餐厅和公共休息室，现在不得不与从女子学院分流来的女生共用。当赖特被介绍与一位女生认识时，他像后来自己所写的那样，“握手，什么话也说不出来，脸上慢慢地、却显著

---

① 大卫·赖特（1920—1994年），英国作家、诗人。他生于南非，幼时耳聋，移民英国后就读于牛津大学，著有多部诗集。

图1－1 成名后的大卫·赖特。他毕业于牛津大学奥里尔学院，后来成为一名有成就的诗人。他身高6英尺2英寸，身材魁梧，留着一头接近白色的头发，乱蓬蓬的，像杂草一般。

地呈现出夕阳般的红晕，呆立在那里，脑子里翻江倒海，直到那个女孩神经崩溃，逃之夭夭”。①

赖特是幸运的。最终，他的厌烦心理战胜了他的腼腆。他决定正面解决害羞问题，在火车上找人交谈——有时车厢被分割得很小，间隔靠得很近，在这种地方，如果有陌生人和你交谈，你很难回避。这是一种高风险的游戏，当他想象那些被他抓住交谈的陌生人可能会逃之夭夭时，就会出现非常尴尬的时刻。不过不要紧，他已经开始作终生的努力，让自己习惯于社交紧张感了。他很聪明，由于学院里的赛艇俱乐部可以成为接触社会的桥梁，所以尽管他认为划船是无用的活动，他仍然参加了赛艇俱乐部。出于相同的原因，他还开始玩桥牌，其实他同样认为桥牌是无意义的，但是却正确地猜测到了一点，即打桥牌更易于加入到大家的聊天之中，因为聊的内容总是围绕着桥牌的。

赖特1942年毕业时，已是一位有抱负的诗人了，他进入

① 大卫·赖特：《耳聋：一部个人的叙述》，伦敦：费伯出版社，1990年版，第88页。

了苏活大学（University of Soho）继续学习。他的指导老师中有音乐家、艺术家、作家，以及从巴黎蒙帕纳斯区（Montparnasse）来的流亡者，这些人常在狄恩街（Dean Street）、老康普顿街（Old Compton Street）和拉思伯恩广场（Rathbone Place）的酒吧里碰面。这个团体怀有对艺术、语言和饮酒的共同兴趣，夜晚聚集到一起，彼此间很快便从相识到亲密无间。就像历史上先于他的无数害羞者一样，赖特发现，羞怯的症状会在一种液体——啤酒的作用下缓解，啤酒大约一万年前就被酿造出来了，也许正是出于这样的目的。

赖特从未摆脱掉他的羞怯，但是他巧妙地转变了它的方向。他变成了一个苏活区生活的坚定拥护者，靠自己的才智生活，常常用酒吧烟灰缸里剩下的烟头卷烟抽，爆发出汽车喇叭般古怪的笑声，把人们惊得目瞪口呆。他身高 6 英尺 2 英寸，身材魁梧，留着一头接近白色的头发，乱蓬蓬的，像杂草一般。他甚至获得了一定的个人魅力。1960 年代中期，赖特在利兹大学（Leeds University）做驻校诗人，他在校园附近的芬顿酒吧（Fenton pub）举办的即席吟诗讨论会吸引了一大群学生。

他的诗歌有讽刺的、对话式的、温文尔雅的，所有这些品质都是他所期望的，但是他自身却从未真正获得过。他的诗汇集成了薄薄的小册子，放到一般大小的书架上都能够占半架了，但是因为太过谦逊和文质彬彬，他并未能广为人知。尽管他不像大多数大胆的作家那样，但是他确实想写出一些可以改变人们生活的东西来，比如：阿尔加维区（Algarve）的指南，由他与爱尔兰艺术家帕特里克·斯威夫特（Patrick Swift）合著，旨在向英国中产阶级介绍该地区的情形，引发了在该

图1－2 大卫·赖特关于自己耳聋的记述:《耳聋：一部个人的叙述》。自小患上的深度耳聋，使他的害羞更加严重，由于只能读唇语，他的每一次邂逅、交谈都面临额外的交流风险，他感觉像是从世界中被放逐了。

区购买第二套住房的热潮。赖特和斯威夫特常常一起出现在苏活区的酒吧里，只做嘴形而不出声地交谈，互相打手势并热烈地点头，完全无视其他泡吧者投来的迷惑目光。

赖特的害羞因为一个更为严重的问题而变得更糟了。7岁那年，一场猩红热导致他深度耳聋。他从未弄清耳聋是造成了他的害羞还是仅仅加重了他的害羞，但是他知道无论是哪一种，他都感觉像是从世界中被放逐了。由于他只能读唇语，他在与人交谈时注意不到对方语言的细微差别，不能理解对方随意的插入语或脱口而出的离题话。这使得他看上去似乎不注意社交礼节。在牛津大学学习期间，他一直有一个奇怪的念头——男大学生互相称呼对方为“阁下”。他发现耳聋带来了一个特别令人痛苦的问题，即它会让其他害羞的人尴尬，因为他们与他交谈时不得不夸张地做口型，即使如此，也仍然有被误解的危险，这又给每一次邂逅、交谈增添了额外的风险。

耳聋不仅妨碍他听清对方的话，还妨碍他听别人之间的交谈，因此他无法判断人们交谈时的气氛，他必须把注意力一次只集中于一个说话者身上，而且他需要占据一个背光的座位，这样他才能看清交谈者们的脸。正常交谈中的那些“标点符号”，比如点头、扬眉或者表示赞许的低语——这些意味着我们正在认真倾听的动作表示，都超出了他的接受能力。对赖特来说，口头语言从来不是欢快的杂音，而只能是平静地表达字面意义的工具。

二

我并不是那么注重自我的人，我没有把自己的害羞想象成一个不幸，对于耳聋我也是这样看的。但是我确实认为，赖特的困境以一种极端的形式，提出了关于害羞这件事的某些基本问题。这也正是我想去书写的内容，它不仅仅关于胆怯或恐惧，而是要多得多。羞怯也是一种社会性的“耳聋”，一种对于非语言事件的耳聋，一种无法抓住公共生活中看不见的主线的感觉。它就像是去参加一个晚会迟到了，别的人差不多已经是三杯啤酒下肚，进入了一种状态，仿佛像被施了魔法一样，他们可以自由地谈论某些预先约定的话题。

我在整个人生中也如赖特一样，一直在试图琢磨一些在别人看来很自然的事情。如果我不把谈话内容写下来的话，就不会去拨打一个新的电话号码，就像是电话客服中心的工作人员拿着一本公司里的脚本一样，当对方接起电话时，我就照着写下来的话说。(对于害羞的人来说，接电话的人看不见他，这应该是一种解脱，就像《绿野仙踪》里的巫师奥兹从一块屏幕后发出声音一样，但不知怎么回事，有的人却不感到解脱。)我会把我要对人们说的事情记在一个笔记本上，以防自己耗在闲聊上——不过，虽然笔记本都记满了，它看上去却从未阻止我跑题。参加聚会的时候，我不再总像过去那样，盯着书架或冰箱贴看个没完，而是面带神秘的微笑。我希望这微笑可以告诉别人，我对眼前的欢乐场景感到满意，并不担心自己置身事外。

当交谈从偶然邂逅期走向放松阶段时，真正的问题也伴随着不拘礼节而来，仿佛无中生有一样。在工作中，这种情形时常发生在如复印室这样的地方，办公室生活相当于教区中心，人们在这里交换着流言蜚语，巩固着各自的同盟；或者在走廊里，从正式的层面来讲，走廊是直接通向其他地方的通道，但是从非正式的层面来讲，它意味着偶然的相遇和逗留。正是在这些有限的空间里，我碰到了困难，我从不知道自己是否应该停下来、打招呼，或者是停留多长时间。我可能要路过两名正在深谈的同事的身旁，停下来想问候他们，而他们继续在交谈，我不知道什么时候插话才好。最后，我只是简单地笑笑、点点头，就溜走了，让他们继续交谈。

进化人类学家罗宾・邓巴（Robin Dunbar）曾经发现，交谈人数的规模有一个天然限制，即 4 个人。当人数多于 4 个时，没有人再能够保持对于所有谈话者的注意力，谈话就会分裂成更小的单位。① 多年以来，我发现邓巴定律是相当可靠的，但即使知道这个问题出在哪里，却并不能让它更容易解决。当一群谈话者分裂为更小的单位时，我试图加入其中的一个小组，但会同时听到另一个小组的谈话，没办法不去听。我最终是一个小组也不加入，晾在两组人之间，他们互相无视另一方，也无视我的存在。我常常和一圈人待在一起，突然那个圆圈就像橄榄球比赛中并列争球时一样闭合了，留下我呆站在外面，像是圈子里的成员们都忘记了我的存在，心不在焉地把

---

① 罗宾・邓巴:《梳理、闲聊以及语言的进化》，伦敦：费伯出版社，1996 年版，第 121 页。

我从圈子里推出来了一样。

找到确切的词语，或者至少是表面上看起来足够好的词语，并不是一件容易的事。正如大卫·赖特发现的那样，词语甚至不是现代智人（homo sapiens）的第一语言。我们比任何其他动物都拥有更多的、分散的面部肌肉：甚至当我们的上腭和喉还未充分发育，我们像其他猿类一样，除了咕哝、尖叫和呜咽声之外，什么声音也发不出来时，我们就会运动我们的嘴唇、面颊和眉毛，向别人传达我们的想法了。我们开始识别鱼尾纹，当我们微笑时，我们眼角处形成的这些皱纹是快乐和缓和的符号。我们学着去分配笑声，这种缓解气氛的“音乐”是其他动物无法发出的，也是害羞者很难去伪装的。

这些姿态、表达和咕哝声是无词的语言，除此之外，人类还进化出一套复杂的、不断演化的触感礼仪。在我成年以后的生活中，我紧张地观察到，拥抱从一种边缘性的礼仪转变成了社交生活中的一种常态，伴随着的还有其他一些礼仪的变体，如法式的亲吻面颊以及“兄弟拥抱”（bro hug），在“兄弟拥抱”中，握手变成了垂直式，并向上拉伸，直到肩膀碰到一起。在我看来，拥抱更像是一种自然与人为的奇怪混合物：说它自然，是因为身体接触是最初的、释放安多酚的语言，我们在婴儿阶段即学会了这种语言，它也是其他猿类所共有的语言；说它是人为的，是因为它必须两个人一起默默地同步进行——与握手不同，握手时伸手者和接受者可以不同步。

对于真正不善交际的人来说，甚至握手也是需要技巧的。我年轻的时候，总是把握手弄得一团糟，常常是伸错了手（左撇子可不是借口），或者是抓住了对方的手指，而不是手掌。然后，等我刚刚度过学习握手艺术的漫长实习期，就意识到握手正在失去其“流通性”，我不得不匆忙地再去学习拥抱，或者至少是学会允许自己被别人拥抱，而我做出的是一种“熊掌抱”，双臂软绵绵地从对方的后背上垂下来。拥抱我就像是试图拥抱一个稻草人一样。

社会学家苏西·斯科特（Susie Scott）提出，害羞是在进行“一项非故意的违约实验”。[①] 背离实验是人种学上的一种实验，意在观察人们对于破坏社会规范行为的反应——我们通常认为这些社会规范是理所当然的。比如，研究者可能会在未加解释的情况下插队，或者在一列拥挤的火车上，随机走向陌生人，无缘无故地叫他们让出座位。（总体而言，如果这个研究者不害羞会更好。）斯科特认为，害羞者的行为相似，都是令人不快的。他们的身体语言表达出不适，他们的沉默却显得没有勇气。他们缺乏瞬间把握时机的能力，这种能力可以让正在深入讨论的人们表现得像是重复演奏某个片段的音乐家；相反，当害羞者的心智在所有不同的方式上都过一遍，思考哪种方式可能会让谈话失败时，他们早已错过了插话的时机，讨论已时过境迁了。因此，他们介入到谈话中的情形既少又古怪，话题常太过沉重，或者会破坏谈话的节奏。害羞者会让其他人不安，因为他们扰乱了社交生活中那些心照不宣的惯例。

一定是我对这些惯例一直以来的困惑，激发了我对日常生活中被认为是理所当然的惯例的学术兴趣和写作兴趣。害羞把我变成了一位旁观者，一位符号和社交界奇观的细读者。最终我才明白：这也是缓解伴随害羞而来的自我关注的最好方式。我

---

① 苏西·斯科特:《保护壳、陌生人与称职的他人：走向害羞社会学》，载《社会学》，2004 年第 38 卷第 1 期，第 128 页。

可以把自己对于害羞现象的个人兴趣，转换为人类学上的好奇，然后开始以一个观察者、一位野外生物学家的身份去探索它。我了解到，害羞有多副面孔。有些人初看起来堪称是社交方面灵巧的典范，从别的角度来看，却被证明并非如此。最不可能害羞的人却对我坦承，他们是害羞的。我过去以为，我身边围绕着的都是些把玩社会准则的艺术大师，个个表演得一字不差，而只有我一个念错了自己的台词。后来我才认识到，每个人都在奋力学习这些从来未被写成明文的准则，尽管我们之中有些人属于那类劣等生，学起这些准则来，比大多数学生更头脑迟钝，更不情愿。

二

害羞并不是一种把少数人与人类群体中的大多数人区分开来的罕见的变异。有些形式的害羞看上去是普遍的，不仅在人类中，在其他动物中也存在着。许多生物，当它们感觉受到威胁或恐惧时，会采取保护状态或植物状态，这意味着自我保护，但也会导致它们处于无保护状态。弗吉尼亚负鼠（opossum）喜欢装死或进入“假死状态”，短语“装傻”（playing possum）就由此而来。鸟类和啮齿类动物会采取呆立的姿态，如把头转向一边或假装睡着。当蟾蜍感觉到危险时，它们并不是跳开——这似乎是更明智的选择，而是收缩身体，闭上眼睛，后腿藏入柔软的土地里。窘迫者也以相同的方式畏缩不前，蜷缩到他们自身之中，为的是在世界上少占据点地盘。

有些动物看上去如此的高深莫测，以至于它们被赋予了主要是人类才有的害羞属性。海洋上沉默的隐居者——信天翁，长久以来在海员眼里都是神秘的，其中一个特别的品种——被称为“白顶信天翁”，又叫“害羞信天翁”，在1841年就已由英国博物学家约翰·古尔德（John Gould）命名，当时他看到这种鸟飞离了塔斯马尼亚岛（Tasmania）的南海岸，令人不解的是，它们并没有像其他种类的信天翁那样跟着船飞，因此，它们很难被射中捕获。

对于探索过北方冰冷海域的海员们来说，海豹的害羞是众所周知的。它们看起来如此狡猾和难以捉摸，一对大眼睛和长着长须的脸会挑逗似地突然露出海面。1856年，伊莉莎·埃德蒙斯顿（Eliza Edmonston）在她的《设德兰群岛素描及其故事》一书中写道，设德兰群岛（Shetland）的渔民敬畏当地海豹的“害羞，力量强大，以及它们外貌上所表现出来的非凡智慧”，这些品质使它们看上去像是“轮回中的堕落灵魂，以海豹的形体承受着一种缓和的惩罚”。有关海豹的神话的一个版本是：海豹是支持撒旦（Satan）的天使，与撒旦一起被逐出了天堂，落进了海里。而且，当渔民杀掉海豹取皮时，他们带有疑虑，相信它们“有强大的伤害力，会恶意报复”。① 海豹的不可思议性，或许激发了北部群岛关于“海豹女”（selkie）的传说：这种海豹登陆后能够褪下皮肤，呈现人形，但是却仍然对海洋生活充满渴望，有一天也会重返大海，而对它那心碎欲绝的人类恋人会连声“再见”也不说。

对于海豹的害羞，挪威科学家兼探险家弗里乔夫·南森

① 伊莉莎·埃德蒙斯顿：《设德兰群岛素描及其故事》，爱丁堡：萨瑟兰及诺克斯出版社，1856年版，第79页。

(Fridtjof Nansen)[1] 有一种更为系统的解释，这是他 1880 年代前期在奥斯陆大学（University of Oslo）学习动物学时，接触达尔文理论的结果。当他于 1888 年第一次穿越格陵兰群岛（Greenland）时，他注意到囊状鼻海豹比较害羞，比他几年前作为学生第一次参加挪威捕猎海豹探险队时看到的海豹要害羞得多，那时捕猎者在海豹躺着的地方就可以打到它们。现在他们不得不使用步枪，因为这种海豹能意识到带有瞭望台的船只和环绕它们的一大堆船代表着危险，它们会返回海里，或者撤退到紧密严实的内陆冰川之中。令南森困惑不解的是，年幼的海豹与年老的一样害羞，这意味着：要么是父母们教会了它们的孩子害羞，要么是在不到十年的时间里，"仅仅通过淘汰群体中懒惰的和不太谨慎的个体"，遗传性就已经取得了同等的效果。[2]

对于动物的这种随着进化而来的害羞，严谨的科学研究始于家犬。其中一个开拓者是海伦·马胡特（Helen Mahut）——一位波兰犹太人和大屠杀的幸存者，她曾亲眼目睹她的父亲、母亲和弟弟被纳粹活埋到一个村庄的校舍里，看到一个德国士兵将一个婴儿的头撞碎在墙上。在目睹了这些难以言说的行为之后，她开始对人性中不可改变的方面产生了兴趣，并渐渐转向对行为科学的研究。1950 年代中期，她在加拿大麦吉尔大学（McGill University）读书期间，开始拿狗做实验：在狗面前给气球充气、撑开伞、拿滑行的机器蛇和万圣节的面具吓唬

---

① 弗里乔夫·南森（1861—1930 年），挪威探险家、政治活动家。他曾进行多次探险活动，1922 年获诺贝尔和平奖。

② 弗里乔夫·南森：《第一次穿越格陵兰岛（第 1 卷）》，休伯特·麦简迪·盖普译，剑桥：剑桥大学出版社，2011 年版，第 188 页。

它们。最胆小的是工作犬，比如威尔士矮脚犬、科利犬和阿尔萨斯犬；最勇敢的是拳师犬和小猎犬。[①]

达尔文观察到，家鸽爱好者通过在共同的普通岩鸽中繁殖多样化的变种，创造了一种加速进化的形式。正如达尔文一样，马胡特认为，犬类的繁殖也清晰地表明，某种品质比如害羞也是可以遗传的。在过去的一个半世纪里，随着养犬俱乐部在英国和美国的出现并强行规定了严格的繁殖标准，这种情形发生得更为系统了。一名犬类饲养专家应该能够在繁殖中消除害羞的痕迹，以及其他一些不良品质，比如胸腔窄小或严重的弓形趾。然而，一位动物行为学家可能会做出相反的事，通过繁殖出害羞的狗，以表明遗传在品性方面的重要性。1960年代前期，一组由罗斯科·德克曼（Roscoe Dykman）和奥迪斯特·默弗里（Oddist Murphree）领导的科学家在阿肯色大学（University of Arkansas）的一个实验室里，用一对非常害羞的狗繁殖出了几只神经紧张的阿肯色波音特犬。当人们接近它们时，这些神经紧张的波音特犬眼睛睁大并变得冷淡，它们的背部拱起，侧腹部的肌肉发抖。这些科学家是巴甫洛夫主义者（Pavlovians），他们以为自己能够让狗适应环境，不再如此神经过敏。他们失败了。无论人们如何抚摸和宠爱它们，波音特犬也从未习惯于人们的存在，它们的身上出现了严重的与压力有关的动物疥癣。

这种人为选择的过程大概在四万年前就开始了，人类将灰狼驯化成了犬。人类选择灰狼，很可能是因为它们足够勇

① 海伦·马胡特:《犬类情感行为的品种差异》，载《加拿大心理学杂志》，1958年第12卷第1期，第37、39页。

敢，可以成为人类的朋友，但是又足够胆怯，知道它们在人—狗层级结构中的正确位置。如果你对着一只狗吼叫，它便会退缩，不是出于恐惧或懊悔，而是因为经过数千年，它已经进化出这个技能，以回避我们的敌意。特别是工作犬，如海伦·马胡特所发现的那样，必须得服从人类。尽管杰克·伦敦（Jack London）1903 年的小说《野性的呼唤》传播了一个神话——北极的爱斯基摩犬都是大男子主义的、自封为狼的物种，实际上，它们都很顺从和害羞。

三

关于动物品性的研究，在去除了其拟人化的、伪科学的一面后，现在已成为一个繁荣的领域。它的一个先导者是加州大学戴维斯分校的安迪·西赫（Andy Sih），他在 1990 年代前期开始研究溪流中的蝾螈幼体。他注意到，有的幼体蝾螈相当的大胆。相比于那些害羞的蝾螈，它们吃得多，长得快，这可以帮助它们在小溪流中生存：小溪流可能会在夏末时节枯涸，而那些害羞的幼体还没有吃到足够的浮游生物，变成可以呼吸空气的成年蝾螈。但另一方面，胆大的蝾螈幼体因为它们到处乱窜，也更容易被它们的捕食者——绿太阳鱼吞噬。这种现象，进化生物学家称之为“波动的选择”，害羞的和胆大的蝾螈各自在不同的情况中旺盛生长——这也可以解释，为什么自然选择在相同的物种中选择了各种不同的品性。

在关于动物品性的研究中，这后来在习惯上被称之为“害羞—大胆连续体”。在连续体一端的动物是好斗的、爱冒险的和愿意承担风险的；另一端的动物则是胆小的、不爱冒险的和规避风险的。在超过一百个物种中都已经发现了这种“害羞—大胆连续体”，既然相隔很远的生物物种都显示出了这种特性，它可能在包括人类的所有动物中都存在。对于大多数动物来说，生命就是介于吃或被吃之间、寻找配偶和逃脱危险之间的一项交易，对于这种介于成功和生存之间的交易，各种生物以各种别出心裁的方式设法应对。比如，在雄性蟋蟀中，唱得响亮和持久的易于吸引雌性，但是它也会招来捕食者——因此，鸣声最长的从隐身处跳出来得慢，这就以害羞抵消了唱得持久所带来的更大的风险。

动物科学家们已经运用巧妙的研究方法测量了害羞—大胆连续体。想象你就如海鸟生物学家萨曼莎·帕特里克（Samantha Patrick）所做的那样，正平卧于南印度洋杳无人烟的“占领岛”（Possession Island）那封冻的冰原上，拿碳纤维杆将一个充气的塑料玩具奶牛推向一个正在筑巢的信天翁，胆大的信天翁会张合它们的喙并发出咕咕声，而那些害羞的则会假装没有看见。胆大的信天翁被证明更善于搜寻食物；害羞的则是更细心的父母和宠爱另一半的配偶。

正如人类在特定的情境中可以变得害羞或大胆一样，地方环境似乎也能转换动物的害羞和大胆之轴。在加拿大阿尔伯塔省（Alberta）班芙镇（Banff）——位于落基山脉（Rocky Mountains）的一个旅游景区，那里的麋鹿已变得异常大胆。这些麋鹿，当地人把它们叫“城里人”，它们在1990年代迁移到了班芙，可能是为了躲避狼群。镇上到处都树立着标志牌，警告人们麋鹿是危险的，特别是在发情季节，它们会弄瘪汽车轮胎，在散热器上打洞，打碎汽车挡风玻璃。罗伯·芳德（Rob Found），阿尔伯塔大学（University of Alberta）的一名博士生，开始通过一种基础的“逃避反应”来测试班芙麋鹿的害羞或大胆程度：他使用一根曲棍球棍，上面捆上一个沙沙作响的垃圾袋，追赶每只麋鹿 10 分钟，看它们逃跑得有多快。他把照相机固定在旧自行车框架、交通三角标志和其他从垃圾堆里捡到的废料上，看麋鹿是否足够大胆去接近这些目标，按下照相机，并在一些粘胶带上留下它们的毛发样本。芳德得出了结论：麋鹿群并不像大多数人以为的那样，是行为一致的，而是每个麋鹿表现得从大胆到害羞各不相同，少数几个胆大的会领导害羞的误入歧途。

与个体的害羞或大胆一样，某些动物像人类一样，似乎也具有可辨认的社会性格。直至最近，随着微小标记技术和全球定位系统装置的发展，人们才可能看到这类动物的群体行为。在阿德莱德（Adelaide）东北部，靠近摩根（Morgan）的桉树丛里，弗林德斯大学（Flinders University）的迈克尔·布尔（Michael Bull）通过在松球蜥蜴的后背上捆绑全球定位系统数据记录器，来追踪它们的活动轨迹，研究它们的社会生活。他发现，它们形成了一个复杂的网络。有些是独行侠，而其他的则聚集在他称之为的“蜥蜴圈子”里。①

在普利茅斯（Plymouth）的海洋生物学协会实验室的一间电解室里，研究人员通过考察不到一岁的小斑点猫鲨遇到来自大鱼的危险时，为了安全如何做出选择，来测量它们的社交性。胆大的猫鲨停留在彼此的背上，形成了鲨鱼友爱同盟；害羞的鲨鱼则尽力伪装自己，藏到与自身皮肤的颜色相匹配的

① 莱斯利·埃文斯·奥格登：《动物有个性吗？》，载《生物科学》，2012 年第 62 卷第 6 期，第 536 页。也可参见第 533~534 页。

槽底沙砾处。在巴哈马群岛（Bahamas）的比米尼鲨鱼实验室（Bimini Sharklab）的实验池中，研究人员在柠檬鲨身上发现了相似的合群现象。像猫鲨一样，柠檬鲨必须符合一个相当低的标准才被认为是爱社交的——它们必须跟随另一只鲨鱼几秒钟，甚至连我也能做到这一点。但是，这些微小的区别却是意义重大的。友好的柠檬鲨被捕杀的可能性较小，但更容易从它们的鲨鱼朋友那里沾上寄生虫和疾病。处于害羞—大胆连续体中的位置，看上去似乎是关涉生死的问题。

态度强硬的进化生物学家会坚持认为，人类的害羞同样是一种适应性的品质，是从我们史前时期遗留下来的陈腐行为。心理学家杰弗瑞·卡恩（Jeffrey Kahn）认为，人类的害羞是从我们祖先的胆大/胆怯博弈中进化而来的，胆大者和胆怯者在人口中的比例是不变的；害羞特别是与社会等级体系的需要相关，这种体系会把次一级的男性和女性协调到部落层级的底层，以减少冲突的机会。①

确实有一些证据表明，害羞在高级灵长类动物中存在着遗传性。早在1970年代，任职于马里兰州（Maryland）普尔斯维尔动物研究中心的美国动物行为学家斯蒂芬·苏奥米（Stephen Suomi）就观察到，大约有15%的猕猴是害羞的，在紧张的情形中，会表现出心率增加、血皮质醇和肾上腺应激激素上升。通过检测血液，苏奥米证明，把害羞的猴宝宝重新分配给更为外向的猴妈妈是无效的，害羞品性是遗传性的。差不多同时，哈佛大学心理学家杰罗姆·卡根（Jerome Kagan）通过实

① 杰弗瑞·卡恩：《忧虑：焦虑和抑郁的起源》，纽约：牛津大学出版社，2012年版，第51页。

验证明，有相同比例的人类婴儿是天生害羞的。他们是胆怯的，对紧张的事情如气球爆炸或穿成小丑模样的人，反应也同样是血皮质醇上升，心跳加速。

卡根关于人类性情的研究表明，我们有一个固定的情感范围，即使是在婴儿时期，我们也有一些基本的、不可更改的核心人格。许多父母在直觉上都知道这一点，坚持认为他们的孩子自打来到世上的那天起，就是随和的、外向的，或者是焦虑的、内向的。如果害羞是有遗传性的，那么它很可能也带有进化中所获得的东西，我们大脑中祖先所遗留的这些部分也一定关联着害羞所带来的好处。

四

可是……我得承认，我仍然无法我将自己的害羞等同于蝾螈幼体的害羞，或者是等同于落基山脉麋鹿的害羞——当你拿个棍子追赶它们时，它们就跑开了。许多科学家认为，动物比人类更适合作为品性研究的对象，因为它们允许我们运用这些实验方法，这在现在的人类身上是从不奏效的；动物还可以帮助我们清晰地确认种种性格特征，而不用担心社会和文化的影响渗透其中。但是，受社会和文化影响的性格特征不是更真实吗？本性，特别是人类的本性，具有杂乱的多样性；人类行为不仅限于恐惧和本能。我们的害羞是独特的，因为只有我们人类被赋予了自我意识，也负荷着自我意识。我们是能够创造意义的动物，我们被迫去反思我们的生命，去讲述关于我们生命的故事。我们的害羞是与我们思考、谈论它的方式，与我们赋予它的内涵密切关联在一起的。

害羞似乎是不可理喻的，对于不害羞的人中那些比较缺乏想象力的人来说，害羞让他们觉得困惑。关注自己的害羞会让害羞的情形更糟，就像意识到自己脸红了会让脸红得更厉害一样。害羞是与别人建立联系的一种渴望，却又以人类擅长的、循环的自我应验想法挫败了这种渴望。我们人类是唯一一种可以进行这种自行的“元思考”的动物，感觉以其自身为材料，又滋养了其自身。

17世纪的作家、医生和博学者托马斯·布朗（Thomas Browne）[①]爵士，常常反思害羞的这种非理性特征。他深受害羞之苦，不同的是，他将其称之为“腼腆”或者“纯朴的羞耻感”。[②]就算他的科学逻辑和自我解剖本领再强大，似乎也无法消除害羞。他的朋友，诺维奇（Norwich）附近的海安姆（Heigham）教区的牧师约翰·怀特福（John Whitefoot）写道，布朗的谦逊表现在无明显原因的“自然的、习惯性的脸红”上。根据怀特福的说法，那些首先通过“他的作品的活泼”了解布朗的人，会很惊讶地发现“他外表与谈话的庄严、冷静，与善辩毫不搭界”。[③]尽管布朗与他的妻子有11个孩子，但他认为性行为是荒谬的、有失身份的，希望“有什么方法可以延续世界，而不是性交这种琐碎的、粗俗的办

---

① 托马斯·布朗（1605—1682年），英国一位在多个学科都有建树的博学者，既有科学方面的著作，也对宗教与神秘主义卓有心得。他经常被描绘为深受抑郁症的折磨，但同时他的作品也以机智、幽默、风格多变著称。

② 里德·巴伯：《托马斯·布朗爵士的一生》，牛津：牛津大学出版社，2013年版，第114页。

③ 约翰·怀特福：《作者小传》，见托马斯·布朗：《一位医生的宗教信仰，给一位朋友的一封信，基督教道德，瓮葬及其他论文》，马萨诸塞州波士顿：迪克劳及菲尔兹出版社，1862年版，第13~14页。

法”。[①]

图 1－3　托马斯·布朗爵士的画像。他这样看自己:“我天生腼腆; 与人交谈、年岁增长或者旅行，都未能给予我信心，或让我胆大起来。”

但是，布朗的害羞是没有规律的，正如害羞本身所常常表现得那样。他终生认为自己是忧郁的、隐逸的，但是他又精心地寻求伙伴，以缓和这些倾向；而且他的安静、亲切、富于同情心、乐于倾听，似乎让他作为朋友和医生而备受人们喜爱。有一幅布朗的画像，是他于 1671 年被授予骑士爵位时画的，一位当时的观察者说，画像表现了布朗“最和蔼可亲的一面，严肃却不呆板，沉思却不乖僻；而且他的面容上布满了最迷人的、谦逊的红晕”。[②] 这种谦逊与端庄——布朗害羞的迷人一面，也充斥于他的作品中，甚至于《粗俗的错误》(1646) 中。这部作品是关于“粗俗的错误”的详尽的百科全书，是关于布朗那个时代为人轻信的流行信仰的，他以温和的理由和冷幽默戳破了它们。

在布朗出版的第一本著作《一位医生的宗教信仰》(1643) 中，他宣告自己拥有复杂的基督教信仰，意在反驳当时关于医

---

① 托马斯·布朗:《一位医生的宗教信仰》，见凯文·基利恩编:《托马斯·布朗: 21 世纪的牛津作家》，牛津: 牛津大学出版社，2014 年版，第 73 页。

② 里德·巴伯:《托马斯·布朗爵士的一生》，牛津: 牛津大学出版社，2013 年版，第 411 页。

生都是无神论者的普遍指责；布朗坦承自己心中潜藏着异端情感——害羞，像僵尸般地存在着。“我天生腼腆；与人交谈、年岁增长或者旅行，都未能给予我信心，或让我胆大起来，”他写道，“不过，我还有一些谦逊，我很少在别人身上发现这种品质……我害怕羞耻甚于害怕死亡。”死亡会严重地打击我们，我们所爱的人会突然“承受我们离去而带来的恐惧和惊吓……这种狂想以狂风暴雨之势，让我心甘情愿地被吞没到水的深渊；我在其中腐朽，无人看见，无人同情，无人惊奇。”①

布朗认为自己活得像僵尸一般，这让他羞愧，也反复出现在他的写作中。“把我们从坟墓中移出来，”他在《瓮葬》（1658）中写道，“拿我们的头盖骨做喝水碗，拿我们的骨头做烟斗，以取悦于我们的敌人，这是悲惨而令人厌恶的，仿佛从火葬中逃了出来一样。”② 正如布朗所知道的，当我们的意识——或者如他所相信的，我们的“灵魂”离开我们的身体时，并没有合理的理由再去关心身体会发生什么。没有什么危险会降临到一个死去的身体上，也没有什么社会屈辱比屈辱本身更糟。可是，自我意识就是这样一种具有弹性的品质：我们很不合逻辑地认为，当我们转变为非存在时，它仍然存在着。也许正如现代生物学家所认为的那样，害羞的一些要素具有进化上的意义。但是，它的大多数的人类属性确实常常是毫无意义的。

---

① 托马斯·布朗:《一位医生的宗教信仰》，见凯文·基利恩编:《托马斯·布朗: 21世纪的牛津作家》，牛津：牛津大学出版社，2014年版，第42~43页。

② 托马斯·布朗:《瓮葬》，见凯文·基利恩编:《托马斯·布朗: 21世纪的牛津作家》，牛津：牛津大学出版社，2014年版，第533页。

五

历史学家西奥多·泽尔丁（Theodore Zeldin）[①]曾经提出过一个有趣的思想实验。他想知道，如果我们不透过重要的公共事件或如食物、土地和财富等资源的原始竞争这些棱镜，而是通过情感如爱、恐惧、失望或厌烦来讲述历史，人类历史看起来会有怎样的不同？这些情感又是如何让人们行动的？“处理这种历史的一个方式也许是写一部害羞的历史，”他沉思道，“国家之间也许不可能避免彼此间的争战，因为神话和偏执让它们彼此分离：害羞就是这些壁垒在个人层面上的一种对应物。”[②]

按照泽尔丁自己的说法，他是一个害羞的、用功的男孩，他的“生命在静默中开始”。[③]他转而开辟了一个历史学的子学科，他将其称为“亲密史”，撰写普通人的担忧与欲望，他们的恐惧、欢乐或孤独等情感。他立足于牛津大学圣安东尼学院（St Antony's College）——他的大本营，将交谈艺术作为打破人们彼此间疏远的方法加以推广。他主办宴会，把成群的陌生人召集到一起，人们在一张特别设计的“谈话菜单”的帮助之下，放下拘束，分享他们的观念和情感。他的“牛津沉思计划”鼓励人们写下详细的自我描述，以帮助别人更深入、更快地了

① 西奥多·泽尔丁（1933— ），英国著名历史学家。出生于一个流亡到英国的俄国犹太人家庭。以高分从牛津大学毕业后留在牛津执教。他的著作主要关注人类个体以及人各个方面的情绪。

② 西奥多·泽尔丁：《个人的历史及情感的历史》，载《社会历史杂志》，1982 年第 15 卷第 3 期，第 345 页。

③ 维姬·阿兰：《交谈真好》，载《苏格兰周日报》，1999 年 8 月 22 日。

解他们。

泽尔丁一生的成就在于成功地战胜了自己的害羞，并富于公德心地激励别人这么做。但是，他的害羞史却依然付之阙如，这并不奇怪。害羞是一种低强度的、平常的、慢性的、朦胧的和很难界定的状况。它不像发狂或忧郁症那样的饱受痛苦折磨，也没有如爱情、失落感和悲伤等重要人生经验那样的戏剧性。它只在档案中留下了很少的证据，可供历史学家去查阅，害羞者不愿意说出或写出它，而是倾向于无言地、一带而过地传达出害羞对他们的影响。考虑到在真实生活中害羞者数目巨大，书中和电影中所出现的害羞者就显得相当罕见，或许是因为他们并不是可以推进叙述的天生主角。一部关于害羞的历史只能是相当初步的，从碎片和片段中收集材料，就像一位研究远古世界的学者，把纸莎草的碎片拼凑起来，尽管意识到了记录中的脱漏，但其中的词语和情感并无历史痕迹可寻。

“沉默寡言的厄运笼罩着我们害羞协会的每一个人，我们很少有信心，甚至彼此之间相处时也是如此，”W. 康普顿·利思（W. Compton Leith）在其短著《羞怯辩解书》（1908）中写道，[①] 这本书是我们所拥有的最接近于害羞史的著作了。W. 康普顿·利思是奥蒙德·马多克·道尔顿（Ormonde Maddock Dalton）[②] 的笔名，他曾是大英博物馆的一位馆长。作为一名杰出的学者，他为早期基督教文物所编写的目录及巨著《拜占庭艺术与考古学》（1911）被公认为优秀之作。但是他却很少为

---

① W.康普顿·利思:《羞怯辩解书》，伦敦：博德利海德出版社，1917年版，第2页。

② 奥蒙德·马多克·道尔顿（1866—1945年），英国考古学家，曾任大英博物馆馆长。

人所知，除了他终生未娶，与人在一起时常常沉默之外，据他的一位同事说，道尔顿满口是笨拙的插话，比如“这片草地真的是最令人愉快的阴凉地吗？”[①] 他的唯一一张为人所知的照片，是沃尔特·斯通曼（Walter Stoneman）1925 年为英国国家肖像馆所拍摄的溴化物照片，当时道尔顿 59 岁，已经退休两年了，照片上的道尔顿薄嘴唇，鹰钩鼻，但面孔仍然不失温和，眼睛微眯着，向画面外看着。道尔顿穿着深色的职业三件套西装，搭配着整洁的方角巾，并没有完全消除他给人的无助和文弱的印象。

“在他们的内心深处，是纤弱、丰茂的海草和染着落日霞光的贝壳，”道尔顿这样描写他所身在其中的害羞者群体，“但要看清他们，你必须俯下身来，靠近海面，最轻微的呼吸也一定会让它泛起涟漪，景象就会随之消逝。”这种行文缜密的散文具有一种味道，过去常常被称为油灯的味道，源于午夜燃烧的灯油，读起来感觉似乎它的作者永远都处于落泪的边缘。“人类不是作为伊甸园中的虫子而被造出来的，在暗无天日的尘土中爬行，而是其中最高贵的生物。”他宣称，“他的头上顶着光环，风拂起了他的头发。”[②]

可是，如果你能够略过其阴郁的无韵诗的节奏，就会发现道尔顿有一个有趣的论点：害羞是一项现代的发明。在古希腊，身体和思想“融合在同一性的优雅动作之中”，没有什么地方可供害羞茁壮成长。在古罗马，事情开始缓慢地变化。此

---

① 托马斯·肯德里克：《20 世纪 20 年代》，载《大英博物馆季刊》，1971 年第 35 卷春季号，第 6 页。

② W. 康普顿·利思：《羞怯辩解书》，伦敦：博德利海德出版社，1917 年版，第 2、73 页。

时，紧闭的大门和法院制造了一种神秘感，财富和等级的渐变给公共生活带来了不安定。道尔顿宣称，这仍然未创造出我们所了解的害羞，因为意大利这块阳光普照、空气清新的土地，培养出了强健的大脑，它们不会迫于“外部迷雾和黑暗的攻击，而黯淡了内心之光”。[①]

不管道尔顿是怎么想的，古代世界的人们并不知道类似于害羞这种东西。“一个腼腆的人将会是一个可怜的乞丐，”正如荷马《奥德赛》中的佩内洛普（Penelope）[②]对一个拒绝去见她的流浪者所说的。佩内洛普认为，一个饥饿的人害不起羞。言下之意是解决了温饱的人才有资格害羞。或许害羞并不是作为我们动物性的畏惧和直觉的结果而出现的，而是人类文明的自然结果，它出现于我们对于寻找下一餐食物或者成为他人盘中餐的原始恐惧消失之时。这才让我们有时间和空间去操心别人怎么看我们的问题。在罗伯特·伯顿（Robert Burton）[③]的《忧郁的解剖》（1621）中，他翻译了一篇仿希波克拉底[④]（Pseudo-Hippocratic）的文章，描绘了公元前4世纪雅典的一位病人，“从外表看不出害羞、怀疑、胆怯，‘爱黑暗如生命，不能忍受光亮’……他不敢与别人待在一起，因为他害怕会被虐待、被羞

---

① W.康普顿·利思:《羞怯辩解书》，伦敦：博德利海德出版社，1917年版，第60、62页。

② 佩内洛普是荷马史诗《奥德赛》中奥德修斯忠贞的妻子，丈夫远征特洛伊失踪后，她拒绝了所有求婚者，一直等待丈夫归来。

③ 罗伯特·伯顿（1577—1640年），英国作家、教士，代表作《忧郁的解剖》影响很大，为弥尔顿、斯特恩、济慈等作家提供了创作的灵感和素材。

④ 希波克拉底（前460—前370年）古希腊伯里克利时代的医生，被西方尊为“医学之父”，西方医学的奠基人，提出“体液学说”。他的医学观点对之后西方医学的发展有巨大影响。

辱，害怕手势或语言上的夸大其辞，或害怕因此而生病。”[①]

历史上首次被称为害羞者的人中，哲学家基提翁的芝诺（Zeno of Citium，大约公元前 335—前 263 年）[②] 是其中之一。根据第欧根尼·拉尔修（Diogenes Laertius）《杰出哲学家的生活与观点》中的说法，芝诺不喜欢接近别人，于是总是坐在长沙发椅的边上，“至少因此省去了一半这种麻烦”。他教学时总是让身边围满乞丐，以便阻挡人群。他自己的老师克拉特斯（Crates），想要通过早期形式的厌恶疗法治愈芝诺的害羞，让芝诺提着一罐扁豆汤穿过雅典的制陶区凯拉米克斯（Kerameikos）。当芝诺试图把罐子藏到他的斗篷里，克拉特斯用棒子把它打碎；当芝诺把汤放在腿下匆忙离开时，克拉特斯大喊道：“跑什么，我的腓尼基人？没有什么可怕的事情降临到你头上！”

芝诺建立了斯多葛学派，这是一种自我依赖、疏离世界的哲学，平静面对公众所追求的浮华如地位、名声等。“斯多葛主义拥有某些看上去是预先注定的品质，支撑了其羞涩的灵魂，仿佛其苦行原则的建立者预知了我们的弱点，”道尔顿在《羞怯辩解书》中这样写道，“它是一种依靠自身的个人哲学，因为害羞者必须一直站在整个世界的对立面，他不喜欢这个世界，但也许不会全盘地回避。”[③] 古人完全了解害羞的无

---

① 罗伯特·伯顿：《忧郁的解剖》，宾夕法尼亚州费城：J. W. 莫尔出版社，1857 年版，第 235 页。

② 芝诺（约前 335— 前 263 年），古希腊斯多葛学派的创始人，出生于塞浦路斯的基提翁。他第一个明确地将哲学分为逻辑、物理学和伦理学，主张人顺其自然，服从命运，认为这就是“善”，著有《共和国》《论依照自然生活》等。

③ W. 康普顿·利思：《羞怯辩解书》，伦敦：博德利海德出版社，1917 年版，第 72 页。

图1－4 基提翁的芝诺，古希腊大哲学家。他生性害羞，不喜欢接近别人，总是坐在长沙发椅的边上；当教学时总是让身边围满乞丐，以便阻挡人群。芝诺创立了斯多葛学派，这是一种自我依赖、疏离世界的哲学，平静面对公众所追求的浮华如名誉、地位等等，成为其后影响最为久远的哲学流派之一。

意义，知道它消退和流动的特定方式，使得为害羞所困的人有时候也是自信甚至是勇敢的。在古代剧院和法庭最雄辩的演说者中，有一些人也为怯场所困扰。伟大的雅典雄辩家狄摩西尼（Demosthenes）[①] 在公元前346年，他第一次与马其顿王菲利普（Philip of Macedon）在佩拉（Pella）会面前，紧张得战栗，至少根据他的对手辩论家埃斯基涅斯（Aeschines）的部分记述是如此，“他从头到尾都听得如此专心，这个家伙用一种吓得要死的声音来了个猥琐的开场白，在简短叙述了早先的事情后，就突然陷入了沉默，茫然不知该说什么，并最终放弃了演讲的打算”。古罗马最伟大的雄辩家西塞罗（Cicero）写信给政治家卢修斯·鲁克乌斯（Lucius Lucceius）——他因为太害羞而不敢与其交谈，好在“书信不会脸红”。按照西塞罗的散文《论雄

① 狄摩西尼（前384—前322年），古希腊雅典政治家、演说家，以其强烈的反马其顿立场而著称。

辩家》中的说法，他的良师益友——执政官卢修斯·李锡尼乌斯·克拉苏（Lucius Licinius Crassus）[①] 承认在演讲前“心烦意乱，因恐惧而昏厥”。公元一世纪时，罗马的斯多葛派的塞涅卡（Seneca）[②] 写道：“某个甚至很坚定的人，当置身于众目睽睽之下时，也会突然流汗……我听说有些人牙齿咔嗒咔嗒响，说话结结巴巴，嘴唇打颤。”

“脸颊”被老普林尼（Pliny the Elder）称作“羞愧的座位”，这个说法对罗马人来说非常熟悉，以至于发音相似的词“耻辱”（pudor）和“红色”（rubor）常常被富有诗意地并列使用。奥维德（Ovid）[③] 在他的《阿莫雷斯》中写到一位新娘被她的丈夫凝视，“紫色的羞愧呈现在她内疚的脸上”。脸红的出现是没有预兆的——“耻辱”（pudor）的意思是“打击”，它对罗马人颇为重视的“自我克制”是一种冒犯。但是，由于它的出现是不知不觉的，不可能像道歉那样做假，脸红也是社会在脸上留下的记号，[④] 意味着它的主人知道羞耻，因此也是值得信任的和正常的。

古代哲学家，自亚里士多德以来，都相信羞愧是极好的节制方式，因为一个真正无耻的人会做出令人憎恶的行为，但

---

① 卢修斯·李锡尼乌斯·克拉苏（前 140— 前 91 年），有时也被简称为“演说家克拉苏”，古罗马政治家、演说家，被认为是他那个时代最伟大的演说家之一。

② 塞涅卡（约前4—65年），古罗马政治家、哲学家、悲剧作家、雄辩家，曾任元老院元老和尼禄皇帝的顾问，一生著作颇丰。

③ 奥维德（前43—18年），古罗马诗人。他是那一时代古罗马最具影响力的诗人之一。

④ 卡林·A.巴顿：《罗马的荣耀：骨中之火》，加州伯克利：加州大学出版社，2001 年版，第 224、226 页。

是这种行为总有陷入过度羞愧的危险。公元一世纪时的希腊历史学家普鲁塔克（Plutarch）写过一篇随笔，通常被译作《论害羞》，尽管他事实上使用的是他自己新造的词“丢脸”（dusôpia），意思是“丢脸的状态”——当我们需要摆出一副与我们的私人欲望不相符合的社会面孔时，我们所感受到的一种丢脸感。普鲁塔克同意亚里士多德的看法，认为少许的害羞是好的，但是如果不加检点的话，它会导致一种不健康的自我迷恋，丢弃“高贵的冒险精神”。因此，他写道：“正是腼腆这一命运，让我们从恶名的烟雾中逃脱，却把它扔进了自身的火焰之中。”

对于一个古典学者说来有点奇怪的是，道尔顿忽略了古代世界所有这些关于害羞的复杂思考的证据。他推测，是在阿尔卑斯山脉北部，恪守礼仪的罗马人遭遇了野蛮的粗俗，“所有害羞者的最初祖先，这个羞怯的亚当，诞生了”。随着基督教的到来，随着基督教对谦逊的珍视和修道院静修的出现，害羞开始生根。随着现代礼貌体系的到来，比如普罗旺斯语的“客套话”（courtoisie），它催生了具有主宰性的社会期望，压倒了羞怯行为，害羞的概念便成熟了。道尔顿写道，害羞气质“被这种永恒的典雅要求弄得无处藏身……这终结了依靠科学的幻想”。导致害羞的首要原因此时变成了现代社交生活的复杂技巧，其主要的“罪人”是显而易见的：“女人，以对外交往风范的风俗限制控制了残暴的男人，使得人类交往顺畅、得体，却在人类身上强加了不自然的面具。”①

① W.康普顿·利思：《羞怯辩解书》，伦敦：博德利海德出版社，1917年版，第62、65、64页。

道尔顿对于害羞的进化有一个最终的、很英国式的解释：天气。他在思考了动物学家称之为的“物种的区域分布”之后，得出了结论：整个南欧、东方和“野蛮世界”很少有害羞的观念，主要是在北欧，人们才会发现“害羞者常常出现”。在这些地方，寒冷潮湿的天气使得人们在室内活动，这创造了一种雅致的文化，意味着只有通过努力才会达到从容的风度，就像那里的葡萄只有在温室里才能生长一样。最无助的案例是他在自己国家的人们中发现的。他注意到，英国人“以一种冷淡超然的态度隐藏了他的仁慈，或阻碍他们轻率地脱口说出自己的友善”。①

六

还有一个像道尔顿这样的英国人，是他同时代的乔治·麦考利·特里维廉（George Macaulay Trevelyan）②——20 世纪前半叶中最有声望和最受欢迎的英国历史学家。特里维廉在剑桥大学的同事和学生绝不会认为他害羞；事实上，他看上去对别人怎么看他完全漠不关心，常常忽略了刮胡子，并在谈话中间取下他的假牙擦拭。他很少笑，但是当他笑时，那笑声据说会从三一学院的主建筑（Trinity Great Court）一直传到附近的学院院子里。他的声望，他的粗暴态度以及他那令人恐惧的沉默

① W. 康普顿·利思：《羞怯辩解书》，伦敦：博德利海德出版社，1917 年版，第 52、55 页。

② 特里维廉（1876—1962 年），英国史学家，有很高的文学修养，擅长叙事和描绘人物，文笔生动，引人入胜，其著作深受读者欢迎，有《威克利夫时代的英格兰》《改革法案的格雷爵士》《英格兰史》等著作。

图 1－5 特里维廉在剑桥大学。这位伟大的历史学家擅于著述，但作为教授，他的课是乏味的，常常只是以刺耳单调的声音宣读他自己的书；他拒绝社交闲谈，从来不谈论他自己，害羞到甚至不愿意承认自己害羞。去世前，他销毁了所有的个人论文，并在遗嘱中注明不准给他写传记。

都让大学生和年轻的同事们望而生畏。

考古学家和电视名人格林·丹尼尔（Glyn Daniel）① 是1932年考进圣约翰学院（St John's College）的，他回忆了他和他的新生朋友们是如何兴奋地聚集到一起，第一次听特里维廉上课的情景，特里维廉那些充满叙述力量、抒发人生无常的广受欢迎的著作，曾经把他们学校里的所有人都震住了。② 那个学期的第一周，在艺术学院最大的讲堂里，他站到了他们的面前，驼背的高个子，戴着简朴的钢边眼镜，钢丝般的杂乱白发，下垂的胡子——用他的同事历史学家乔治·基特森·克拉克（George Kitson Clark）的话来说，看上去像“一只非常高贵，但却稍微有些破落的猛禽”。③ 特里维廉的开场白不是欢迎新大学生们，而是发表了一通如何管理家务的言论。下一周他又会把教室从 G 换到 B。丹

---

① 格林·丹尼尔（1914—1986年），英国考古学家，其主要学术生涯在剑桥大学度过，致力于欧洲新石器时代的考古。通过广播和电视等媒体，他广泛传播了考古学知识。

② 格林·丹尼尔：《一些小收获：格林·丹尼尔回忆录》，伦敦：泰晤士及哈德逊出版社，1986 年版，第 238 页。

③ 大卫·康纳汀：《G. M. 特里维廉：历史中的一生》，伦敦：哈珀·柯林斯出版社，1992 年版，第 50 页。

尼尔猜想，这是因为他的听众如滚雪球般地增多的缘故。然而，当学生们看到特里维廉所做的仅仅是以刺耳单调的声音宣读他自己的书时，他们大多跑掉了，学期末尾，丹尼尔成为留下来的寥寥无几的学生之一。特里维廉对他自己不适合做教师的反应，既是敏锐的也是悲伤的：他确信大学里教室的时间安排表滋生了这种不适应。

丹尼尔在剑桥大学的大讲堂里与伟人的相遇是令他失望的。一年之后，一个毕业于公立重点中学的性情紧张的工人阶级子弟、莱斯特大学学院（University College，Leicester）的毕业生杰克·普拉姆（Jack Plumb）[①]，被叫到了一座位于剑桥西路的丑陋的爱德华时代的房子里。他在那里第一次见到了特里维廉，后者勉强同意指导他做关于英国 1689 年国会的博士论文。特里维廉把他让进了一间没有灯光的书房，自己则坐到了角落里，几乎都隐身了，而且什么也不说。沉默终于变得令人难以忍受，普拉姆开始混乱不清地谈了十分钟他的研究情况。随之而来的是更长的沉默，直到特里维廉最终开口说："好。很好。好。"[②]

过了一些年之后，普拉姆才意识到他的导师如同自己一样感到拘束，一样感到在剑桥像个外人。特里维廉嘲笑社交闲谈，从来不谈论他自己，害羞到甚至不愿意承认自己害羞。至生命的尽头时，这种自我消解达到了顶点，他销毁了所有的个人论文，并在遗嘱中注明不准给他写传记。就好像他所有的人文关怀——他对过去的普通男女的同情，从中世纪的农民到都

---

① 杰克·普拉姆（1911—2001 年），英国历史学家，著述颇丰。

② J. H. 普拉姆：《一位历史学家的诞生：J. H. 普拉姆文选（第1卷）》，布莱顿：哈维斯特·惠特谢夫出版社，1988 年版，第 5 页。

铎王朝时期的自耕农，这些现在都变得杳然无名、被子孙后代遗忘了的人们——都作为他写作的燃料而燃尽了，只留下了人的躯壳。当普拉姆加入剑桥大学历史协会后，他见识了特里维廉主持协会会议时的“风采”，同样是“一种古怪方式的、张扬的害羞”。①

“张扬的害羞”（barking shyness）是一个颇有启发性的矛盾修辞，很好地捕捉到了害羞者的自相矛盾性。我们倾向于把害羞看作是一种畏缩或后退，这也是为什么我们在描述害羞时常常会用到软体动物和甲壳动物的隐喻：“像个牡蛎般地紧闭着”“像蛤蜊似的”“躲到自己的壳里”。寄生蟹以害羞著称，会急速地把它们那肥厚的、易受攻击的身体藏进寄居的玉黍螺或海螺壳里。不过，它们中有许多个体却根本不害羞。实际上，它们胆大到会把其他的寄生蟹从较大的、更中意的寄居处驱逐出来，整个过程相当残忍，入侵者霸占其对手的巢穴，它的壳与对手的碰在一起发出咔嚓声，就像一只发情的公鹿。海洋生物学家马克·布里法（Mark Briffa）在德文郡（Devon）和康沃尔郡（Cornwall）海岸沿线的岩池中作研究时发现，寄生蟹提供了“害羞—大胆连续体”的另一例证。他把它们的身子翻过来，戳它们，直到它们把腹部缩回到壳中为止，然后计时，看它们过多久会再探出身子。事实证明，他在德文郡抓住的那些寄生蟹要比康沃尔郡的更害羞一些，或许可以归因于两地捕食者数量和波浪大小的差异。

人类给大自然附加了很多曲解性的隐喻，但大自然比那些

---

① J. H. 普拉姆：《一位历史学家的诞生：J. H. 普拉姆文选（第1卷）》，布莱顿：哈维斯特·惠特谢夫出版社，1988 年版，第 7 页。

隐喻更为复杂，人类的害羞也是很复杂的。寄生蟹并不是全都害羞地躲到自己的壳中，这个隐喻也不是理解害羞的一个特别好的方式。确实，害羞会让我们退避他人，会让我们舌头打结、脸红和沉默寡言。但是，它也会让我们走向这些事情的反面：看起来很超然，善于戴上社会面具，笨拙地喧闹和饶舌——这些的确就是“张扬的害羞”了。

七

作为诗人、批评家及浪漫主义运动的领导者，利·亨特（Leigh Hunt）[①] 于 1820 年在他的杂志《指示器》（The Indicator）中首次使用了“羞答答的紫罗兰”（shrinking violet）这一术语来指代害羞者。尽管在此之前，香堇（sweet violet）很早就被用作了“害羞”的同义词，因为它颈部向下弯曲，在三、四月间短暂地开出小花，它香味浓烈但转瞬即逝，这种香味部分地是由一种化学物质紫罗兰酮产生的，它可以暂时地麻醉我们鼻腔里的神经末梢。浪漫主义者给紫罗兰强加了一个称号——“羞怯的春天预告者”。爱尔兰诗人托马斯·莫尔（Thomas Moore）在他 1817 年的东方罗曼司《拉拉露哈》中，写到了一位处女“羞涩地离去，像紫罗兰在夏日的光线中萎谢”。济慈（Keats）在 1818 年的一首十四行诗中，把紫罗兰称作“秘密女王”。贵格会教徒、诗人伯纳德·巴顿（Bernard Barton）1824 年写道，紫罗兰“静默地绽放……陶醉于自身隐秘的深处”。

① 利·亨特（1784—1859 年），英国诗人、批评家、作家，与济慈、雪莱有密切交往。

图 1－6 紫罗兰的花朵。在西方文化传统中，常用“羞答答的紫罗兰”（shrinking violet）来指代害羞者。事实上，这是一种文化误解，紫罗兰并没有什么害羞的特性，它们能在任何地方疯长，在任何凉爽、优良的土壤中悄悄地繁殖出一大片。

事实上，紫罗兰并没有什么很害羞的特性。爱德华时代的植物收藏家雷金纳德·法雷尔（Reginald Farrer）曾走遍世界，寻找植物样本，他对于紫罗兰自然要比浪漫派诗人知道得多。他把紫罗兰称为“狂暴的”，因为它们蔓延得非常强劲，能“在任何地方繁茂生长，在任何凉爽、优良的土壤中悄悄地繁殖出一大片”。① 19 世纪早期，伟大的博物学家、探险家亚历山大·冯·洪堡（Alexander von Humboldt）② 在拉丁美洲旅行时，从亚马逊（Amazon）峡谷到安第斯山脉（Andes）的斜

① 雷金纳德·约翰·法雷尔:《阿尔卑斯人和沼泽植物》，伦敦：爱德华·阿诺德出版社，1908 年版，第 252 页。

② 亚历山大·冯·洪堡（1769—1859 年），德国博物学家、探险家，与李特尔同为近代地理学的主要创建人。

坡，处处都能收集到紫罗兰。紫罗兰生长在矮灌木丛中、森林中、大草原上、湿地和沼泽地上，在郊区的花园中它们如同野草一样顽强地生长。

紫罗兰作为个体也许是害羞的，但是作为整体却是抢眼的、引人注目的，在下层灌木丛间繁茂生长，就像大块的紫水晶。古希腊抒情诗人品达（Pindar）[①] 把雅典描述为“戴着紫罗兰王冠”，这个短语甚至在今天用来描绘海美塔斯山（Mount Hymettus）也是恰当的，从远处看它在夕阳中呈现出淡紫色。歌德常常在口袋里放些紫罗兰的种子，在魏玛（Weimar）周围散步时，他就将它们撒播出去，作为他自己美化这个世界的贡献。在英国，紫罗兰是花卉商人喜爱的品种，在街角常常能听到他们叫卖“美妙的香堇”的声音；它也是市政园丁们喜爱的花，常常被用来作为点缀公园花坛和公路环岛的亮色。

那么，紫罗兰终究是关于害羞的一个相当不错的隐喻——绝非仅仅是在“畏缩”这一点上，而是在多得多的方面。紫罗兰的“畏缩”，不是退出世界的一种方式，而只是大自然所赋予的品性的一部分，以应对无止境的变化，在最多变的环境中维持生命。害羞也能在许多气候和土壤中变得繁茂，能以许多方式表达自身。它就像紫罗兰一样，伴随着惊人的适应力，甚至能应对残酷的环境。从个体的角度来看，它的效果也许还不太显眼，但是当从整体来看时，就会像海美塔斯山上淡紫色的霞光一样，似乎是一条贯穿了许多人类的努力的静脉，从艺术、音乐和写作的升华，到社交生活的伪装。

---

① 品达（约前 518— 前 438 年），古希腊抒情诗人，被后世誉为九大抒情诗人之首。

本书试图以这种方式来思考害羞，即把它看作是人类共同经验的一部分。它是关于这一领域的一个入门指南，是关于害羞的一份集体档案和一段必定很简略的历史。尽管我在其中会触及一些古怪的记忆片段，但是这并不意味着我在为自己的害羞辩护。恰恰相反，我想看看我能否躲藏在那些在害羞方面比我更有趣、更有特质的人们的掩护之下，转弯抹角地写写我自己的害羞。因为我害羞的一个结果，便是让我在我们这样一个讲究过度分享的、互相不信任的时代，一个喜欢以情感宣泄式的忏悔来过滤叙述的时代，感到了某种游离感——尽管我也知道，在一本书中滔滔不绝地谈论某人的害羞，虽然不是直截了当地谈，但看上去也是相当矛盾的。不过，这就是害羞经常的表现。

本书包含了一些害羞者的经验和沉思，在对待害羞方面，他们有的人是清心寡欲式的，有的人是有创造性的，有的人则是自怜式的，而有的人则以不露痕迹的社交技能掩饰了它，以至于他们的害羞几乎根本看不出来。害羞孕育了隐逸者、自恋者、沉思者、拖延者、怀疑论者、不合作者、空想家、深刻的思想家、艺术家、表演家、安静的英雄、弱者的守护者和人道主义者，他们把自己被埋没的社交能力转变成了社会贡献。我开始意识到，正是多种多样、不可一概而论的状况，构成了生命永恒存在的最强音，我们都在上面演奏出我们自己独特的重复性乐章和叠句。

即使我的害羞本性允许我欢呼某个东西——事实上，这是不可能的，我也很难去欢呼像害羞这样棘手的、不易准确把握的品质。但是，我希望我也能避免奥蒙德·马多克·道尔顿那种完全忧郁的观点，能为害羞者提供一些慰藉。我想向他们表明，害羞有时可以让我们看到其他人可能会错过的新鲜视点，让我们把蛰伏的社交冲动转向新的、创造性的领域。正如法国精神病学专家卢多维奇·杜加（Ludovic Dugas）在 1922 年的一本同名著作中所称呼的那样，他们是“伟大的羞怯者”（Les Grands timides），过着“复杂的异化的、充满了敏锐和曲折”的生活。[①] 人类是依靠本能和默认规则来生活的社会动物，因此害羞的一切功能在于让我们以独特的和迂回曲折的方式达成社会性。害羞与其说是从世界中退缩，不如说是转移或重新安排我们的能量。它能够为我们提供意外的补偿，督促我们去做那些我们可能永远也不会完成的事情，除非我们每天碰到的人都很意气相投。它在封堵了主路之后，把我们带到了让人兴味盎然的小道上；它把我们从那些非计划的接触和偶发状况中拉开。

尽管我大多数时候既不把害羞看成是一项恩惠，也不把它看成是一项负担，也完全不计较其得失，而仅仅是把它看作是人类无可避免的怪癖的一部分。这使得害羞成为了一片富饶的土地，籍此我们可以去探索一些更大的问题：身为一个活生生的、可以呼吸和思考的自我，意识到自身是在与数十亿的其他类似个体共享着一个星球，这意味着什么？关于害羞，有许多古怪的地方，其中最为古怪的也许是，不像其他焦虑状态如恐惧、羞耻甚至于尴尬，害羞在我们独处时从来不会出现。无论它已经存在了多久，它一定增添了人类的孤独感。但是，它也揭示了我们是如何联系在一起的，我们对于彼此有多么重要。

---

① 罗伯特·A.奈伊：《现代法国的男子气及男性荣誉准则》，加州伯克利：加州大学出版社，1998 年版，第 223 页。

第 2 章
这种古怪的精神状态

当查尔斯·达尔文（Charles Darwin）的长女安妮（Annie）一岁时，达尔文注意到她会眼睛眨都不眨地盯着陌生人的脸看，仿佛那是一个无生命的物体。[①] 她尚不能明白，这些脸属于其他的自我，他们可能也正看着她、关注着她。达尔文在他的长子威廉（William）两岁三个月大的时候，看到了这种意识的最初迹象。达尔文在离家十天后再回到家中时，他发现儿子待在自己身边时很不自在，并且避免与自己有眼神接触。这个男孩子眼睛朝下看，这是自我意识的典型标志，这意味着：与另一个人的对视此时变成了两个意识的相遇，每个意识都关心对方是如何看它的。

对于达尔文来说，害羞这种“古怪的精神状态”在他的进化论中是一个巨大的困惑，因为它对我们人类没有什么明显

---

① 参见兰德尔·凯恩斯:《牛津国家传记词典》(在线版)之“安妮·伊丽莎白·达尔文”条；查尔斯·达尔文:《一个婴儿的小传》，见马斯顿·贝茨、菲利普·S. 汉弗莱编:《查尔斯·达尔文选集》，新泽西州新布伦威克：交易出版社，2009 年版，第 409~410 页。

的益处。[①] 它看上去像是复杂的人类意识的一个意外的副产品，是我们获得的能力——想象别人是如何看我们的——一个意外的副产品，但这从未被证明就是定论（感谢上帝！我们中的大多数人都会这样说）。

图 2－1　卓越的植物学家罗伯特・布朗爵士。除了植物学之外，他在其他的事情上是一个古怪的人。达尔文的妻子艾玛发现，在用餐时试图与布朗进行交谈是件特别费劲的事。她说，布朗看上去"似乎渴望沉默并完全消失"。

作为一个进化生物学家，达尔文认为害羞是一种人类的普遍现象，而他自己的同胞提供了一些特别丰富的研究案例，这样想的绝非达尔文一人。特别是达尔文所熟知的那些维多利亚时代的单身科学家们，给他提供了丰富的研究机会，让他对这个令人难以捉摸的亚人种——"害羞人"（homo diffidentis）进行了实地研究。1831 年，当时达尔文还是个年轻的小伙子，就在他登上英国皇家舰队调查船"贝格尔"（Beagle）号之前，他去大英博物馆拜访了著名的植物学家罗伯特・布朗（Robert Brown）[②]。30 年前，当布朗在达尔文这

① 查尔斯・达尔文：《人类和动物的情感表达》，伦敦：约翰・默里出版社，1872 年版，第 330 页。

② 罗伯特・布朗（1773—1858 年），苏格兰植物学家，1801 年参与了对澳大利亚沿岸的科学考察，旅途中收集了近 3900 种植物标本，发表《澳洲植物志》。他在植物学领域有重要贡献，还曾经提出布朗运动的概念。

个年纪时，他开启了一段相似的旅程，跟随海军上校马修·弗林德斯（Matthew Flinders）领导的著名远征军去了南半球，环绕澳大利亚，并带回了四千种植物样本。他告诉达尔文应该买什么样的显微镜，作为回报，达尔文说会给他从巴塔哥尼亚（Patagonia）带回一些兰科植物。[①]

美国植物学家阿萨·格雷（Asa Gray）认为，布朗“除了植物学之外，在其他的事情上是一个古怪的人……可以想象得到的最生硬的气泵”。[②] 布朗穿着一身黑色衣服，低着头，以至于他的双下巴和脖子连成了一体。作为杰出的科学家，布朗发现了“布朗运动”，即传花授粉谷物与水混合后在显微镜下呈现出的上下摆动的倾向，因为它们在撞击看不见的原子。如果他不是把这一发现藏在一本私下印刷的小册子中的话，它可能会让他的名声扩展到植物学之外。因为他妒忌地守卫着他的研究发现，就像是吝啬鬼斯克鲁奇（Scrooge）[③] 私藏着半便士硬币。格雷写道，布朗偶尔也会发表他的研究发现，但是他选择“掩盖而非解释他的意思”，以至于“除非你遵循所罗门的指令，像挖掘隐藏的珠宝一样探求其中的智慧，否则你很难理解它，直到你自己完全发现了它”。[④]

1836 年，当达尔文结束他的“贝格尔”号航行回国时，布

---

① 艾德里安·德斯蒙德、詹姆斯·莫尔:《达尔文》，伦敦：企鹅出版社，1992 年版，第 110 页。

② 杜安·伊斯里:《一百零一个植物学家》，爱荷华州埃姆斯：爱荷华州立大学出版社，1994 年版，第 133 页。

③ 斯克鲁奇，著名作家狄更斯的小说《圣诞颂歌》的主人公，是一个自私透顶的吝啬鬼。

④ 阿萨·格雷:《公告》，载《美国博物学家》，1874 年第 8 卷第 8 期，第 477 页。

朗相当粗暴地问他，他打算拿他收藏的干植物做什么。达尔文不太情愿把什么东西都转送给一个名声不佳的贪婪地守护自己的收藏品的人。但是，作为友好的赠品，他还是送给了布朗一些从安第斯山脉发现的木化石，这缓和了布朗的情绪。“我想，我的硅化的木头融化了布朗的心”，达尔文揶揄道。① 达尔文开始拜访布朗，与他一起共进周日的早餐，主人“将好奇的观察和敏锐的评论倾吐而出，简直就是一座丰富的宝藏，但是它们几乎总是片刻的闪光”。② 达尔文的妻子艾玛（Emma）发现，在用餐时试图与布朗进行交谈是件特别费劲的事，她把布朗和另一位一起做客的人——伟大的地质学家查尔斯·莱伊尔（Charles Lyell）③ 描述为“两个累赘”，两人在进餐期间都以他们的方式低语和喃喃自语着。她说，布朗看上去“似乎渴望沉默并完全消失”。④

达尔文更能忍受与这些喃喃自语的人待在一起，因为他自己也不得不忍受这种“古怪的精神状态”。在他整个人生之中，他最喜欢独自工作，讨厌冲突，遭受着因精神压力而带来的一些不适，如胃痉挛、阵发性的呕吐和皮肤病。像布朗一样，达尔文也拖延发表他的研究发现，在这一点上，他最终应该感谢他这位年长朋友的谦逊。1858 年 7 月 1 日，达尔文在林

---

① 艾德里安·德斯蒙德、詹姆斯·莫尔:《达尔文》，伦敦：企鹅出版社，1992 年版，第 227 页。

② 查尔斯·达尔文:《关于进化和物种起源的通信选集（附作者自传）》，弗朗西斯·达尔文编，纽约：多佛出版社，1958 年版，第 33 页。

③ 查尔斯·莱伊尔（1797—1875 年），英国地质学家。他的研究成就为生物进化和认识地球奠定了基础。

④ 同①，第 284 页。

奈学会（Linnean Society）[1]的一次会议上介绍了他未出版的著作，关于通过自然选择而进行进化的理论，这次会议是他在收到阿尔弗雷德·罗素·华莱士（Alfred Russel Wallace）[2]邮寄来的一篇持相同论点的论文后，震惊之下仓促组织起来的。幸运的是，尽管林奈学会的会议都是提前好多个月就安排好，但是却出现了一次后来取消的情形，这是因之前公告过的一位发言者的死亡而引起的，他正是罗伯特·布朗，他死于6月10日，可谓死得太体贴人了。

二

实际上，达尔文的幸运是双重的，因为在提出进化理论这件事上，他的对手也是害羞的。阿尔弗雷德·罗素·华莱士在他的自传中写到，他在青春期变得害羞了，他的身体开始迅速成长，身高达到了6英尺1英寸，在维多利亚时代算是大高个了，并且作为有教养而贫穷的家庭里九个孩子中的一个，他不得不经常穿着破旧、窄小而且胯部很紧的衣服。1844年1月，当他满21岁时，他坦率地列了一张关于自己不足的清单："我害羞、笨拙并缺乏自信。我没有社交技巧……我在公开场合讲话糟透了……我没有智慧或幽默感……我能看到别人的智慧，这

---

① 林奈学会建立于1788年，是一个研究生物分类学的组织，出版动物学、植物学以及其他生物学期刊，同时也研究分类学此学门本身的历史沿革。

② 阿尔弗雷德·罗素·华莱士（1823—1913年），英国博物学家。1848年到亚马逊河流域收集标本，之后又到马来群岛旅行，以补充其收藏。他在这些地方的考察，使他与达尔文几乎同时各自独立地发展出一套物种通过自然选择而进化的理论。

种能力可以帮助我在无聊的自我中发展出智慧。”[1]

进入 30 岁时，他梦见自己已经是成人了，还不得不去上学，他打开自己的课桌，在里面翻找东西，以便将自己的脸遮住，“再一次地遭受少年时代日益严重的害羞和耻辱感的折磨”。然而，华莱士开始感激他称之为的“体质性的害羞”了，他觉得这赋予了他长时间的独自研究的机会，[2] 他在语言上的犹豫不决也让他避免了冗长的缺点——这个缺点曾毁掉了太多的学术著作。（也许，这在罗伯特·布朗身上的效果却是相反的。）

但是，华莱士的害羞使他耽搁了发表他的发现的时机。达尔文对于《物种起源》最具争议方面的不自信，让他在著作结尾部分的段落里仅有一句话涉及了人类：“智慧之光将会照亮人类的起源及其历史。”甚至在著作出版之后，达尔文仍然担心它

图 2–2　晚年的阿尔弗雷德·华莱士。当他满 21 岁时，他这样认识自己的弱点：“我害羞、笨拙并缺乏自信。我没有社交技巧……我在公开场合讲话糟透了……我没有智慧或幽默感……我能看到别人的智慧，这种能力可以帮助我在无聊的自我中发展出智慧。”

---

① 威廉·布莱恩特:《天堂的鸟：阿尔弗雷德·罗素·华莱士的一生》，内布拉斯加州林肯：我之宇宙出版社，2006 年版，第 32~33 页。

② 阿尔弗雷德·罗素·华莱士:《我的一生：事件和观点的一份记录》，伦敦：查普曼和霍尔出版社，1905 年版，第 59、258 页。

能否被接受，这让他全身长满了神经性皮疹，还受到头痛和恶心的折磨。他变成了真正的隐居者，蓄起了过长的胡须，这让他的模样都改变了，以至于当他在 1866 年重新回到公众视野之中时，甚至他的朋友们也认不出他了。在 1872 年出版的第六版也是最后一版《物种起源》中，他变得勇敢了一些，在那个现在已经很著名的、关于人类的句子的开头插入了一个额外的词——“许多”。

在《人类和动物的情感表达》（1872）一书中，达尔文考察了人类和其他动物是如何表现感情的。他观察到，我们人类所有的情感表达，在其他动物身上也都有——除了一种情感之外，他把它称为“最独特的和最为人类所特有的”情感，即脸红。[①] 在达尔文的时代，关于脸红的共识是，它显示了人类的道德和精神维度，也让我们与野兽区别开来。德国哲学家格奥尔格·威廉·弗里德里希·黑格尔（Georg Wilhelm Friedrich Hegel）认为，人类皮肤是透明的，不像其他动物的皮肤那样只是“无生命的外壳”，这使得血液运动和灵魂活动能够被看见，因此“我们拥有这种外在的显现，可以说是生命真正源泉的外化”。[②]

托马斯·伯吉斯（Thomas Burgess）——在伦敦布莱尼姆街（Blenheim Street）开设诊所的一位医师和痤疮专家，在他的著作《脸红的生理学或机理》（1839）中，将注意力转向了“脸红”这种“美丽而又有趣的现象”，他把它称为“内心的火

---

① 查尔斯·达尔文：《人类和动物的情感表达》，伦敦：约翰·默里出版社，1872 年版，第 310 页。

② G. W. F. 黑格尔：《美学（第 1 卷）》，F. P. B. 奥斯马斯顿译，伦敦：G. 贝尔父子出版社，1920 年版，第 200 页。

山岩浆”。[①] 他开始便消解了殖民主义的偏见——野蛮人不会脸红，因此自然是没有羞耻感的。他观察到，他的一个黑人仆人脸颊上有块伤疤，当他训斥她时，这块伤疤就会变红。他看到在巴黎展览的非洲白化病人也有引人注目的脸红，不仅是脸上，而且耳朵、脖子和胸部都会变红。他推断说，脸红是一种普遍的特性，除了很小的孩子和先天白痴之外，每个人都会脸红。

伯吉斯相信，由于脸红是普遍现象，所以它是我们造物主的智慧设计的证明。上帝发明了脸红，这样我们的灵魂就可以在脸颊上显现出我们道德上的过失。他注意到，谋杀了法国革命者让－保罗・马拉（Jean–Paul Marat）的杀人犯夏绿蒂・科黛（Charlotte Corday）[②]，据说在断头台上被割断头颅后还脸红了——她是对刺杀马拉还是对被砍头一事觉得不安，无从知晓。伯吉斯想知道的是，这是否意味着“引起脸红的刺激物在人类身体中的含量要高于动物，或者其起源要比本能性的情感要高尚”。[③] 伯吉斯论点的缺陷，正如他自己所承认的，在于他无法解释羞怯的人为什么常常无缘无故地脸红。年轻人仅仅是进入一个房间，或者是被问到一个日常性的问题，都会现出窘迫的神色。为了避开这个缺陷，伯吉斯发明了一个新的类别——“虚假的脸红”，它扭曲了脸红的原本意图，除了是“一

---

① 托马斯・H. 伯吉斯:《脸红的生理学或机理》，伦敦：约翰・切吉尔出版社，1839 年版，第 7、173 页。

② 夏绿蒂・科黛（1769—1793 年），在法国革命时期，她谋杀了对吉伦特派的倒台负有极大责任的激进派人士马拉，被送上断头台。

③ 同①，第 156 页。

种病态敏感的极端状态”之外，别无原因。[①]

达尔文知道，所有这些都是胡说。他写道，脸红“让当事人痛苦，让旁观者不安，对谁来说都没有一点用处”，它没有道德的或任何其他的目的。他注意到一些年轻女性的情形，她们在医生面前脱衣服时，脸一直红到大腿。达尔文发现了一种非常特别的情形，即伪装对于别人的看法会引起害羞，影响到一些随机的事情比如血液循环。他认定，脸红仅仅是由人类奇怪的“自我关注”能力引起的。[②]

达尔文继续为“自我意识”这种怪异的进化附加物所吸引，它意味着除了脸红这种无意识的行为之外，我们人类还学会了压制极端的情感表达方式。他观察到，尽管婴儿通常可以长时间地哭喊，成人却被教导要压制这些本能，虽然在世界上不同的地方，程度会有所不同。有些土著人会因为一些微不足道的原因而痛哭流涕。他曾经读到过：一个新西兰的酋长因为一些水手把面粉溅到了他心爱的斗篷上，就像一个孩子般地哭了起来；毛利人（Maori）中女性以能够自主地流泪而自豪，当她们遇到哀悼死者的场合时，她们可以戏剧性地恸哭。在欧洲大陆，男人们也可以相当自由地流眼泪，但是英国男人“很少哭，除非是在极度悲伤的情形下”。[③] 达尔文把自己归到英国男人这一类中。在他的余生中，只有一件事情确实让他流泪了：当他看到他深爱的、十岁就夭折的女儿安妮的照片，看到她大

① 托马斯·H.伯吉斯:《脸红的生理学或机理》，伦敦：约翰·切吉尔出版社，1839年版，第48页。

② 查尔斯·达尔文:《人类和动物的情感表达》，伦敦：约翰·默里出版社，1872年版，第338、345页。

③ 同上，第155页。

胆地、眼睛眨也不眨地面对镜头时。

二

18 世纪末期，来到英格兰的外国游客开始注意到，这里的人们遭受着一种奇怪的、无可救药的病症的折磨。在伦敦的酒吧和咖啡厅里，曾经以温文尔雅的交谈而让人赞赏的老主顾们，默默地坐着读报纸，偶尔对他们的邻座小声地嘟哝几句。大主教塔列朗（Talleyrand）称其为“一种完全沉默的英语”。英国人的矜持被认为是一种奇怪的、包含着害羞的混合物，没有安全感而且自负。1820 年代，法国旅行家爱德华·德·蒙图乐（Édouard de Montulé）评论道，英国人的这种冷淡“结合了那不勒斯人戏剧性的傲慢和普鲁士人严肃的骄傲”。①

这些旅行者对英国公共空间的沉默感到不安。在欧洲大陆，“跟英国人交谈”（une conversation à l' Angloise）是“长久的沉默”的委婉说法。一位德国旅行者——路德维格·沃尔夫（Ludwig Wolff）很惊讶地发现，他 1833 年在从约克（York）到利兹（Leeds）的拥挤的公共马车上，整个行程中听到的话不超过一百个字。英国驾车者甚至很少像欧洲大陆的同行们那样对他们的马说话。法国的烹饪被视为一种完全的餐桌艺术，美味的食物只是交谈和宴饮交际的装饰品，而英国人吃食物时仅有餐具刮擦的声音。在免除交谈方面，他们有许多的

① 保罗·朗福德：《认识英国人的特性：礼仪及性格，1650—1850》，牛津：牛津大学出版社，2000 年版，第 180、226 页。

社会传统，比如在他们的杯子里放一把茶匙，表示他们不需要添茶了。甚至客厅里的家具也被设计得不利于交谈，正如法国政治家都豪赛兹（d'Haussez）男爵1833年观察到的，“巨大而又笨重的太师椅，看上去是为了方便睡觉而不是谈话的”。[①]

外国访问者也注意到英国人在注重隐私和封闭方面的天才。房屋藏在铁栅栏和稠密的树篱之后，火车车厢被分成了小的隔间，酒馆里以铜横杆挂上绿粗呢帘子做出隔断。泰晤士河沿岸有“阴凉处”，即以木板分割开的售货亭，城里的退休者在那里独自喝酒和沉思，从来不与邻座说话。在《居家的英国人》（1861）一书中，法国作家阿方斯·埃斯基罗斯（Alphonse Esquiros）把这种现象称为“一致的隔离——英国的生活方式”。[②]

很多人觉得，这些奇怪的行为都是同一种疾病的症候：对社会阶层的焦虑。英国小说家爱德华·布沃尔－利顿（Edward Bulwer-Lytton）[③]在1833年写道：“在我们的民族性中，最值得注意的品质是我们的矜持，那种傲慢……对于欧陆的来访者来说是不愉快的，令人吃惊的，也是众所周知的。”他将此归诸于英国社会中微妙的社会等级，阶级界线是改变的，社会地位难以判断，而贵族的傲慢仍然像以往一样强大。他认为，英国人的害羞是一种虚荣和焦虑的混合物，因而不愿意说出一些可能会将自己置于社会鄙视之下的话。具有同样害羞品质的人遍布

① 保罗·朗福德：《认识英国人的特性：礼仪及性格，1650–1850》，牛津：牛津大学出版社，2000年版，第177、185页。

② 同上，第103页。也可参见第106、104、102页。

③ 爱德华·布沃尔–利顿（1803—1873年），英国政治家、文学家，做过议员，写有长篇历史小说《庞贝的末日》等。

英格兰，因此慢慢地“从风俗之泉的涓涓细流之中，民族性的石化外壳形成了”。[①]

三

1834 年，一个 25 岁的不爱交际的英国人亚历山大 · 金莱克（Alexander Kinglake）[②]，开始了一段横穿欧洲和奥斯曼帝国的旅程。他具有布沃尔 – 利顿说过的那种品质——害羞与冷淡的结合，对于英国公立学校和大学中培养出来的人来说，这似乎格外是种困扰。由于视力低下，他被军队拒绝了，他迈出了勇敢的一步，准备去瘟疫横行、大多数欧洲人避之犹恐不及的东方。在勉强避开了君士坦丁堡的瘟疫之后，他向圣地巴勒斯坦进发，自加沙开始，他旅程中最艰苦的一段开始了：经过八天的跋涉才穿越了西奈（Sinai）沙漠，陪伴他的只有英国仆人和贝都因人（Bedouin）向导等少量随从。

英语中“独处”（solitude）一词源自拉丁语中的“*sōlitūdo*”，后者也有“沙漠”（desert）之意，金莱克作为古典学者当然知道这一点。西奈沙漠是荒无人烟的、《圣经》中所说的不毛之地，上帝曾在这里对希伯来先知以利亚（Elijah）说出了“良心的呼声”，犹太人在这里流浪了 40 年，也正是在这里，摩西（Moses）领受了十诫。金莱克坦承，正是独处的欲望驱使他来

① 爱德华 · 布沃尔–利顿：《英格兰和英国人》，纽约：J. & J. 哈珀出版社，1833 年版，第 28~29 页。

② 亚历山大 · 金莱克（1809—1891 年），英国游记作家、历史学家。他在伊顿公学和剑桥大学接受教育，曾去叙利亚、巴勒斯坦和埃及历险，据以写成《来自东方：或从东方带回来的行迹》一书，在当时风靡一时。

到了这块传说中的静默与退避之地，使他成为那些流浪的英国人中的一员，对于这些英国人来说，受伤的自尊心“使得人迹稀少的地方比舞厅更易忍受”。①

金莱克和他的小团队连续几天在沙丘上艰难前行，没有遇到过别的生灵。他们从早到晚高坐在骆驼上，肩膀左右摇晃得发痛，头包裹得严严实实，以防被火热的阳光灼伤。然后，金莱克透过热浪注意到了地平线上闪烁的黑点。三匹骆驼朝他们走来，其中两匹上坐着人。最后，他看清了对方是一个穿着猎装的英国绅士，带着他的仆人和两个贝都因人向导。当他们走近时，金莱克意识到他感到“害羞和懒惰”，没有欲望“停下来，在那无边的孤独之中，像一个清晨的游客那样和他们谈话”。他的同胞显然与他有一样的想法，因为他们仅仅是碰了碰他们的帽子，继续前行，“就仿佛我们是在邦德街（Bond

图2－3　亚历山大·金莱克。他是19世纪中期英国闻名遐迩的旅行作家，他的《来自东方》一书记录了他在中东的传奇旅行——正是独处的欲望驱使他来到了中东沙漠，成为那些流浪的英国人中的一员，对于他们来说，受伤的自尊心“使得人迹稀少的地方比舞厅更易忍受”。

① 亚历山大·金莱克:《来自东方：或从东方带回来的行迹》，伦敦：约翰·奥利维尔出版社，1844年版，第264页。

Street）迎面走过一样”。他们本打算互相不理睬对方，但这被他们的仆人破坏了，仆人们坚持要停下来。原来，那个陌生人是个军人，正从印度走陆路回英格兰。他明显是担心给人留下这样的印象——他停下来是因为他“像平民一样喜爱空谈”，他和金莱克只谈了两句开罗的瘟疫。金莱克继续赶路，心想这个家伙“真有男人味而且聪明”。①

亚历西斯・德・托克维尔（Alexis de Tocqueville）②在《论美国的民主》（1840）中写到，如果两个英国人在地球另一端的某个地方偶然碰到了，即使他们被陌生人包围，而且他们并不懂对方的语言和风俗，他们也会“先是十分好奇地、带着种私密的不安情绪打量对方”。如果其中一人坚持要和另一个人搭讪，“他们将会小心翼翼，只会在一种拘束的、心不在焉的氛围中谈些很琐碎的话题”。③ 就仿佛托克维尔去过西奈沙漠，目击了金莱克和那个军人的尴尬相遇一样。金莱克不知道那个军人的名字，但是在军人的身上，他高兴地发现了他自己的最佳品质的镜像。

1835 年，金莱克一回到英格兰，就开始写作一本关于他的旅行的书。正如他作为一个人很不同一样，作为一名作者他也与别人不同。他花了几年写了这本书，中间曾经两易其稿，当他最终完成了著作，却找不到出版商。最后，1844 年他走进了

① 亚历山大・金莱克：《来自东方：或从东方带回来的行迹》，伦敦：约翰・奥利维尔出版社，1844 年版，第 266~268 页。

② 亚历西斯・德・托克维尔（1805—1859 年），法国历史学家、政治学家、议员，出身贵族，在不同的政府内做过多年的议员，著有《论美国的民主》《旧制度与大革命》。

③ 亚历西斯・德・托克维尔：《论美国的民主》的第二部分《民主的社会影响》，亨利・里夫译，纽约：J. & H. G. 兰利出版社，1840 年版，第 178 页。

位于帕尔摩街（Pall Mall）的约翰·奥利维尔（John Ollivier）出版社，把书稿免费给了它，甚至还付了50英镑来作为给对方的补偿。书于第二年出版了，没有署名，题为《来自东方：或从东方带回来的行迹》。作者的害羞甚至传染了著作卷头的折页插图，那是金莱克自己画的他和他的旅行随从们的集体像，而且是从远处画的，因此看不清哪个是金莱克。在另一页彩色折页中，人们看到的，根据金莱克的传记作者——维多利亚时代牧师威廉·塔克韦尔（William Tuckwell）的说法，只是“金莱克穿靴子的腿，他谦虚地把自己的身体藏到了一棵树后，只露出了他非常引以自豪的脚”。[①]

尽管著作中没有什么谦逊的地方，但是作者的激情和炫耀也是完全没有的。书中的一个半喜剧性的和半种族主义的自负，是金莱克独处的愿望不断地被他所遇到的、易激动的当地人破坏。他这样写那个贝都因人向导：“他通常的谈话是一系列刺耳的尖叫，比最折磨人耳朵的音乐还要令人难受。”要成为一个阿拉伯人，读者就不得不“住在一间像梅菲尔（May Fair，伦敦西区一个住宅区）那些破旧的小房子里，在七月里把自己在里面关上两周，外加四五十个尖叫的表兄弟姐妹”。[②]实际上，金莱克并没有提供证据说明阿拉伯人很吵闹，除了说当他们以一种奇怪的语言热烈地交谈时听起来经常很刺耳之外。但是，他重复了帝国文学和旅行文学中的一个共同的奇思怪想的修辞：成熟的、自我控制的白种英国人与其殖民地人的

---

① 威廉·塔克韦尔：《A. W. 金莱克：关于其传记及文学的研究》，伦敦：乔治·贝尔父子出版社，1902年版，第21页。

② 亚历山大·金莱克：《来自东方：或从东方带回来的行迹》，伦敦：约翰·奥利维尔出版社，1844年版，第248、251页。

幼稚和反复无常间的对照。

金莱克在《来自东方》中坚持说，他在寻找僧侣式的自我隐遁，这种品格来自于他自身。他是那种常见的人物——在国外的英国人，在自己的身边筑起一道“傲慢”的高墙，只有奇怪的自嘲式的幽默之光才能透进去。他是一位非常现代的旅行作家，志在细致地描写自己的思想和感觉，而不是他所看到的风景或古迹。他承认，对他来说重要的不是沉默的西奈沙漠或神圣的圣地是什么样的，而是“我（永恒的自我！）——我亲身去看了，而且我看到它们了”。[①]

四

《来自东方》大获成功，约翰·奥利维尔几乎无法应付重印的需求。作家西德尼·史密斯（Sydney Smith）写信给金莱克，称颂他的书“充满了天才的创造，将会让你成为下一季受到广泛邀请的文化名人。”。[②] 但是金莱克并没有如史密斯所预言的那样，去做一位广受欢迎的座上宾，他无意利用自己在文学上的成功，甚至不想让人们知道他就是那本书的作者。在他四十五、六岁的时候，当人们发现是他写作了《来自东方》时，他开始被邀请到伦敦的一些豪宅中去参加舞会和聚会，但那些期待他会带来沸腾时刻的人们很快就醒悟了。他个子矮、近视而且害羞，视这些活动为折磨。当他进入舞厅时，他

① 亚历山大·金莱克:《来自东方：或从东方带回来的行迹》，伦敦：约翰·奥利维尔出版社，1844 年版，第 276 页。

② 吉罗德·德·高瑞:《旅行中的绅士：亚历山大·金莱克的一生（1809—1891）》，伦敦：劳特利奇及基根·保罗出版社，1972 年版，第 48 页。

讨厌听到主持人宣布他的名字，他觉得“金莱克先生”听着与“阁下”或“足下”毫不搭调，而舞会中的女人们则敷衍地举起她们的扇子来拒绝他。[①]

他开始早去，这样就没有人听见主持人宣布他的名字了。一次，他作为第一位客人来到了歌唱家阿德莱德·肯布尔（Adelaide Kemble）[②]家中，他碰到了肯布尔的丈夫约翰·萨托里斯（John Sartoris），一个像他一样沉默寡言的主人。他们互相鞠躬，在火炉旁边坐了下来，沉默地互视了十分钟，直到阿德莱德过来拯救了他们。金莱克也不再接受周末去乡间别墅的邀请，因为他没有一个贴身男仆，他的男仆自己可能会从其他仆人那里知道这一点的；他还搞不清客人应该穿什么样的衣服，在迷宫一样的房子里，他们打算在哪里见面。[③]

他的身上仍然表现出羞怯与佯装自信的奇怪混合品质。与有礼貌的人在一起令他害怕，使他更加不把下面这些事情当回事了：夹在去阿尔及利亚的军队里，帮助法国将军圣阿诺（Saint-Arnaud）去镇压阿拉伯人的叛乱，或者是作为私人朋友，陪他的猎狐朋友拉格伦勋爵（Lord Raglan）参加克里米亚战争，他可以近距离地观看轻骑兵的冲锋。金莱克曾经很担心丢脸，并且会迅速保护自己不受到哪怕是最轻微的轻蔑，他现在被吸引到已逐渐变得非法的决斗中来。决斗仪式有着非常严格的规矩，从地点和武器的选择、开枪前走开多少步，到读秒

---

① 吉罗德·德·高瑞:《旅行中的绅士：亚历山大·金莱克的一生（1809—1891）》，伦敦：劳特利奇及基根·保罗出版社，1972 年版，第 129 页。

② 阿德莱德·肯布尔（1815—1879 年），英国维多利亚时代著名的歌剧演员，出身名门。

③ 同①，第 92 页。

的作用，它一定能够吸引像金莱克这样对模棱两可的社交规则不知所措的人。他在 1837 年 12 月的一封信中嘱咐他的弟弟，如果他在即将来临的一场决斗中死去，他希望就穿着决斗时的衣服被埋葬，“因为我不希望让自己的坟墓由陌生人之手来打扮”。①

1846 年 2 月，金莱克再一次下了战书，他这次是针对爱德华·菲茨杰拉德（Edward Fitzgerald）②，他觉得菲茨杰拉德把自己的情妇介绍给他是侮辱了他。他把手写的战书送给了菲茨杰拉德，约定在法国的加莱（Calais）碰面，以逃避英国的司法制裁，因为英国一年前刚刚修改了法律，规定如果一个男人在决斗中杀死了自己的对手，他将会被判以谋杀罪。金莱克渡过了英吉利海峡，在法国的海岸等了八天，最终接受了他的对手不会出现的事实，起航回家了。

1857 年，金莱克当选为萨默塞特郡（Somerset）布里奇沃特市（Bridgwater）的自由党议员。当他发表自己的初次演讲时，面对的虽然仅仅是几十个议员，他却搞砸了，不得不放弃了。在那之后，在少数几个他发表讲话的场合，他微弱的声音很少给人留下印象。前首相的儿子、议员罗伯特·皮尔（Robert Peel）爵士承认，他做过的一个广受欢迎的、攻击法国皇帝拿破仑三世的演讲，抄袭了金莱克先前做过的一次演讲；他听过金莱克的演讲，因为他和金莱克坐在同一张长凳上，

---

① 吉罗德·德·高瑞:《旅行中的绅士：亚历山大·金莱克的一生（1809—1891）》，伦敦：劳特利奇及基根·保罗出版社，1972 年版，第 81 页。

② 爱德华·菲茨杰拉德（1809—1883 年），英国诗人、翻译家。他从剑桥大学毕业后即隐居乡间，最著名的作品是《鲁拜集》，译自波斯古代著作，但经过他的改写，已成为一部英语文学名著。

而新闻记者席的人们却没听清。金莱克会写信给《泰晤士报》，让他们更正他们报道中听错的他在下议院讲话的内容，语气之强硬是他在下议院讲话时从未展现过的。他在其中一封信中写道：“我没有说‘法国皇帝身体前屈，像某个完全愚蠢的动物’，我说的是：她（法国）被领导着前行，像某个完全愚蠢的动物，被教会了扣动扳机和开动步枪，却并不知道为什么要这么干，除非她能遵从女王陛下的命令。”①

根据拉尔夫·瓦尔多·爱默生（Ralph Waldo Emerson）②的说法，不善表达和听不清声音的演讲是英国的一个优良传统。在《英国人的特性》（1856）一书中，爱默生宣称他可以将英国人沉默寡言的特性追溯至七百年前，他注意到的是下议院那些恶劣的公共演讲中所表现出来的变态的傲慢。会议室里坐满了说话咕咕哝哝的人，他们的声音陷在喉咙里，他们身边的人没有一个敢站出来让他们大点声说话。他这样写那些值得尊敬的议员们，“他们似乎想要表明，他们并不是靠舌头生活，或者他们以为只要他们有了绅士语气，他们就说得足够好了”。③

历史学家大卫·文森特（David Vincent）宣称，关于英国人矜持这一看法是在19世纪中叶形成的，当时这是为英国政府工作方式辩护的一种方法。精英公立学校和大学培养了一种习惯——说的是一回事，感觉到或知道的又是另一回事，这

---

① 亚历山大·A. 金莱克：“书信”，载《泰晤士报》，1860年7月14日。

② 拉尔夫·瓦尔多·爱默生（1803—1882年），美国思想家、文学家、诗人。爱默生是确立美国文化精神的代表人物之一，美国总统林肯称他为“美国的孔子”“美国文明之父”。他文学上的贡献主要在散文和诗歌领域。

③ 拉尔夫·瓦尔多·爱默生：《英国人的特性》，见马克·范·多伦编：《爱默生便携读本》，伦敦：企鹅出版社，1977年版，第415页。

创造了一种“值得尊敬的保密”文化，随着政府官僚主义的扩张，这种文化也弥漫于政府之中。在振奋人心的演讲中，重要的信息不会被透露出来，它们只会在权力机构的走廊或关上门的密谈中才会被说出来。按照文森特的说法，这种“值得尊敬的保密”观念为公务机关不公开信息以及政府权力的扩大提供了方便的托辞，因为它们可以暗示说，这些仅仅反映了一种“对于任何不必要噪音的绅士式的厌恶”。①

1980 年代后期，当《泰晤士报》的记者迈克尔·麦卡锡（Michael McCarthy）秘密调查环境部时，他发现那里的公务员仍然在使用这种深奥的符码。他感觉到，这种符码的核心特征在于“动态性的有所保留”。如果你是个绅士，能够解读这些符码，你会发现那些对于外行人来说平淡无奇的语言变得意味深长了。因此，最高的赞许是说某个东西“令人印象相当深刻”；当厄运降临到某个官员身上，会说他的贡献是“无益的”或“不幸的”；在很少的、罪大恶极的情形中，会说“最不幸的”。② 甚至今天，高级公务员们仍然操弄着这种托辞性语汇的变体，它意味着过分尖刻或正直都是相当笨拙和不体面的。“我不愿意支持”“我还没形成一个看法”以及“我很高兴讨论”，这些都是表示“不同意”的意思，而“我对这种思路持开放意见”则表示“赞同”。③

---

① 大卫·文森特:《保密文化：英国，1832—1998》，牛津：牛津大学出版社，1998 年版，第 34、48~49 页。

② 迈克尔·麦卡锡:《告别“布谷鸟”》，伦敦：约翰·默里出版社，2009 年版，第 141~142 页。

③ R. A. W. 罗兹:《英国政府的日常生活》，牛津：牛津大学出版社，2011 年版，第 198~199 页。

但是，这种关于英国人矜持的解释，并不能很好地说明像亚历山大·金莱克这样多变的人物。他是守口如瓶的，但是他也是一个后期的浪漫主义者，一个热爱拜伦的人；他憎恶英国生活中那种死气沉沉的体面，作为普通的下议院议员，他是特立独行的，无意于位居高位或保守公务秘密。他的矜持预示了一些奇怪的东西，也比当权者的狡诈要复杂得多。当法国哲学家依波利特·泰纳（Hippolyte Taine）于1860年夏天访问英国时，他注意到英国公众的害羞，类似于其情感结构上细密的纹理。正如他在《关于英国的笔记》中所观察到的，害羞导致了古怪的反复无常的性格。“有一些人受过良好的教育，甚至很博学，旅行过很多地方，懂几门语言，但在交际场合却是局促不安的，”他写道，“我就认识这样一个人，他在客厅里说话时是结结巴巴的，第二天却非常雄辩地在八个会议上发表了演讲。”

泰纳与他的许多同胞不同，他不认为这些英国人的矜持是迷恋等级和阶层的结果，是等级和阶层让他们的情感生活变得凝重了。他觉得，准确地说，他们的感情是充盈的，这些感情都会像气泡般浮出水面，却很少会搅动平静死寂的水面。英国人表达激情的方式，粗心的人常常会忽视，但是那些观察细致的人则可以看到：“情感从英国人的皮肤表面掠过，就像他们草地的颜色变化”。①

金莱克曾经告诉他的几个亲密朋友自己多年前做过的一个梦，当时他还是剑桥大学的一名大学生，在梦中他去到他的母校伊顿公学（Eton）的一间房子参加一场解剖学的讲座。他

---

① 依波利特·泰纳：《关于英国的笔记》，W. F. 瑞伊译，纽约：霍尔特和威廉姆斯出版社，1872年版，第66、161页。

坐在最高一排的椅子上，过了一会儿，他才意识到那个教授所“解剖”的正是他的身体。他很生气，因为他离前面太远了，看得或听得都不是太清楚。金莱克觉得古怪的是，在梦中，“一个人会把自己想像得完全拥有他的身份，同时又离他自己的身体有几英尺远”。[①] 金莱克的无意识看来为他的社交恐惧提供了一个出口。在梦中，他向世界呈现的自我被别人无情地肢解了，而他的私人自我深感到被遗忘和忽视了，无助地看着这一切。

金莱克最后 30 年生活得像一个真正的隐士，完成了一部多卷本的、很少有人读的克里米亚战争史。1884 年，当他的生命接近终点时，他拒绝了一位艺术家给他画一幅肖像的要求。“我一辈子都在遭受体质性的害羞之苦，”他回答说，“我所做的顶多也就是否决它，可以这么说，目前还不能去征服它。”[②]

五

维多利亚时代的人们是这样看待害羞的：它是一种很难动摇的性情，一种人们永远也不会打败的力量，就如人们多半会罹患痛风或痔疮一样，它是确定的，也是小毛病。在像我们今天这样的时代，人们相信可以通过无休止的治疗实验来重塑自我，我们很难了解维多利亚时代的这种集体心态——把害羞仅仅看作是基因遗传概率，永远也无需去克服。害羞被认定是

---

① 威廉·塔克韦尔:《A. W. 金莱克：关于其传记及文学的研究》，伦敦：乔治·贝尔父子出版社，1902 年版，第 125 页。

② 吉罗德·德·高瑞:《旅行中的绅士：亚历山大·金莱克的一生（1809—1891）》，伦敦：劳特利奇及基根·保罗出版社，1972 年版，第 128~129 页。

“体质性的”，是无法纠正的，甚至当它坚决要把你带向最古怪的行为时也是如此。

今天，如果你沿着罗宾汉路（Robin Hood Way）穿过舍伍德森林（Sherwood Forest），你就会发现确凿的证据，证明这样的行为有多么古怪。在维尔贝克（Welbeck）地产中间有一条马道，它沿着田野中一个巨大的土木工程“伤疤”的方向前行。这种“伤疤”差不多每隔几米就有一个，看上去像是微型的温室，它是用厚玻璃建成的，顶上覆盖着疯长的野草，英国地形测量局（Ordnance Survey）的地图上把它称作“地道天窗”。在这些天窗的下面，躺着一个维多利亚时代的宏伟设计，“体质性的”害羞的一个圣地。

威廉·卡文迪什－斯科特－本廷克勋爵（Lord William Cavendish-Scott-Bentinck）[①]的社交恐惧症不知因何而生。他二十多岁时是陆军中尉、保守党的国会议员以及敏捷的马术师，以英俊和迷人著称。但是自从1834年阿德莱德·肯布尔拒绝了他的求婚之后（她已经秘密地嫁给了约翰·萨托里斯，即前文曾提及的那个拒绝与金莱克交谈的沉默寡言的主人），他就从公共生活中隐退了。他仍然去听歌剧，但是一个人却占三个座位，以便自己四周有足够的空间。

1854年，他54岁的时候，成为了第五代波特兰公爵（Duke of Portland），继承了广袤的维尔贝克地产，他在其中完成了他的逃离世界计划。对于贵族来说，拒绝向仆人致意，当他们经过走廊，从仆人们身边经过时，要求仆人们把脸转向

---

① 威廉·卡文迪什－斯科特－本廷克勋爵（1800—1879年），英国贵族，以其古怪行为闻名。

墙壁，这是平常的事，但是波特兰公爵宁愿让自己而不是他的职员们隐身。他给所有的工作人员下了一道命令，要他们经过他身旁时，就当他是棵树。他有两个信箱，一个是用来收信的，一个是用来发信的；他把自己居住的修道院的五个房间的门都打了个洞，这样他和他的仆人就可以互递纸条了。他的医生只能通过他的贴身男仆威廉·李维斯（William Lewis）问他问题，这个贴身男仆也是唯一被允许测量他脉搏的人。

他在承袭了公爵爵位后的第三年，开始了他的宏伟工程。他一共雇佣了超过 600 名的爱尔兰工人，他们中的许多人刚刚参加完修建新伦敦地铁的工作。工人们开始用蒸汽犁挖掘泥土，在接下来的 20 年中，他们在地产下面建造了一个长达 15 英里的、由地道和房间构成的迷宫。其中有供公爵走的和供他的工作人员走的独立地道，这样他就永远也不会有机会碰上他们了。这个地下世界包括几个接待室，一个台球室，以及英国最大的舞厅，舞厅靠屋顶上的巨大圆天窗取光，夜间则靠几千盏煤气灯照明。它能容纳 2000 人，通过液压式的升降机，一次可以下去 20 人。但是，公爵从来不与人打台球，也没有举办过任何舞会。

当他要去伦敦的时候，他使用其中的一英里半的地道，从马车房走到那片地产的郊区，靠天窗不时射进来的幽灵般的光线采光。地道在一面湖泊的下方加深，在接近沃克索普路（Worksop road）的地方开始上升，从那里开始，公爵要拉下四轮马车的窗帘，在地面上走上三英里半，然后到达沃克索普火车站。重量很轻的四轮马车先是被抬上火车，公爵一直坐在里面，到达国王十字（King's Cross）火车站时再被抬下来，一个马车夫和几匹马等在那里，把他送到位于卡文迪什广场（Cavendish Square）的他的住房里。在那里，公爵拥有一个院子和一个后花园，它们都是用80英尺高的磨砂玻璃屏风和铸铁封闭起来的，因此广场的其他居民看不到里面的情形。这种神经过敏的私密性引发了一些谣言，说他在院子里招待马戏团或者纵欲。邻居们发誓说，他们能听到马的嘶鸣声和马在碎石路上慢跑时发出的声音。

在自己的四周筑起高墙，对于一个隐士来说，至少是一种合理的行为。而为什么公爵还选择在地下挖地洞，就不太清楚了，因为维尔贝克地产是如此的广袤，要找一个隐蔽的地方躲起来是件很容易的事，而且大动干戈地建造地道制造了这么大的噪音和混乱，实际上无异于向世界宣布他是害羞的。一个相对感情用事的说法是，他建造地道是为了缓解农村的失业状况；另一个说法是，考虑到“维尔贝克修道院的正面非常不吸引人”，[①] 他想在不毁坏建筑外观的情况下扩大其面积，这种解释是《佩夫斯纳建筑指南》（Pevsner

图2－4　第五代波特兰公爵。在继承了广袤的维尔贝克地产后，他雇佣了600名工人，在20年里，在地下建造了一个长达15英里的、由地道和房间构成的迷宫，从而完成了他的逃离世界计划。当他需要去伦敦时，他总是通过地道坐马车去，远离人群。

① 尼古拉斯·佩夫斯纳:《英格兰的建筑: 诺丁汉郡》，伦敦: 企鹅出版社，1997年版，第370页。

guide）[1] 完全不予采纳的。

最佳的解释是，这就是公爵们的行为方式。自我纵容和怪癖是其行为细则的一部分。在这些公爵中，许多人都患有对建筑的狂热，学名叫做“建筑狂热”（aedificandi libidinem）；有些人则利用它去满足自己的害羞，刻薄的人可能会认为这种行为已接近于不爱交际的傲慢了。第六代萨默塞特公爵（Duke of Somerset）被称为“骄傲的公爵”，他在自己的苏塞克斯（Sussex）地产四周建造了一堵长达 13 英里的墙，当他骑马时，他会雇佣护卫马队去清空当地小路上的平民，他还只通过手势与自己的仆人们交流。第八代贝德福德公爵（Duke of Bedford），与波特兰公爵是同时代人，他很少离开自己伦敦的家，外出时也只坐在四轮马车中并且拉下窗帘。第十一代贝德福德公爵在他的土地上四处安设了一些瞭望员，以提醒那些在给沃本修道院（Woburn Abbey）装电线的电工他的到来，这样他们就可以躲进橱柜里了。

这种行为或许与英国人特有的矜持关系不大，而是源于每个国家都有的、有钱有闲阶级的职业危害。那些饱受害羞之苦，并且拥有近乎无限的钱财可以去满足其心血来潮念头的人，似乎特别容易在寂静、隐遁的忧郁中度过人生。波特兰公爵建造了自己的地宫，而害羞的巴伐利亚的路德维希二世国王（King Ludwig II of Bavaria）[2] 则以更大的规模来保护自己的隐

---

① 《佩夫斯纳建筑指南》是一系列关于英国建筑的指南性书籍，出版时间长达几十年，具有较高的权威。

② 路德维希二世（1845—1886 年），作为巴伐利亚国王（1864—1886 年），在普法战争中支持普鲁士，加盟新成立的德意志帝国。个人则过着一种越来越病态的隐居生活。被确诊为精神错乱三天后溺水身亡。

图2-5 路德维希二世像。他的害羞促使他在与世隔绝的山脉中建造了一系列童话般的王宫，其目的原本是使自己可以从世界中消失得更远。这就是举世知名的德国建筑奇迹“新天鹅堡”。

私，他在与世隔绝的山脉中建造了一系列童话般的王宫，有树屋、狩猎小屋以及一些人工洞穴，进入洞穴要经过一些散布在地上的、需要开门暗语的岩石，这些都可以让他从世界中消失得更远。路德维希一直很害羞，但是他在中年早期开始发福，牙也掉了，不再按照他的严格审美标准来要求自己，不再参加国宴或阅兵。在他的两个城堡中，他安装了一种“愿望桌”，可以从餐厅穿过地板门降到厨房里，装满食物、饮料和餐具后再回到他身边，这样他就不必被人看到了。受法国路易十四（Louis XIV）——太阳王的启发，他现在将自己设计为“月亮王”。他拒绝白天出门，这导致他的大臣们雇用了一位精神病医生，宣称他疯了，他被废黜，并在神秘的氛围中溺水而亡。

但是，了解波特兰公爵的人并不认为他疯了。他对他的工作人员之好是出了名的，给他们每人一头驴、一把丝绸伞，还为他们所有人盖了一个旱冰场，尽管这些都有点反常。根据《德比郡时报》（Derbyshire Times）1878 年的一篇文章记载，他喜欢“通过一系列地宫而沉潜到他那雄伟的王国中去，喜欢从隐蔽处突然出现把他的亲属吓一跳”。① 如果他碰到一个女仆正在打扫卫生，他会命令她出去滑冰，不管她喜不喜欢。

当公爵去世时，他的三个妹妹把他的遗体庄重地摆放着，邀请人们来看，只是为了证明那些关于他的谣言——他的皮肤已经被麻风病或梅毒毁掉了——是不真实的。新的公爵和他的同父异母妹妹奥托琳·莫瑞尔夫人（Lady Ottoline Morrell）第一次来到维尔贝克时，他们发现门前的道路上长满了野草、铺着碎石，树木被砍去了顶部，修道院每个卧室的角落里都有一个裸露的抽水马桶。奥托琳夫人穿过其中一个地下隧道的地板门，进入了一间巨大的房子，房中排列着许多镜子，天花板被涂成了落日的颜色。“突发的喜悦让他把房间装饰成舞厅，但是这种喜悦一定很快就消退了，”她写道，“只留下虚拟的太阳照耀着那个孤独的人，镜子里映照着他的上百个身影。”②

六

波特兰公爵的隐身生活激发了公众的好奇心，在他死后，这种好奇仍在继续，通常的害羞已不足以解释他的行为了。一直有个故事说，他还以托马斯·德鲁斯（Thomas Druce）的身份过着一种双重生活，德鲁斯曾经从默默无闻一下子变成了伦敦早期一家百货公司——贝克大街集市（Baker Street

---

① 《波特兰公爵在维尔贝克修道院》，载《德比郡时报及切斯特菲尔德先驱报》，1878 年 7 月 13 日。

② 奥托琳:《奥托琳·莫瑞尔夫人早年回忆录》，罗伯特·葛桑 - 哈迪编，伦敦：费伯出版社，1963 年版，第 73 页。

Bazaar）的富有老板。在马里波恩（Marylebone）和克勒肯维尔（Clerkenwell）的治安法庭1908年审理过的一个案件中，原告律师断言德鲁斯就是第五代波特兰公爵，而且他直到1879年才死去，是在德鲁斯“去世”的15年之后；德鲁斯的葬礼是假的，棺材里装满了铅和石头，这样波特兰公爵就可以放弃他已经厌倦的双重生活了。德鲁斯家族位于海格特公墓（Highgate cemetery）的墓地被掘开了，棺材被揭开后，露出的是法官所说的“来自于敞开坟墓的沉默但却不乏雄辩的声音”：托马斯·德鲁斯穿着寿衣的、已经腐烂的尸体。①

第六代波特兰公爵对德鲁斯案件的轻蔑是正确的，但是他没时间理会那些稀奇古怪的说法。他借用了罗素·华莱士和金莱克曾经说过的关于他们自己的话，坚称他前任的行为“仅仅是起因于体质性的害羞”。② 当然，大多数体质性的害羞者不会以混凝土和石头的形式将自己的状况变成永恒，既不会献身于此，也不会为此花费金钱。在那个时代，公爵们足够富有，几乎可以没有限制地放纵他们的怪癖，波特兰公爵建造了一个地下世界，未来的考古学家可能会从其中找到证据，证明维多利亚时代的超级富豪思想上有着奇怪的习惯。

20世纪的第一个十年，随着死亡人数和遗产税的激增，这种公爵可以任意挥霍的时代终结了。许多庞大的地产被卖掉或被分割，他们的宅邸也被拆毁了。第二次世界大战之后，国防部接管了维尔贝克修道院，将其用作了军事训练学院，其地下的舞厅变成了一个健身房，新兵们在地道中开办午夜宴会。公

---

① 《托马斯·德鲁斯先生之死》，载《泰晤士报》，1913年4月15日。

② 波特兰公爵：《男人、女人和事情：波特兰公爵回忆录》，伦敦：费伯出版社，1937年版，第32页。

爵们不再有足够多的金钱在地下构建“第二人生”了。他们把房产卖给了国民信托机构（National Trust），自己则躲到了没有用绳子隔开的部分里，卖掉的部分周末向他们开放，每个人收费 2 先令 6 便士。

我们今天的波特兰公爵们便是那些国际超级富豪阶层的成员，他们在骑士桥（Knightsbridge）、贝尔格莱维亚（Belgravia）和诺丁山（Notting Hill）的最豪华区域建造了庞大的地下巢穴。在这些地方，街面上千万英镑级别的宅邸不过是冰山一角，其庞大的地下世界带有多层的地下室，有健身房、保龄球馆、桑拿房、游泳池以及步入式的雪茄贮存室。你能分辨出哪里正在建造这些地下世界，因为在街道和广场上能看到倾斜的传送带，从地下深处把泥土和碎石输送到翻斗车中，接下来被运去铺垫通往郊区高尔夫球场的高速公路。

这就是富人们一直以来的行为方式，他们利用一切可行的合法方式，将他们的财产价值最大化，并放纵他们的欲望。没有地方向外建造，不允许向上建造，唯一的方式就是向地下发展了。意料之中的是，邻居们不得不忍受多年的建筑工程噪音，他们把这种“建筑狂热”比喻作伸向世界的“V”字形手势，看作是毫无意义的肆意挥霍，除了炫耀自身之外。可是，尽管我知道他们是对的，我的部分自我仍然忍不住想去发现建造这些地下世界想法的不可思议的可悲之处。这些隐藏于视线之外的、显示身份的地下宫殿提醒我们，即使再多的金钱，也无法让我们从我们自身、从我们的不安全感中逃离。当我想到那个建造地宫的波特兰公爵时，我脑子里会呈现出一幅画面：害羞的对冲基金经理和私募基金骗子独自坐在他们的家庭影院里，或者躺在按摩室里，却没有人来为他们按摩。

这种向地下发展的本能或许背离了内省的本性。毕竟，那些非常窘迫的人的确会说，他们希望大地将他们吞没，就像一个鼹鼠如鸭子般地跳进土中，只在身后留下一堆泥土。或许波特兰公爵患上的是“对泥土的乡愁”（nostalgie de la boue），这是就这个短语最严格的意义而言的，它意味着渴望野性的生活，但是其字面意思则是对作为我们生命源头的泥土、对孕育了所有生命的原初沼泽的乡愁。他想以返回泥土的方式来逃离世界。

七

这就是英国人矜持的自相矛盾之处。它夸大礼仪、掩饰情感，似乎是专门为了将实践者与他们自身的动物性相疏离，或许也是为了与他们认为不如自己的、更野蛮的阶层和种族分开。可是，它也与基本的动物本能联系在一起，与沉潜下来、从一切事物中躲开的冲动有关。在英国儿童文学经典中，这一主题经常重复出现，如彼得·潘（Peter Pan）[①] 的梦幻岛（Neverland）中的“地下之家”，“地板下的小矮人”（Borrowers）[②] 居住的房屋地板下的空间，好心的尖鼻怪旺布尔（Wombles）[③] 居住的温布尔登

① 彼得·潘（Peter Pan）是苏格兰小说家詹姆斯·巴利小说《彼得·潘与温迪》中的人物，彼得·潘是一个不肯长大的男孩，已成为西方世界无人不知的人物。在英语大字典中，“彼得·潘”作为一个专有名词被收录。

② “地板下的小矮人”，出自英国作家玛丽·诺顿的一部儿童奇幻小说，它们是一群居住在房屋的墙壁和地板下的小精灵。

③ 尖鼻怪旺布尔是1970年代英国儿童文学中虚构的一种动物，长着尖尖的鼻子，住在洞穴中，它们致力于以创造性的方式回收和循环利用垃圾以保护环境。在当时受到极其热烈的欢迎。

公地（Wimbledon Common）下的地洞。这说明它代表了一种共同的愿望。害羞可能植根于人类的自我意识，但是它又让我们听凭我们的动物性情感的摆布——让我们在最紧要的关头心惊胆战，逃离并躲藏起来。

在维多利亚时代的人看来，有一种动物似乎体现了与人类相似的害羞。1830 年代晚期，当第一批红毛猩猩被运至位于摄政公园（Regent' s Park）的伦敦动物园时，许多人包括达尔文都被这些动物迷住了，它们看上去与人类如此近似，而且还如此的高深莫测。它们那无毛的、像人一样的脸上带着一成不变的悲伤表情，像极了我们人类抑郁的样子。阿尔弗雷德·罗素·华莱士 1854 年去婆罗洲（Borneo）沙捞越（Sarawak）旅行时遇到过红毛猩猩，当他射杀了一只母猩猩后，他甚至打算收养一只她的幼崽。他认为，红毛猩猩与人类诡异地相似，它们加剧了他的感觉——类人猿与人类有着共同的祖先。

红毛猩猩很少在荒野中被发现，成群出现的情形甚至更为少见。两个或三个红毛猩猩可以联合起来，去摘特别丰富的水果，但是，它们不会表现出友善的问候，也没有相互间帮忙梳理毛发的习惯，而更好交际的类人猿是会这么做的。合作完成后，它们会重新回到它们各自的孤独之中，既不会与同伴告别，也没有任何抱歉的迹象。公红毛猩猩像没有社交技巧的矜持的英国绅士一样，经常会激起它们试图吸引的那些母红毛猩猩的恐惧和厌恶。除了交配季节，它们都过着孤独的生活，把大部分时间花在折断树枝，在树木高处为自己搭建平台上。

实际上，红毛猩猩的害羞可以从进化上得到很好的解释。在红毛猩猩居住的婆罗洲和苏门答腊岛（Sumatran）的热带雨林中，主要树种是被称为“龙脑香树”的高大硬木树，它们的果实不能食用，因此红毛猩猩不得不分散居住，在广泛散布的果树中独自觅食，而那些果树一次只能承受一只笨重的红毛猩猩的重量。然而，居住在雨林边缘的部落居民常常会把红毛猩猩隐居这种行为人格化，就像维多利亚时代的英国人所做的那样。居民们创造出的一个神话即是，红毛猩猩都是一个部落民的后代，这个先民因一些不端行为而感到羞愧，从村子中逃到了森林里，再也不回来了。①

在动物园看到红毛猩猩的人们也都谈论着它们的害羞，认为这种性情似乎特别具有英国式的古怪特性。1880 年代，在威斯敏斯特（Westminster）的皇家水族馆（Royal Aquarium）展出的一只红毛猩猩据说是：

> 喜欢退隐，当机会来临时，它就把自己从头到脚裹到毛毯里。如果有人试图把毛毯拿走，会引起它迅速地逃避。……尽管有些害羞，但是它并不是绝对躲避公众的凝视，不过，它通常会直视前方，视线越过观众的头顶，仿佛是在寻找自己熟悉的某个目标。②

与红毛猩猩形成对照的是，和红毛猩猩差不多同时来到伦敦动物园的黑猩猩似乎集中了我们人类喋喋不休的癖好。通常的看法是，黑猩猩是作为我们人类表亲的猿类之中最爱交际的，这让它们在动物园最受欢迎的项目——黑猩猩茶话会中成为了领衔主演，它们身着盛装，粗略近似地表演着餐桌礼仪。不过，这是欺骗性的：黑猩猩是反复无常的，特别是母黑

---

① 约翰·麦金农:《寻找红毛猩猩》，伦敦：柯林斯出版社，1974 年版，第 16 页。

② 《威斯敏斯特的猩猩》，载《邓迪信使及百眼巨人报》，1880年9月7日。

猩猩可能会如红毛猩猩一样害羞和孤僻。对黑猩猩的研究已经有一个世纪之久，人们甚至要尝试破解它们的咕噜声和尖叫声，或者是教给它们手语，但我们在进化上最亲近的这些表亲在物种上仍然和我们相距遥远，差不多和红毛猩猩一样远。

八

1914 年 7 月的一个星期四的下午，第一次世界大战爆发前的一个月，如果你碰巧在伦敦动物园里四处闲逛，你或许会看到属于两个物种的生灵正在互送秋波：害羞的猿类和害羞的英国人。因为一个年轻的诗人西格夫里・沙逊（Siegfried Sassoon）[①] 正在猿猴馆中，透过栅栏沮丧地盯着黑猩猩和红毛猩猩看。他后来写道，它们中有一个看着他，像是要诉说什么，但之后就“叹息地扭过头去”。别的猩猩带着“静止的忧郁”回视着他。[②]

也许那些表情阴郁的猩猩在想：这个陌生人的样子也与关在笼子里的动物一样可怜。沙逊具有泰纳所指出的英国人的矜持特征，既控制着自己的情感，却又因此而让自己的情感表现得更明显。他的朋友经常把他的害羞描述为略微带些野性和动物性。新闻记者兼评论家罗比・罗斯（Robbie Ross）把他比

---

① 西格夫里・沙逊（1886—1967 年），英国近代诗人、小说家。他出生于伦敦的上流社会家庭，曾就读于剑桥大学，在一战时期自愿参军，表现英勇，屡建功勋，但在深深体会到战争的不人道之后，他转向反战立场，深刻地描绘了战争中的恐惧和空虚。

② 西格夫里・沙逊：《青春的旷野》，伦敦：费伯出版社，1942 年版，第 234 页。

作“一只害羞而又愤怒的猎鹿犬”。[1] 奥托琳·莫瑞尔夫人认为，只有一个法语词汇可以形容他——“farouche”（不善交际），[2] 这个词源于拉丁语的“forasticus”（在户外），兼有“羞怯”与“野蛮”之意，就像一只野生动物。他在战壕中的同志们给他起了个绰号叫“袋鼠”。与他一起打板球的朋友们把他比作苍鹭或鹤，形容他缓慢地捡球时，细腿抬得高高的样子。

沙逊的伦敦动物园之行激发他创作了一首十四行诗——《运动中的旧相识》，诗作记录了他尝试与黑猩猩、红毛猩猩交谈的失败，以及什么也不说仅仅通过意味深长的一瞥与它们交流有多奇怪。不过，诗作的灵感来自于沙逊与另一个人而非与一个猩猩交谈的失败。在他闷闷不乐地跑到动物园去之前，他曾与一位更有名、更有魅力的诗人鲁伯特·布鲁克（Rupert Brooke）[3] 共进了一场气氛僵持的早餐。

沙逊那时还几乎寂然无名，部分原因在于，他出版早期诗歌时仅仅以他姓名中的大写字母署名。布鲁克的衣着看上去皱巴巴的却不失优雅，皮肤还带着在塔希提岛（Tahiti）晒出的深颜色，漂亮而又自信，这激起了沙逊带有怨恨的羡慕之情，让他觉得布鲁克似乎是那种“在人群中，人们对他更感兴

---

① 菲利普·霍尔：《严肃的快乐：斯蒂芬·坦南特的一生》，伦敦：哈米什·汉密尔顿出版社，1990 年版，第 91 页。

② 罗伯特·葛桑–哈迪编：《奥托琳在盖辛顿：奥托琳·莫瑞尔夫人回忆录，1915—1918》，纽约：克诺夫出版社，1975 年版，第 121 页。

③ 鲁伯特·布鲁克（1887—1915 年），英国诗人。他毕业于剑桥大学，在文学界及政界结交许多要人，因为他孩童般标致的长相而被人称为“英国最英俊的男人”。1914 年他参加了海军，在去达达尼尔海峡的途中死于血液中毒，所著以战争为主题的十四行诗使他声名大振，被英国人视为民族英雄。

图 2－6　年轻时的沙逊。晚年，他在一处偏僻、寂静的森林里找到了适合自己的隐居地。来拜访他的客人总是发现：他不问候也不看着客人，眼睛盯着自己的大腿或是对方的头顶上方，开始谈论诗歌、个人问题、板球或他自己——仿佛他一直在对着空气演讲，而他们不过是碰巧听到罢了。他的句子是扭曲的，不完整的，伴随着神经痉挛和脸部的紧张。

趣，而不是他对人们更感兴趣”的人。① 一个害羞者在一个具有超凡魅力的人的气场中被击倒了，当他们说“再见”时，沙逊猜想布鲁克一定是松了一口气，他也回到了无拘无束的自我之中。布鲁克看上去彬彬有礼，难怪人们会不断地与他坠入爱河。等到沙逊带着委婉的讽刺描写他们会面的情景时，布鲁克已经无法回应了，他在开往达达尼尔海峡（Dardanelles）的一条船上死于败血症，当时船正驶在爱琴海上。

沙逊后来在皇家威尔奇燧发枪团（Royal Welch Fusiliers）担任了军官，他的性格据说在此期间也发生了改变。1916 年 3 月，他深爱的同志大卫·托马斯（David Thomas）少尉死亡时，他非常愤怒，变成了“疯狂的杰克”（Mad Jack）。但是，沙逊自己却从来不这么看；他认为他的害羞是不变的，从少年时代到老一直伴随着他。甚至作为一个勇敢的军人，他也有害羞的一面，其表现形式是：在没有报告上级的情况下，他会独自一人到无人地带去巡查地雷坑或排雷。

① 西格夫里·沙逊：《青春的旷野》，伦敦：费伯出版社，1942 年版，第 230 页。

1916年7月，在索姆河战役（Battle of Somme）期间，沙逊于午夜之前在马梅斯森林（Mametz Wood）独自进攻德国人的战壕，时间达一小时之久，以手榴弹大量命中对方的战壕，驱散了几十个德国兵。然而，在保护了自己的战壕后，他坐下来，从口袋里拿出一本诗集读了起来，而他所在的排却未能确保已经获得的优势。他因自己的英勇行为被推荐为维多利亚十字勋章的候选人，但最终未能获奖，也许正是因为他的英勇不够众所周知吧。在反战抗议中，沙逊把自己的战功十字勋章的绶带扔进了默西河（River Mersey），他对此举的描述甚至也是节制的。他写道："那个可怜的东西柔弱无力地落到了水面上，漂走了，仿佛它知道自己的无用。"[①]

沙逊对战争的谴责，让他有机会与另一个杰出而矜持的英国人碰面。他便是里弗斯（W.H.R. Rivers）[②]，一位著名的学者和精神病医生。他在靠近爱丁堡的克莱格洛克哈特战争医院（Craiglockhart War Hospital）为沙逊进行了治疗，沙逊的病在诊断上委婉地叫做"炮弹休克症"。里弗斯是个害羞的人，口吃，一个很糟糕的公众演讲者。他的朋友、医生同事沃尔特・兰登－布朗（Walter Langdon-Brown）回忆说，里弗斯有一次作主题为"疲劳"的演讲，"在他结束演讲之前，他的演讲主题在听众脸上已经显而易见了"。[③]

---

① 西格夫里・沙逊:《乔治・舍斯顿的完全回忆录》，伦敦：费伯出版社，1972年版，第509页。

② 里弗斯（1864—1922年），英国人类学家、精神病学家，以在一战中治疗"炮弹休克症"而成名。

③ 理查德・斯洛博丁:《W. H. R. 里弗斯:"鬼路"上的人类学家、精神病学家先驱》，斯特劳德：萨顿出版社，1997年版，第17页。

里弗斯的害羞不能被认为是源于阶层的傲慢，也不能被认为是神经质的、因文明过度发展而引起的矜持——这是由在海外建立帝国霸权的英国人所培养出来的，尽管他在南印度托达人（Toda people）中间生活时，曾经倡导了人类学的实地考察。害羞反而在他心中种下了对势利和社会假象的憎恶。在克莱格洛克哈特医院里，他很少携带他的轻便手杖，别人跟他打招呼时，他也很少回应。一次，当他看到沙逊把一位来访者的帽子当作临时足球踢时，里弗斯只是带着仁慈的笑意盯着他看，“一个中年男人的半含羞涩的表情打断了那个年轻人的自娱自乐”。[①] 里弗斯的害羞导致了他冷静、清心寡欲的性格，认识他的人很少忘记他的这种性格，甚至在他死了很久以后也是如此。在沙逊的脑海中，关于里弗斯一生的一个最深刻印象是，他把眼镜推到头顶上，双手放在膝盖上，专心地倾听他的病人说话。让沙逊感到困惑的是里弗斯的这种“人格完整性的强大生命力”，有的人如此谦逊，但是其光环甚至在死后仍然保留了

图 2-7　W.H.R. 里弗斯大夫。他是杰出的精神病医生，医术精湛，但同时也是个害羞的人，不擅于在公众场合的表达。一次他作主题为“疲劳”的演讲，“在他结束演讲之前，他的演讲主题在听众脸上已经显而易见了”。

① 西格夫里·沙逊：《乔治·舍斯顿的完全回忆录》，伦敦：费伯出版社，1972 年版，第 533～534 页。

下来。

布鲁克能立即展现出其吸引力；而里弗斯的方式则缓慢而持久，逐渐达到了这样的效果。里弗斯让沙逊看到，害羞并不总是一种不足，也可以是一种优秀品质——它让你成为你自己，而不是让你不再做你自己。害羞的力量常常是反方向的，具有一定程度的损害性：由于担心别人像我们自己一样跟我们过不去，我们的目标常常是不要犯错，以免受到责备，而不是力争被赞扬。但也并不总是如此，正如沙逊从里弗斯身上所看到的那样。如果你能以某种方式防止你的害羞凝结成这种神经质的、规避风险的性格，它就能够帮助你多带着一份温和和好奇去面对世界。

七

1919 年 2 月的一个下午，在牛津市，沙逊的朋友奥斯伯特·西特韦尔（Osbert Sitwell）带他去见一个类型相当不同的、害羞的英国人——罗纳尔德·费尔班克（Ronald Firbank）[①]。费尔班克因为不适于服兵役，对满是制服男人的伦敦感到不适应，就于 1915 年 11 月搬到了位于牛津市高街（High Street）的房子里居住，正对着牛津大学莫德林学院（Magdalen College），并在那里呆了 4 年。当沙逊在谱写进攻德军战壕的独奏时，费尔班克在这里自费出版了一系列短篇喜剧小说：在这些虚无缥缈的、尖刻的故事中，主角是好色的红衣主教们和古代的老年

① 罗纳尔德·费尔班克（1886—1926 年），英国一名公开身份的同性恋作家。

贵妇们。西特韦尔曾经探知，没有人给费尔班克做饭，他仅靠吃冷鸡肉生活，在两年之中，他只对他的打杂女佣和去伦敦的火车列车员说过话。[①] 西特韦尔和沙逊来见他的时候，费尔班克太紧张了，以至于不能安静地坐上几秒钟，而且他那含糊不清的一共也没几句的话根本就让人听不见。但是，沙逊却对他十分感兴趣，邀请他去自己那里喝茶。在沙逊的房间里，费尔班克拒绝了一盘松脆饼，但是“为了表示出礼貌的姿态……他慢慢地吃了一颗葡萄”。[②] 他的话很少，还不时地因喘气式的叹息和咯咯咯的笑声中断。

在此次会面后不久，费尔班克返回了伦敦，重新开始了他在战前的神出鬼没的生活，经常出席非公开的展览和首场公演。他似乎喜欢在公众场合把自己的害羞表演出来，并将其变成一个先锋派的行为艺术。因为他待在剧院里实在是太不舒服了，他就会变得极其显眼：他会在一幕表演的中间站起身来，或者是突然消失在他的座位上，实际上他只是把头探到了座位下面而已。他经常去古老的皇家咖啡馆（Café Royal）或埃菲尔铁塔餐馆（Eiffel Tower Restaurant），这些都是放荡不羁的艺术家们经常光顾的地方，他在那儿从中午一直坐到午夜，草草地在笔记本上记下一些古怪的对话，喝可以不断续杯的白兰地，吃一薄片涂有鱼子酱的烤面包。服务员知道不能跟他说话。一次在皇家咖啡馆，当餐厅领班试图跟他交谈时，他竟然躲到了桌子底下。

---

① 奥斯伯特·西特韦尔：《导言》，载罗纳尔德·费尔班克：《五篇小说》，纽约：新方向出版社，1981 年版，第 12 页。

② 西格夫里·沙逊：《西格夫里的旅程，1916—1920》，伦敦：费伯出版社，1945 年版，第 137 页。

图2–8　罗纳尔德·费尔班克。作为一名在那个时代就敢于公开身份的同性恋作家，他似乎喜欢在公众场合把自己的害羞表演出来，并将其变成一个先锋派的行为艺术。他定期搭乘飞机，从伦敦飞往南欧或北非，然后再飞回来，很认真地在《泰晤士报》的王室公告栏中公布他的旅行线路，虽然在伦敦或其他地方他都很少会客。

费尔班克各式各样的手势——长时间盯着自己的手孤芳自赏，挠头，使劲拽自己的领带，在以后看来，似乎都是典型的忸怩作态，“忸怩作态”（camp）这个词那时也才刚刚具有了其现在的意涵。他的涂了指甲油的指甲和搽了胭脂的脸颊透露了他的心思。但是，对于他的同时代人来说，这些怪癖似乎只标志着一种夸张的害羞。女人气的行为，早在其成为同性恋的同义词之前，就表示出令人瞩目的懒散和唯美主义了，是对男子气的、资产阶级的工作和商业价值的拒绝。费尔班克颇吸引眼球的害羞，而不是他的未公开宣布的同性恋取向，宣告了他与这个“直的”世界的分离。在他的小说《脚下的花》中，故事背景被设置在一个模糊的巴尔干半岛国家，“害羞”一词被以低沉的语调提及时，通常其保留有“同性恋”的意思。当“某夫人”（Lady Something）把她的女儿描述为“有紫罗兰的信念”时，“稀里诺希女王”（Queen Thleeanouhee）愤怒地回答道：“在我统治的地盘上，害羞是一种完全未出现过的特性……！”①

奇怪的是，沙逊这样目睹过索姆河杀戮场的人，会觉得脆弱的、矫饰的费尔班克很有吸引力。或许他敬佩费尔班克炫耀自己害羞的方式，而不是像沙逊那样躲躲闪闪的，想要结束却又不敢结束与别人的交谈。费尔班克断然拒绝遵从任何的社会规则，这种以自己的方式行事的作风令人钦佩，尽管把他放到索姆河的战壕里他是无用的，但是他具有一种不同类型的执着。在国际旅行从逻辑上来讲还很困难的年代，这种看上去的社交无能却总能让费尔班克各处游荡，让他成功地与车站搬运工和旅馆员工进行商谈。在飞行还只是勇者专利的时代，费尔班克定期地搭乘飞机，从伦敦飞往南欧或北非，然后再飞回来，很认真地在《泰晤士报》的王室公告栏中公布他的旅行线路：罗纳尔德·费尔班克先生结束了在东方的长时间旅行后回到了伦敦，会在梅菲尔区西教堂街（West Chapel-Street）2 号住上几周；罗纳尔德·费尔班克先生去意大利过冬了，在接下来的 6 个月里他将待在罗马的奥尔西尼宫（Palazzo Orsini）酒店。这些信息是给谁看的还不清楚，因为费尔班克在伦敦或其他地方几乎很少会客。

正如里弗斯曾经做的那样，费尔班克为沙逊正在着手研究的英国式矜持这种古怪状况贡献了更多的基本原始资料。T. E. 劳伦斯（T. E. Lawrence）曾经说过，如果有人要他“选择一个理想的英国人供国际展览”的话，他会选择沙逊。② 沙逊出

① 罗纳尔德·费尔班克：《五篇小说》，纽约：新方向出版社，1981 年版，第 12 页。

② 基恩·默克罗夫特·威尔逊：《西格夫里·沙逊传记：从战壕中启程（1918—1967）》，伦敦：达克沃思出版社，2003 年版，第 188 页。

生于肯特郡的威尔德（Kentish Weald）并在那里长大，在马尔伯勒（Marlborough）中学和剑桥大学接受教育，作为一个乡村绅士和猎狐者，他当然看上去很像典型的英国人。但是，他也是个同性恋者，而且是个犹太人，带有波斯血统，晚年才皈依天主教。他极其渴望归属感，但是像许多害羞者一样，却从归属感的缺乏中获得了某种受虐式的骄傲。在沙逊的自我纠缠之中，也有作为一个作家对别人、对别人姿态的着迷。尽管在别人看来，他像是矜持的英国绅士的缩影，但是他也细心地去解剖这种身份的矛盾之处，比如在像费尔班克这样的人身上，害羞和自尊混合成了一种离奇的、带有一定行动能力的性格。

沙逊社交圈中的许多人也为这种英国式的矜持所折磨，并且像他一样，他们看上去仍然享受着光彩夺目的社交生活，混入到中上阶层的活动场所中，上流社会和艺术就此相逢。艺术家雷克斯·威斯勒（Rex Whistler）①就设法让自己被时髦的伦敦女主人们邀请，有许多男人和女人爱上了他，尽管他几乎没有说过什么，也从未回信或接电话；他把工作得来的许多支票都弄丢了或是忘了将它们兑现。沙逊的另一个朋友——作曲家和艺术家伯纳斯勋爵（Lord Berners）②也为极端的矜持所困，它使他不停地眨眼，窒息般地大笑，就像打不出喷嚏一样。关于他的害羞的故事，或许不足为凭，但也累积起来不少：比如说他开着他的劳斯莱斯外出时戴着面具，或者说他假装得了猩红热，让他自己占据了一整节火车车厢。与此同时，沙逊的朋友劳伦斯则设法既成为炫耀的隐居者，也成为一

---

① 雷克斯·威斯勒（1905—1944 年），英国艺术家、设计师。

② 伯纳斯勋爵（1883—1950年），英国作曲家、小说家、画家，英国历史上一位著名的怪人，终身未娶，是一位公开的同性恋者。

个奥林匹克级的交际者，伯纳斯说劳伦斯总是“背着身子出风头”。①

沙逊似乎把学习如何成为一个英国人当成了他一生的工作，他的方法是观察别人如何做。“我希望我可以理解，自己为什么会喜欢选择一种社交的但又有些邪恶的、伊诺克·雅顿（Enoch Arden）②式的态度，”他在 1925 年的日记中吐露心迹道。在丁尼生（Tennyson）③的诗歌中，被以为已经遇难的伊诺克·雅顿十年后从海上回到家中，他从不向妻子透露他还活着，因为他是如此地爱她，任由她与另一个男人享受新欢。他在伤心中死去。沙逊一生中都在谈论他的“伊诺克·雅顿情结”：他想要置身事外，从暗处观察别人，就像是一个幽灵。④

八

1927 年，沙逊短暂地背弃了他在边上旁观的习惯，做了件鲁莽的事情：他与一位年轻漂亮的贵族斯蒂芬·坦南特（Stephen Tennant）⑤开始了一段风流韵事。坦南特的母亲帕梅拉

---

① 马克·艾默利：《伯纳斯勋爵：最后的怪人》，伦敦：辛克莱尔 – 斯蒂文森出版社，1998 年版，第 63 页。

② 伊诺克·雅顿是诗人丁尼生同名诗篇的主人公。《伊诺克·雅顿》取材于民间传说，讴歌了平民阶层男女之间无私的爱情和真挚的友谊。

③ 丁尼生（1809—1892 年），英国 19 世纪著名诗人，在世时就获得了极高的声誉。他肄业于剑桥大学，诗作题材广泛，形式完美，词藻绮丽，深受维多利亚女王的赏识，于 1850 年获得了桂冠诗人的称号。

④ 基恩·默克罗夫特·威尔逊：《西格夫里·沙逊传记：从战壕中启程（1918—1967）》，伦敦：达克沃思出版社，2003 年版，第 115 页。

⑤ 斯蒂芬·坦南特（1906—1987 年），出身英国贵族豪门，以其极为颓废的生活方式而著称。

（Pamela）即格林克纳夫人（Lady Glenconner），有着向往自由的灵魂，渴望远离家族靠漂白粉产品挣来的财富，她认定儿子能够在艺术上做出伟大成就。在她的著作《孩子语录》中，她收录了自己11岁儿子的话。坦南特13岁时在南肯辛顿（South Kensington）一家画廊的个人画展中，展出了他的线条淡彩画，并受到了位居重要地位的艺术评论家的赞誉。在20岁出头的时候，他为《每日邮报》写作了风格专横的笔记："不要脸上堆满愚蠢的笑容，或者脸上带着微笑，或者上气不接下气地表现热情，像狗吐着舌头一样——这是姿态的问题，而不是姿势的问题。"[①]他的头发呈波浪形，上面喷洒着金粉；涂着洋红色的口红，染着睫毛膏，戴着金耳环。在威尔特郡（Wiltshire）威尔斯福德庄园（Wilsford Manor）的家中，他和他的光彩照人的年轻朋友们举办睡衣派对，在草坪上举行化装舞会，打扮成修女和牧羊人的模样。他与沙逊颇为不同，似乎也是沙逊很难想象的那种人。

图2－9　出身贵族豪门的斯蒂芬·坦南特。他陷入害羞之中不能自拔，长期沉醉于颓废的生活。他喜欢上了自己的床，终日待在家中，被香水瓶和粉盒环绕着，满地板都是书籍、衣服和珠宝首饰。这就是去世前30年他生活的样貌。

然而，他们并不是如此的不同。作为斯莱德艺术学校（Slade

① 斯蒂芬·坦南特：《成为聪明、优雅的人即应遵循其自身的要求》，载《每日邮报》，1928年6月15日。

School of Art）的一名学生，坦南特逃过的是人生的课，因为他不能面对他的同学，并与雷克斯·威斯勒建立了同性恋情人关系。伊夫林·沃（Evelyn Waugh）[①]后来在《旧地重游》中把坦南特和威斯勒用作了原型，塑造了害羞的查尔斯·莱德（Charles Ryder）和炫耀的塞巴斯蒂安·富赖特（Sebastian Flyte）的形象。塞巴斯蒂安的全部魅力在于，他说他想要逃离自己的家庭，他作为一个隐居者结束了他的生活，在突尼斯的一个修道院里抑郁地饮酒度日，慢慢地死去。

坦南特具有同样的本领，可以把令人震惊的行为和深度压抑结合到一起。伊夫林·沃在《邪恶的身体》中，揭示了光彩照人的上流社会的年轻人的一些两极化的私下俚语，一切东西要么是“神圣的”，要么是社交方面令人窘迫的：“太，太可耻了”，“完全是羞怯的”或“让人害羞的”。坦南特按照这些极端的原则生活。他说，他生活中的伟大时刻是在圣莫里茨（St Moritz），当一车厢的游客为他长得如此漂亮而鼓掌的时候。然而，他会躲到常春藤饭店的洗手间里，因为在他的朋友们到达之前，他不敢进入饭店。他热爱威尔斯福德庄园，因为躲在威尔特郡开阔丘陵地带这个多雾的山谷里，四周围绕着常绿的紫杉和橡树的树篱，可以让他把世界拒之门外。直到 1929 年，沙逊实际上只是那里的一个留宿的看护者罢了，坦南特的床上接纳过的，先有肺结核，然后是一种不明病症——被诊断为神经衰弱症，这个笼统的名称在 20 世纪早期指的是忧郁症。

坦南特简单地以拒绝再与沙逊见面的方式，结束了他俩的情

---

① 伊夫林·沃（1903—1966年），英国著名作家，被誉为英国二十世纪最优秀的讽刺小说家。

爱关系。又过了一年，1933年，沙逊娶了海丝·盖蒂（Hester Gatty），并在大约30英里之外的海特丝伯里宅邸（Heytesbury House）找到了他自己的隐居地，一所靠近沃明斯特（Warminster）的、乔治王朝时期的宅邸。这段婚姻很快就凋谢了，但是沙逊爱上了这个偏僻的地方，以及这里森林的寂静。1940年代晚期，当时还只是一个年轻男孩的费迪南德·芒特（Ferdinand Mount）[①]，在这里见到了这位“海特丝伯里的隐士”，他和他的父亲被邀请去喝茶。他们在房屋的后面徘徊，试图找到房门，却最终走进了一间看上去空荡荡的、没有灯光的客厅，芒特回忆说，“直到我们的眼睛聚焦之后，才看见消逝的光线勾勒出那个著名的、憔悴的‘老鹰’的轮廓”。沙逊“把一盘干黄瓜三明治推到了我们面前，开始以羞涩的低音和我们谈话”。[②]

所有关于拜访沙逊的故事都与此相似。他邀请几乎每个他遇到的人去他家中喝茶，每次都抱怨没人去看他。如果他们打电话来确认喝茶的邀约，他听上去急躁不安，像是后悔发出了邀请，但是还是告诉他们无论如何都要来。到了约定的时间，客人们发现门房没有人，大房子里也没有人来应门。他们从后门进入，最终在一个房间里发现了沙逊。根据他的修女朋友费莉西塔斯·科里根夫人（Dame Felicitas Corrigan）的说法，在这类见面的一开始，沙逊的害羞使得他沉溺于自我关注

---

① 费迪南德·芒特（1939— ），英国政坛、文坛双栖人物，曾在撒切尔夫人的政府任职，还是首相卡梅伦的表舅。他担任过《泰晤士报》文学增刊的主编，为《每日电讯报》撰写政治评论专栏。

② 费迪南德·芒特：《冷霜：我的早年生活和其他过错》，伦敦：布鲁姆斯伯里出版社，2008年版，第139~140页。

之中，“瘦削的脸像埃尔·格列柯（El Greco）[①]画中的圣徒，身上蓄满了氢弹一样的被压抑的能量”。[②] 他不问侯也不看着客人，眼睛看着自己的大腿或是对方的头顶上方，就开始谈论诗歌、仆人问题、板球或他自己——仿佛他一直在对着空气演讲，而他们不过是碰巧听到罢了。他的句子是扭曲的，不完整的，伴随着神经痉挛和脸部的紧张。

那些回访他的人认识到，窍门是等他说上差不多一个钟头之时，就去吸引他的注意，然后迅速地突然插话，这样某种交谈才会出现。他的朋友哈罗·霍德森（Haro Hodson）将这种间接方法比作驯马和给马装马勒。形容词“害羞的”（shy）最初进入英语是在 13 世纪，描述的是易受惊吓的马——容易被奇怪的噪音、快速移动的物体惊吓或弄得情绪不稳，直到 17 世纪早期，这个词才从形容马转移为形容人，莎士比亚在《一报还一报》中使用了两次：“一个害羞的家伙便是公爵……像安吉洛（Angelo）一样害羞，一样严肃，一样正直，一样专制。”至少到 19 世纪结束，“害羞”（shyness）一词仍然与马的易惊、难以驾驭存在着联系。在 1891 年版的《牛津英语词典》中，则引用了下面的例句：“风可以被说成是害羞的，当它仅仅让船在其航线上航行时。”

驯马者还会谈到“头的害羞”（head shyness），这会让给这些动物刷毛或装马勒变成意志的较量。你一拿起马勒，一匹害羞的马就知道你要干什么，头会转圈子或者伸得高高的，离你远远的——事实上，就像沙逊摇晃他的头一样，仿佛他不想

① 埃尔·格列柯（1541—1614 年），西班牙绘画史上的第一位大师。

② D. 菲利西塔斯·科里根：《西格夫里·沙逊：诗人的朝圣之旅》，伦敦：维克托·格兰茨出版社，1973 年版，第 192 页。

让人们盯着他的脸的某个地方太久一样。精明的驯马师会拿着马勒站在马的背后，等到马低下头，然后他们就抓住马的鼻子，这样马就会因为不耐烦或者受惊而张开下颌。

最终，就像一匹戴惯马勒的母马一样，沙逊平静下来了。头部的摇晃动作减弱了，他的句子开始连贯起来——他确实变得令人惊讶得口齿清楚了，仿佛他是在背诵默记住的那些很好的句子一样，而且他变得浑然不觉房间的黑暗、电话铃的响声和半小时前烧水壶的声音了。堂赛德学校（Downside School）的一位本笃会（Benedictine）[①]的老师兼修士休伯特·范·泽勒大师（Dom Hubert Van Zeller），带着一些男孩子来拜访沙逊，沙逊变得如此狂喜，开始了自己的长篇大论，以至于他在给一个杯子倒茶时，杯子已经满了，他还倒了很长时间。另一次，当他给其中一个男孩签名送书时，他写下了“送给西格夫里……西格夫里赠 西格夫里”。[②]奇怪的是，他的日记显示，即使是处于自说自话的激流之中时，他也听到了他未予理睬的每个问题，而且捕捉了他眼角中的客人们的一举一动。

迟暮之年，他的社交生活主要集中在为海丝特伯里村打板球一事上，与他并肩作战的是他的地产工作人员和当地的农场工人。他的糟糕的击球技术在安排击球顺序时很巧妙地被掩饰起来了，但是他坚持要在靠近投球手的暴露位置处防守，他会让来球狠狠地击中他的胫骨，然后才慢慢地捡起球。由于球场是他的，他允许板球俱乐部免费使用球场，没人可以阻止他离

---

① 本笃会，天主教修会之一，要求严守会规，发绝财、绝色、绝意“三愿”，注重工作和苦修。

② D. 菲利西塔斯·科里根:《西格夫里·沙逊：诗人的朝圣之旅》，伦敦：维克托·格兰茨出版社，1973 年版，第 199 页。

开球场，斜靠到栅栏上，如果他觉得厌烦，甚至会在比赛中途离开。[①]

板球这项运动也许是特别为矜持的英国人设计的，它强调正确的姿势，有关规矩是不易说清楚的或者不需要说出来。板球比赛通常的气氛是平和、安静和舒缓的，享受不是来自于令人极度兴奋的得分或得分的尝试，而是来自于其冗长乏味的部分，以及双方力量平衡上的微妙转变，当双方谨慎地获得一点优势时，就能激起礼貌的掌声的涟漪。在板球场上，离其他的外野手有很大的空间间隔，沙逊因之可以获得适度的孤独。赛后在天使酒店（Angel Inn）进行的茶会上，沙逊可以应对要求不高的谈话交流，说说萨默塞特板球队员的击球率和过去村庄比赛的一些伤感回忆等话题。如果有人试图和他谈论更深入的话题，很快便会被他打断的。

九

沙逊待在海丝特伯里的前一些年里，斯蒂芬·坦南特曾零星地顺路拜访过他，后来就很长时间不打电话了。坦南特此时陷入了害羞之中不能自拔，像费尔班克一样，开始只是做做姿态，但后来却变成了真实的痛苦。他喜欢上了自己的床，靠在枕头上，被香水瓶和粉盒环绕着，写那些表达精致的信，其中的一个收信人斯蒂芬·斯彭德（Stephen Spender）认为，这些信“保留了英语的精华——阅读对象是私人，是豪华的地下文

① 大卫·福特:《在球拍和板球之外：十一幅私密肖像》，伦敦：奥兰姆出版社，1995 年版，第 43 ~ 44 页。

学”。[①] 1961 年 6 月，当克里斯多弗·伊舍伍德（Christopher Isherwood）拜访坦南特时，他这样描述坦南特那撒满地板的书籍、衣服、珠宝首饰和家具：“部分像是为静物画准备的，部分像是喝醉了从箱子里取出来扔在地上的。”[②] 坦南特不再照镜子了，但又开始抚摸自己曾经很受崇拜的颧骨，像是为了确信它们还长在那儿一样。威尔斯福德花园此时已是杂草丛生，一个码头和一片荨麻将房屋与附近的埃文河（River Avon）隔开了。树木已经枯死，是被房屋主人命令从来不许修剪的常春藤勒死的。

1970 年底，小说家奈保尔（V. S. Naipaul）[③] 和他的妻子帕特（Pat）成了提泽尔村舍（Teasel Cottage）的租客，这是一幢位于威尔斯福德庄园之上的小房子。奈保尔的资助人克里斯多弗·坦南特（Christopher Tennant）即格林克纳勋爵，曾经修缮了这幢房子给他的弟弟居住，因为他觉得威尔斯福德庄园对于一个没有收入的单身汉来说太浪费了。起初斯蒂芬甚至拒绝走进这间小房子。但是他喜欢有个作家当邻居，让他的仆人约翰（John）和玛丽·斯卡尔（Mary Skull）给作家送过古怪的绘画或诗歌。奈保尔在那儿住了 15 年，从未遇见过坦南特，但是对他却有种“深深的同情”——他承认，部分原因在于他保留着一份幻想，而且他无需去迎合坦南特那很令人费神的古怪性

---

① 菲利普·霍尔：《玩笑什么时候才结束？》，载《观察家》，2008 年 11 月 22 日，第 54 页。

② 克里斯多弗·伊舍伍德：《六十年代：日记卷 2，1960—1969》，伦敦：查托和温达斯出版社，2010 年版，第 77 页。

③ 奈保尔（1932— ），印度裔英国作家，2001 年获得诺贝尔文学奖。

情。[①]

在奈保尔略带虚构的小说《抵达之谜》中，坦南特成为了安静地等待着播种的乡村的象征。像奈保尔一样，书中无名的叙述者来自于特立尼达岛（Trinidad），考上了牛津大学，成为了一名作家，并在典型的英国环境中定居下来，他的房东（也没有名字）住在附近一个半荒废的庄园里。在 1949 年或 1950 年，他的房东就从世界上隐身了，得了一种痼疾，在叙述者看来，“有点像是淡漠忧郁症，像中世纪僧侣身上的那种懒散或疾病”。[②] 奈保尔的妻子帕特未出现在叙述中，仅有房东和叙述者被包裹在静默的孤独中，两个人都像对方一样渴望着隐身。虽然房东的财富来自于特立尼达岛的种植园，叙述者仍然感到通过大英帝国他们被很好地安排到了一起。因为叙述者也是害羞的，他将其归因于“作为被殖民者的神经生涩”，[③] 甚至当所有常见的焦虑——关于社交上的笨拙、性压抑和能力不足等等都随着青春的结束而淡化时，这种生涩却仍然留了下来。

《抵达之谜》中的对话很少，叙述语言也是缓慢的、让人昏昏欲睡的和自白式的。叙述者熟悉这片忧郁的、空荡荡的风景中的季节变换和农耕节奏，就像乡村中的夜色可以瞬间笼罩大地一般，“重大的事情也几乎可以秘密地发生”。叙述者与房东并没有实际的会面，这使得害羞这一问题更为模糊了，他开始把房东的害羞看作是环境的象征，把房东的慢慢衰朽看作是旧式乡村生活在新的机械化耕作和都市生活时代中消亡的镜像。他仅仅瞥见过房东两次，一次是房东在花园里晒日光浴时

---

① 尼古拉斯·莎士比亚：《远离生活》，载《泰晤士报》，1987年3月2日。

② V. S. 奈保尔：《抵达之谜》，伦敦：企鹅出版社，1987 年版，第 53 页。

③ 同上，第 95 页。

一闪而过的大腿，然后就上到一辆行驶过来的车里了；一次是看到了房东的秃顶，上面是精心梳理的细丝般头发，一张和蔼的脸和一只缓慢挥动的手。在挥手之间，正当房东的指尖在汽车仪表板上弯成弧形时，叙述者看到了“羞涩伴随着巨大的浮华而来……那不是一种希望看到人们欢呼的愿望”。[①]

十

我还记得我看过的一个幽默短剧，源自于英国广播公司1960年代的喜剧《不仅如此》，其中彼得·库克（Peter Cook）[②]戴着假发、贝雷帽和太阳镜，装扮成葛丽泰·嘉宝（Greta Garbo）[③]，坐着一辆敞篷车突然来到伦敦的一条街道上，拿着一个大扩音喇叭大喊“我香（想）要独处”。它让我想到了坦南特，他甚至在蛰伏得最深的时候，也会作奇怪的出行，穿着一身立即就会被注意到的行头——紧绷绷的粉红色短裤和驼色外套，去附近的威尔顿（Wilton）或索尔兹伯里（Salisbury）。他逃离了世俗，是因为它不能满足他自己的尊贵感，因此他忍不住要将他的害羞转向炫耀性的表演。

但是，害羞可以达致带有消极侵略性的任性，而且这种任性也会如约而至。坦南特似乎陷入了一种常见的自我欺骗之中：他不能不让自己去培养和滋生忧愁，因为他认为正是忧愁

① V. S. 奈保尔:《抵达之谜》，伦敦：企鹅出版社，1987年版，第70、191页。

② 彼得·库克（1937—1995年），英国喜剧演员、作家，1960年代英国最为知名的演艺明星之一。

③ 葛丽泰·嘉宝（1905—1990年），瑞典电影明星，好莱坞默片时代知名度最高的影星之一。1941年后她突然退出影坛，深居简出。

赋予了他的身份。如果他的害羞是一种行为的话，那么这也是他所信奉并以巨大的情感代价来维持的。这是一套从台词到语调都完美的体验派演技，斯坦尼斯拉夫斯基（Stanislavski）[①]或李·斯特拉斯伯格（Lee Strasberg）[②]会为此骄傲的。就像所有上文那些英国式矜持的艺术大师一样，坦南特一定感到自己被害羞困住了，但是他无法摆脱它。面具已经粘到了他的脸上。

坦南特死于 1987 年 2 月，就在《抵达之谜》出版的几周之前。他的房屋卖给了一个美国商人，房子里的所有东西都被放到了屋前草坪上的大帐篷里拍卖掉了。索斯比拍卖行的宣传单上称作“一个英国怪人的梦想之家”里的一切物品都被拍卖了，从斑马纹花色的软躺椅到花园里的雕像，这座雕像是拍卖行的主管克里斯多弗·金（Christopher King）经过几小时的拉拽才从下层灌木里“解救”出来的。坦南特生命中最后几年的女管家兼看护西尔维亚·布兰福德（Sylvia Blandford），对坦南特没有活着看到这一切感到宽慰，因为“他是个很讲究私密的人，不喜欢任何人碰他的东西”。[③]

并不是每个人都相信，坦南特是很注重保护隐私的。奈保尔的朋友保罗·泰鲁（Paul Theroux）透露，他对这个“无所事事的、愚蠢的女王”很恼火，因为他过着一种不道德的

① 斯坦尼斯拉夫斯基（1863—1938 年），俄国演员、导演、戏剧教育家，“没有小角色，只有小演员”是其名言。

② 李·斯特拉斯伯格（1901—1982 年），美国演员、导演及教育家。他发展了表演的方法学，基于俄国导演斯坦尼斯拉夫斯基的理论，强调表演中的主观特性。他门下弟子包括马龙·白兰度、罗伯特·德尼罗、达斯廷·霍夫曼、梅丽尔·斯特里普等明星。

③ 莎拉·切克兰德:《一个英国怪人的梦想之家的最后荣耀日子》，载《泰晤士报》，1987 年 10 月 8 日。

生活，却向每个人证明了他是古怪的（eccentric）——在英语中，这个词总是送给那些“富有的疯子”的。[①] 作为一个长期居住在伦敦的美国人，泰鲁自己也呈现出英国式矜持的滑稽可笑之处，混合着“害羞和怀疑……谨慎的好奇和节制的仁慈”，[②] 在像坦南特那样严重的情况下，这种性情也可以变成一套精心排练过的、自我表演的陈腔滥调。在泰鲁看来，坦南特的情感无节制的阴晴变化和害羞属于一个消逝的年代，那时中上阶层中那些被宠坏了的成员都患有神经官能症，这是他们的忠实随从们纵容的结果。

我自己也为英国式的矜持所困扰，我倾向于更宽容地去看待它。事实上，极端的害羞有时看上去像是寻求关注，这总会在不害羞的人中引起不信任感。对于一个不友好的观察者来说，它可能看着像是由内而外的自恋，一种过了头的表演，一种披着谦逊外衣的自我关注。由于害羞很少会自我进行解释，它实际上就变成了一块白板，别人可以在上面写下他们各自的解读。精神治疗医师兼作家亚当·菲利普斯（Adam Phillips）提出，害羞“在那些更能言善辩的怀疑者即对心理问题感兴趣的人之中”名声不好，因为“害羞寻求和控制关注的表现，总是比它私下里所对抗的任何其他东西都要鲜明得多”。[③] 尽管我们与我们自己的矛盾人格快乐地共处着，我们却很难接受别人的矛盾，即使我们现在确实知道：一致性是种很

---

① 保罗·泰鲁:《维迪亚爵士的影子：跨越五大洲的一份友谊》，伦敦：企鹅出版社，1999 年版，第 166、165 页。

② 保罗·泰鲁:《海边的王国》，伦敦：企鹅出版社，1984年版，第126页。

③ 亚当·菲利普斯:《菲利普斯先生》，见《对等》，纽约：基础读物出版社，2002 年版，第 205 页。

少见的人类品质。

在我们这样一个日益讲求忏悔的年代，加之对于诚实和真实的膜拜，我们确实感到：人们对那些退缩的人变得更加怀疑了，仿佛羞怯在某种程度上一定是欺骗性的，或者被隐秘的动机贬低了身价。我的一个同事告诉我，他曾经给一位朋友送了一本达夫妮·杜穆里埃（Daphne du Maurier）[①]的小说《蝴蝶梦》，朋友读后对书中无名叙述者的害羞感到生气和耻辱，将其斥之为“穿着低跟鞋的傲慢”。我的同事反思说，害羞现在常常会激起这样的不耐烦，因为它“在一个和盘托出的年代里，已经失去了其善良的光芒”。

当然，害羞确实可能伴随着固执己见。毕竟，害羞是建立在感觉自己与众不同的基础上的，不管多么被自我怀疑包围，它也能达到一种对自我价值的自负感——一种穿着低跟鞋的傲慢。但是明白了这种危险，也从未帮助我避免害羞。我也不认为，简单地把别人的害羞或者他们性格中的任何其他部分斥之为虚伪可以让我们充分地了解他们。将一个人的社会表现与其真实感情分开是很不容易的，特别是在考虑到人类具有无限的自欺欺人能力的情况下。

每一个自我里都包含着众多的内容：我们都是我们自己的“公我”和“私我”的混合物。“公我”从其立场上来看也是真实的。考虑到我们为了成功地实现“公我”，付出了巨大的努力，或许它甚至比“私我”更为真实。如果我们对每一个人都必须敞开心扉，那么这个真挚的世界将会变得多么令人窒

---

① 达夫妮·杜穆里埃（1907—1990年），英国女作家，写过十七部长篇小说以及几十种其他体裁的文学作品，被授予大英帝国勋章，《蝴蝶梦》是其代表作。

息。人类的基因库里确实应该为以下的行为留有一席之地：笨拙的或倔强的行为，或者尝试做不同方式的自我，或者是会被指责为做作或诈伪的行为——即使是在沙漠中不理睬相遇的人、在地下建舞厅或者喜欢四周环绕着香水瓶而卧床 30 年这样的行为。英国式的矜持有其装腔作势和做作的一面，在那些不喜欢它的人看来，一定像是伪装。但是谁又真正知道一种表现是如何开始的，又是怎样结束的呢？真正的害羞——这种真正古怪的精神状态，是以许多伪装的形式呈现出来的。

第3章

多么难堪啊

在第二次世界大战初期，一个被称为“教授”的男人轻手轻脚地走在布莱切利公园大厦（Bletchley Park mansion）的走廊里，面色非常不安。当他与认识的人擦肩而过时，他甚至不让自己去看他们一眼，他的眼睛一直盯着最近处的墙壁，他用手指轻轻地摸着这墙壁，仿佛是想要紧紧抓住些什么。位于布莱切利的新的政府密码学校（Government Code and Cypher School）是按工业化运作的，像个忙碌的小镇，主建筑里有数以百计的秘书和破译员，一路小跑地穿梭于预制板搭建的小屋子和电传打字机之间。“教

图3－1　伟大的阿兰·图灵。有着“社交困窘”的他促进了计算机时代的早日到来，从而改变了千千万万人的生活方式。

授”人生中第一次面对这么多的女人。“我有一次端给他一杯茶，但是他恐惧地退缩了，”在“教授”附近的四号屋中工作的萨拉·诺顿（Sarah Norton）回忆说。她说，他应付走廊里的这些年轻女人们的办法是：“以一种古怪的侧步，蹒跚地走向食堂，眼睛盯着地面”。[①]

深深地困扰着阿兰·图灵（Alan Turing）[②]的，是英国中产阶级特有的“天赋”——社交困窘。仅仅从照片上看，你永远也猜想不到这一点，他那男孩子气的脸呈现出深受女性观众喜爱的男明星的某些轮廓特征，他的头发整齐地抹着发胶，但是如果你遇到他本人，会发现他看上去永远是难为情的。他的衣服上沾满了墨水污渍，他的手指甲被咬得粗糙不平，他的领带系得一团糟，他的夹克上的纽扣扣错了扣眼，他的头发竖立着，除了刘海儿部分因太长而使得他不得不捋上去——以便不要遮挡视线之外。他似乎把他的躯体看成是一个纯粹的累赘，为了给他那庞大的大脑服务，他不得不拖着它，尽管这个躯体是不协调的、局促不安的，但是他那杰出的大脑却可靠地运行着，像是一台计算机——这种机器他没还腾出时间来发明。

根据他的母亲萨拉（Sara）的说法，图灵是个性格活泼的男孩，在10岁的时候突然变得孤僻和沉默寡言了。她将此归罪于他们之间的痛苦分离，当图灵在一个新学期的开始被放

---

① B.杰克·科普兰：《图灵：信息时代的先驱》，牛津：牛津大学出版社，2012年版，第64页。

② 阿兰·图灵（1912—1954年），英国著名的数学家、逻辑学家。他是第一个提出利用某种机器实现逻辑代码的执行，以模拟人类的各种计算和逻辑思维过程的科学家，被誉为“人工智能之父”。美国计算机学会设立的年度“图灵奖”，相当于计算机科学界的诺贝尔奖。

到预备学校时，他曾顺着车道急冲下来追逐他父母的正在离去的车。①“他表现得很独立自主，倾向于独处，”图灵在舍伯恩（Sherborne）学校时的舍监写道。舍伯恩学校大概加重了图灵的这种倾向，他在那里的第一年，他不得不参加一种“成人礼”：他被迫待到一个废纸箱中，在公共休息室里被其他男孩子踢来踢去，他们还喜欢把他关在地板下面。舍伯恩学校像许多英国公立学校一样，充斥着维多利亚时代的强身派基督教理想，信奉的是善于交际要好过做书呆子，特别是那些苦读庸俗的科学书籍的书呆子。在图灵的一份学业报告中，校长指责他没有“团队精神”，并警告说“如果他打算仅仅做一名科学上的专家，那么他待在公立学校就是浪费时间”。②

作为一个年轻人，图灵把他那雄辩的大脑转向了解剖他自己的笨拙上，这种能力使得他成为了一个熟练的、研究社交生活的符号学者，一个人类行为的破译者，而这种社交生活正是他所不适应的。1930 年代中期，当他在普林斯顿大学学习时，他试图对美国人的礼仪进行解码。当美国人听别人说话时，他们习惯性地说“啊哈”（aha），因为他们觉得此时沉默可能是粗鲁的，这让图灵感到不安——小商小贩比如洗衣店里开小货车的司机，跟图灵说话的时候就把胳膊搭到他的肩上，也让他不安。“当你感谢他们时，他们说‘不客气’（You’re welcome），”他在给母亲的信中写道，“一开始我相当喜欢他们说这句话，我想我是受欢迎的，但是现在我发现它就像是一个

① 萨拉·图灵：《阿兰·图灵》，剑桥：剑桥大学出版社，2012 年版，第 16 页。

② 安德鲁·霍奇斯：《阿兰·图灵：难解之谜》，伦敦：温特吉出版社，1992 年版，第 23～24、26 页。

球扔到了墙上弹回来一样，我感到很不安。”①

—

图灵在普林斯顿大学时发表了一篇经典论文《论可计算的数字》，第一次尝试描述计算机看上去可能的模样。十几年之后，1948 年 6 月，他在曼彻斯特大学的小组让这样一个机器运转起来了。图灵成为了人工智能方面的一个热心的倡导者，他相信这个“机械大脑”有一天会与人的大脑处于平等的竞争地位。他甚至认为，它将能够写十四行诗，和莎士比亚写得一样好，尽管他承认这个比较有一点不公平，因为一个机器写出的十四行诗比较容易被另一台机器领会。②

1952 年，他和他的同事克里斯多弗·斯特雷奇（Christopher Strachey）运用造句算法和《罗格同义词词典》中的同义词，创造了一个可以写情书的计算机程序。其中一封是这样的：“亲爱的甜心，你是我热切的激情。我的感情奇妙地依附着你的热情的愿望。我的欢爱渴望着你的心。你是我渴望的激情：我的温柔的欢爱。您漂亮的……”③ 这封有点古怪的情书中透露出了辛酸的潜流。图灵自己就从来写不出这样一封情书——不仅仅是因为他害羞，而且因为他是一个同性恋者。同性恋在当时是不合法的，一封情书可能会让他受到牵连。

---

① 大卫·莱维特：《知道得太多的男人：阿兰·图灵与电脑的发明》，伦敦：菲尼克斯出版社，2007 年版，第 119 页。

② 《机械大脑》，载《泰晤士报》，1949 年 6 月 11 日。

③ 安德鲁·霍奇斯：《阿兰·图灵：难解之谜》，伦敦：温特吉出版社，1992 年版，第 478 页。

电脑编码依靠的是一种逻辑，以形式而非意义进行交换。使用这种形式逻辑，我们不会从一组真实的前提中推断出一个虚假的结论，即使我们不知道那些前提的意思——例如，它可以让我们作代数运算或者遵循象棋的不变规则。就这种思维而言，图灵向我们展示了：即使是 1940 年代那个比较原始的机器，也可以胜过我们脆弱的大脑。但是人类不是机器人，不是通过算法来解决问题的。他们继承了人类进化而来的特别衍生物——自我意识，这让他们可以去想象别人是怎么看他们的，也可以去设想一些可能不会发生的尴尬情境。一台计算机是不会感到窘迫的，尽管它可以是超级智能的；它非常理性，不会去关心一个人或者另一台机器怎么看它。计算机是不会害羞的。

如果有人能够证明人类大脑是混乱的、很难计算的，那么这个人就是阿兰・图灵自己。1950 年秋天的一个清晨，图灵的同事马克斯・纽曼（Max Newman）的年轻儿子发现，图灵穿着慢跑服装站在他们家的门前台阶上。图灵解释说，在出来跑步的路上，他决定邀请纽曼一家吃晚餐。他不想打扰他们，试图用小树枝在一片杜鹃花的叶子上写上邀请。① 没有哪台计算机可以重复这样一个既愚蠢又绝妙的直觉跳跃。

人类不像电脑，他们既是聪明的又是无知的，容易产生一些非理性的思维方式，从而导致了一些他们想要避免的情况。图灵努力地想要逃避关注，却只是吸引了关注，使他更加尴尬了。他在走廊里的别扭姿态，是想要避免与别人有目光的

---

① 威廉・纽曼：《阿兰・图灵记得的观点》，载《美国计算机协会通讯》，第 55 卷第 12 期（2012 年 12 月），第 40 页。

接触，却让他更引人注目了。他在跑步中寻求孤独，但是他穿着一条过时的法兰绒裤子，腰上系着绳子，有时候还带个闹钟，这身打扮再显眼不过了。他还带着这个闹钟坐火车，以代替手表，当它响铃时，把车厢里的每个人包括他自己都吓了一跳。

数学提供了一个可能的避风港。剑桥大学数学教授哈迪（G. H. Hardy）在1940年所写的著作《一个数学家的辩白》中，赞美了数字那远离尘嚣的、美丽的无用之处，并表达了他的希望：他的学科依然“温柔而又洁净”，不要卷进战争之中。[①] 图灵在剑桥大学时听过哈迪的讲座，在普林斯顿大学时对他略有所知，但是他们相互间的矜持使得他们从来没能成为朋友。相似的，哈迪的害羞也是由粗野的公立学校生活培养出来的——他上的是温彻斯特（Winchester）中学。像图灵一样，他在街上与熟人擦肩而过时也不向对方致意，而且不喜欢照相。他的房间里没有镜子，甚至连剃须镜也没有，他入住旅馆时，做的第一件事就是用毛巾把镜子蒙起来，尽管如他的朋友斯诺（C. P. Snow）所指出的，“他一辈子都是好看的，颇为出众”。[②]

图灵当然会同意哈迪的观点：数学是以抽象关系建立起来的、令人宽慰的另一个世界，一个从令人困扰的社会惯例中逃离的避难所——正是这些社会惯例断送了他与别人的关系。但是，他最后对真实世界和其他人都丝毫不感兴趣了，成了哈迪的真正信徒。图灵的害羞和很多人的害羞一样，是古怪的。他

① G. H.哈迪：《一个数学家的辩白》，剑桥：剑桥大学出版社，1967年版，第121页。

② C. P. 斯诺：《前言》，见哈迪：《一个数学家的辩白》，剑桥：剑桥大学出版社，1967年版，第16页。

可以是紧张不安的和自信的，害羞的和善于交际的，严肃的和风趣的，窘迫的和从容的，一切视情境而定。

图灵的工作反映了他的这种矛盾性格，它是高度抽象、理论化的，却也是指向外部世界的。他的兴趣在于将纯粹的数学逻辑和解决实际问题结合起来，这被证明是破解密码工作的完美铺垫。因此，也许令哈迪失望的是，数学终究对于结束战争起到了决定性的作用。在布莱切利，一支由数学家、象棋冠军和填字游戏高手所组成的杂牌军，挫败了纳粹战争机器，图灵勉强地担任了他们的负责人，就是那个轻手轻脚走在走廊里、低头看鞋的“教授”。

二

图灵相信，计算机的机械大脑可以通过标记算法的方式与世界进行合理的相互作用，像自动售货机一样输出智能，与人的大脑没有太大不同。但是，正如他预言了电脑有一天可以像我们一样思考一样，他的另一个高度原创性的想法，是探索一个相当不同的领域——人类自我意识的无可比拟的奇妙性。1949 年圣诞节前的几天，一个年轻的博士生欧文 · 戈夫曼（Erving Goffman）[①]乘船来到了安斯特岛（Unst）所辖的一个小岛——设德兰岛（Shetland island）上。在接下来的一年半时间里，他都待在这里，声称要做一位研究小农经济的美国人。事实上，他是一个研究人的加拿大人。

---

① 欧文 · 戈夫曼（1922—1982 年），加拿大裔美籍社会学家、作家，一些人视他为“20 世纪最具影响力的美国社会学家”。

安斯特岛是英国最北边的岛屿。戈夫曼在那里的一个主要村庄鲍尔塔桑德（Baltasound）安顿了下来，先是在旅馆中，然后他从一个当地农民手中买了一间小房子。岛上人口大约一千人，是一个封闭的社区，与外来者隔开一段距离。来访的海员所得到的问候仅限于简单的点头或者是一句有关天气的话，游客们与当地人的交谈，会被当地人特有的手势和方言所打断。

但是这种冷淡并不仅仅是用来对付游客的。岛民相互之间也很害羞，他们是如此的谦逊，以至于在交谈中很少使用“我”一词。如果他们受到了赞美，女人们会难堪地低下头，或者急忙朝赞美者挥动手臂，打断他的话。当岛上的年轻男人出海，或者加入商船队、捕鲸队时，他们不会因此而流泪，他们即使参加葬礼也不会流泪。岛上的女人们只有在黑暗的社区礼堂里看高地及群岛电影协会（Highland and Islands Film Guild）播放的影片时，才会流泪。在所有的岛民中，最害羞的是孩子。当小学里有访客时，小学生们会用手蒙住脸，透过手指端详陌生人。他们觉得可以通过看不到别人而让自己不被看到。“设德兰的岛民们认为，”利文斯通（W. P. Livingstone）在 1947 年出版的指南《设德兰岛与设德兰岛民》中写道，“孩子可以打败成人；他们行为规矩，极其害羞，如果你能让他们跟你说上一句话，就是个胜利。”①

设德兰岛民的害羞有时被归因于他们的北欧祖先：这些岛直到 1472 年都处于挪威人的统治之下，而且安斯特岛离挪威的卑尔根市（Bergen）比离苏格兰的阿伯丁市（Aberdeen）要

① W. P. 利文斯通：《设德兰岛与设德兰岛民》，伦敦：托马斯·内尔森父子出版社，1947 年版，第 79~80 页。

更近。北欧人的害羞是出了名的，这也许是源于加尔文派的新教传统，该传统回避厚颜无耻和卖弄；天寒地冻的环境，在室外时需要沉默；种族的同质性，它意味着人们共享着相同的经验和感情，只需要暗示就可以了，不需要大声说出来。亨利克·易卜生（Henrik Ibsen）[①]曾经通过酗酒来治愈自己的害羞，他这样描述他的故乡挪威希恩（Skien）的人们："害怕公开地屈服于一种情绪，害怕情绪让他们不能自主；他们深受害羞灵魂的折磨。"[②]据说，设德兰岛民保留了与维京人（Viking）相似的沉默寡言性格，这种性格是由极地（Ultima Thule）那寒冷、黑暗的冬天和人烟稀少的荒野培养出来的。

戈夫曼偶然发现，他们害羞的一个更为具体的原因，源于小农场佃农和农场主之间的历史关系。在 1895 年小农场法令实施之前，农场主会在不予通知的情况下提高租金。佃农担心他们任何的摆阔行为可能都会导致租金的上涨，因此他们把关于他们家底的任何迹象都隐藏起来，进而扩大到隐藏他们的所思所感。他们在拍卖会上的行为最为典型。在安斯特岛，室内陈设品经常被二手买卖，因为从英国主陆运过来的运费很高，所以拍卖是重大事件。但是，竞价者会冒让他们的邻居知道他们多么有钱的风险，或者他们会发现自己在与朋友竞争同一件东西。因此，他们使用不引人注目的、仅仅卖家可以看到的信号，比如一只手从口袋里拿出来半举着，或者用模棱两可的眼

---

① 亨利克·易卜生（1828—1906 年），挪威戏剧家。其作品强调个人在生活中的快乐，无视传统社会的陈腐礼仪，最著名的剧作有《培尔·金特》《玩偶之家》等。

② 苏·普里多：《爱德华·蒙克：尖叫的背后》，康涅狄格州纽黑文：耶鲁大学出版社，2005 年版，第 2 页。

光引起卖家的注意。这意味着卖家常常会犯错，把东西卖给了不想去竞买的人们。

戈夫曼想知道，他观察到的这种自我意识是否也可以归因于安斯特岛上隐私的缺乏——这看上去似乎与岛民的害羞是矛盾的。这个岛只有12英里长、5英里宽，大多地方是低洼的泥沼地，蔬菜很少，没有树，因此佃农们可以很容易看到对方的庄稼和牲口的长势，以及他们在经营这些农产品上的过错。由于他们不喜欢不请自来的访客，他们差不多每隔一刻钟就会从厨房的窗户朝外看看，或者当他们听到农场的狗吠叫时，就会看看是否有人来了。他们配备了每个岛民都拥有的工具——袖珍望远镜。

尽管如此，但有一种情形是需要交际的。由于安斯特岛的道路从来都不拥挤，所以当人们穿过道路时，他们就不能令人信服地假装没有看到对方。解决方法是双方互相说几个无伤大雅的词:“呃，呃。”“呃，呃。”“天气不错。”“天气不错。”“你好吗？”“还不错。”[①] 在安斯特岛的路上，只有两种人可以免除这种对别人的问候：十四岁以下的孩子，以及坐在安斯特岛上仅有的十四辆汽车里的人。当开汽车的人经过某人身旁时，他们只需要从方向盘上举起一只手，面带微笑就可以了。戈夫曼注意到，安斯特岛的男人们只有在问候别人时，才会出现仅有的微笑情形。如果人们在社区礼堂里举行的社会活动中坐在了一起，他们也会作相似的交流:“大家好。”“哎，大家好。”“还好。”“还好。”“好，好。”“好，好。”如果有人听到了他们

① 欧文·戈夫曼:《一个岛上社区的交流行为》，芝加哥大学博士论文，1953年12月，第183页，也可参见第186、181页。

不同意的观点，他们会依靠戈夫曼称之为“终结附和”的方式，客气地结束谈话：“你说得有道理。”“我不知道。”“这已经谈过了。”①

安斯特岛上有几个人长着畸形脸或唇腭裂，别的岛民除非在与他们有目光接触时，否则很少与他们说话。这些人一直不露面，被认为是“害羞的”，但是戈夫曼认为，他们为了社区牺牲了自己，从那些他们可能会引起尴尬以及扰乱社交场合的情形中隐身了。岛民们也准备好了一套办法来避免害羞：打破僵局的办法比如猜重量比赛、惠斯特牌（Whist）和抢椅子游戏，以及万无一失的交谈话题如小羊羔和小马驹的出生，或者岛上仅有的两艘渔船的捕获情况。害羞最可靠的解药是啤酒，岛上几乎每家都酿造啤酒。

三

戈夫曼的实地调查，写进了他的芝加哥大学博士毕业论文《一个岛上社区的交流行为》之中，为他继续研究窘迫行为打下了基础，他在之后的人生中，许多时间都花在了这项研究上。他认为，窘迫产生于“未得到满足的期望”。任何社会接触都由人组成，人们都要求自己去塑造一个易为人接受的公共自我形象——适度的礼貌、行为前后一致、体面，而且明白社会礼仪，这些要求还需要经过他人的检验。当这些自我要求受到了怀疑，作为交往基础的假设便不再存在，社会接触搁浅

① 欧文·戈夫曼：《一个岛上社区的交流行为》，芝加哥大学博士论文，1953 年 12 月，第 188、194~195 页，也可参见第 187、263~264 页。

了，人们就会觉得窘迫。戈夫曼写道，当一个人总是这样不能让他的同伴信服时，“不被别人接纳的警钟就真的敲响了”。[①]

窘迫所表现出的体征——脸红、脸色苍白、结巴、流汗、眨眼、发抖，甚至昏厥，都很不好。但是窘迫也是一种社交灾难，是地位低下、道德羞耻和其他不受人欢迎的特质的明证。因此，人们通过装笑、假笑和避免对视，发狂似的努力掩饰它。戈夫曼认为，窘迫是令人震惊的，因为它暴露了社会秩序的不稳定之处。由于每个人都必须去检验别人的社会性自我是否可以接受，窘迫因而是具有传染性的，会把不安感扩散到更大的范围中，就像水面的波纹。奇怪的是，只有那些较小的窘迫感才是传染性的，而看到别人蒙受更为严重的羞耻只会激发幸灾乐祸的情绪。

戈夫曼很少透露他自己的情况。即使当他已经是学术明星，他也很少在会议上发言、接受采访或者允许出版商刊载他的照片。他的自述中只提到了很少的信息，即他对人际互动这个领域的兴趣源于他年轻时的害羞，而他身高仅为 5 英尺 4 英寸，这加剧了他的害羞。戈夫曼在加拿大马尼托巴省（Manitoba）多芬市（Dauphin）的一家当地舞厅里时，只是站在酒吧和舞池之间的过道上，既不会去再买上一杯酒，也窘迫得不敢请女孩子跳舞。这种站在边缘的态度，开启了他作为观察者的生涯。[②]

置身于安斯特岛的设德兰岛民之中，戈夫曼似乎有宾至如

---

① 欧文·戈夫曼：《互动仪式：关于面对面行为的论文集》，伦敦：企鹅出版社，1972 年版，第 105、107 页。也可参见第 101~102 页。

② 罗姆·哈里：《心理学领域的重要思想家》，伦敦：塞奇出版社，2006 年版，第 183~184 页。

归之感：他与他们一起切割泥炭，用作冬天的柴火；他参加社区礼堂里举行的联欢会，因带去了自制的超烈啤酒而得到了赞赏，男人们赶紧跑到门外去痛饮他的啤酒。[①] 但是大多数时候，他与岛民保持着距离。他在自己的博士论文第一页上写道："我的真正目标是要做一个善于观察的参与者，而不是一个参与其中的观察者。"也许正是他的害羞，让他回避了大多数社会学家所采用的直接采访法，而是依靠旁听谈话、谨慎观察的方式。这种方式适合岛民，他们不许别人记录他们的谈话，也不喜欢被问及私人问题。戈夫曼的论文显示，他只做过几次采访，针对的问题也是"岛民们觉得适合做采访的题目"。[②] 在回到美国之后，他与陌生人在一起时再也没有这样轻松过。他后来的著作根本不涉及田野调查，除非是解读别人的著作时。

根据戈夫曼的说法，人们像对待一个患病者一样回避窘迫者，以免其他人感染了他的尴尬，这样的世界听上去是冷酷无情的。但是，在这个世界上，人们也很好地形成了默契，互相保护着对方不受到嘲笑。我们共同维护着社交生活的客套话，这可以是一种折磨，也可以唤起一种感人的团结力量。在《人类和动物的情感表达》一书中，达尔文讲述了一个故事——一个害羞的、神经紧张的男人去参加为庆祝他的成就而举行的晚宴。当他站起来发表演说时，虽然他之前背下了讲话稿，他却一个字也讲不出来，不过他表现出像是在生动地讲话一样，而且明确相信自己是在讲话。他的朋友们"大声地为他的

① 格雷格·史密斯：《欧文·戈夫曼》，阿宾顿：劳特利奇出版社，2006年版，第 12~13 页。

② 欧文·戈夫曼：《一个岛上社区的交流行为》，芝加哥大学博士论文，1953 年 12 月，第 2、5 页。

口才而欢呼——当他的手势示意中间的停顿时；而那个男人从未发觉自己自始至终一直保持着完全的沉默”。[①] 像戈夫曼一样，达尔文看到：我们都存在着不安全感，并扮演着调解人的角色，我们与人类的其他人共同维护着一种善良的默契，不让对方感到不安。

我们会洋洋洒洒说个不停，以不让我们自己和我们身边的人感到尴尬，却常常在此过程中无意间让我们自己更加尴尬。喜剧演员迈克尔·本汀尼（Michael Bentine）曾经声称，他的祖父、秘鲁副总统唐·安东尼奥·本汀·普拉梅拉（Don Antonio Bentin Palamerra）太过害羞而做不到中断议程、离开众议院让自己去放松一下；他会准备好一匹快马和马车，以便每次会议结束后赶快回家。根据本汀尼的说法，他祖父的肾和膀胱承受了巨大的压力，以至于他得肾癌死了，当时他已经是候任总统，才55岁。[②] 窘迫是如此糟糕的一个命数，以至于人们为了避免它而死去。美国医生亨利·海姆利克（Henry J. Heimlich）在描述以他的名字命名的疗法时观察到，“有时候，发生窒息的人会被自己的窘境弄得很尴尬，不声不响地起身离开饭桌。在旁边的房间里，他会失去意识，如果无人照管，他会死去或者在几秒之内遭遇永久性的脑部损害。”[③]

---

① 达尔文：《人类和动物的情感表达》，伦敦：约翰·默里出版社，1872年版，第324页。

② 迈克尔·本汀尼：《害羞者生活指南》，伦敦：格拉纳达出版社，1984年版，第13页。

③ 亨利·海姆利克：《海姆利克策略》，载《临床医学专题讨论会刊》，1979年第31卷第3期，第4页。

四

人们有时候推测，窘迫应该是一种新近出现的状况，是我们过度文明化的、因而也容易引起焦虑的现代社会的产物。我们观念中的“窘迫”（embarrassment）一词直到 18 世纪中叶才在英语中出现，指的是由社交尴尬或自我意识引起的情感不适，与它原初的意思“阻碍”或“妨碍”相反。

学者威廉·伊恩·米勒（William Ian Miller）研究的是中世纪“传奇”（saga）时代的冰岛，他在《耻辱感》一书中认为，在中世纪冰岛这样的前现代文化中，“羞耻”很少指一种内心感受，更多地是指如身体畸形一样明显的社会处境。在冰岛中世纪的“传奇”世界里，羞耻是如此的清晰具体，以至于男人们受到哪怕是最小的不敬时，都会以互相残杀作为回应。在这样一个世界里，没有人害羞，因为每个人都知道也承认羞耻是什么样子的，因此没有必要以某种曲折的内心独白形式为此感到烦恼。在《纳吉奥传奇》中，考尔（Kol）在被考斯克（Kolskegg）砍断腿后，平静地看着自己的残肢说：“这就是我没有盾牌的结果。”① 在《埃吉奥传奇》中，勇士埃吉奥（Egil）差点儿杀了年轻诗人艾纳（Einar），仅仅因为诗人有上天给予的极为珍贵的礼物——脸蛋。米勒写道，现代社会的不同在于，羞耻感隐退了，窘迫感增长了。尽管我们面对别人的轻视时更能够保持我们的自尊了，但是，当别人的看法在我们看来没有什么理由时，我们也更容易感到羞耻了。

---

① 威廉·伊恩·米勒：《耻辱感：以及关于荣誉、社会不适和暴力的其他论文》，纽约州绮色佳：康奈尔大学出版社，1995 年版，第 95 页，也可以参见第 15~16 页，“前言”第 9~10 页。

德裔英国社会学家诺伯特·伊莱亚斯（Norbert Elias）认为，直到最近的几百年间，生活才基本上成为公共的。起初，家人们在一个房间里同吃同住，陌生人也可以快乐地共享一张床，对于人们来说，大小便时被人看见也是正常的。然后，自16世纪以来，一个“文明化进程”开始席卷欧洲。中世纪的礼仪准则被称为是“礼节”（courtesy），因为它是宫廷贵族们（court nobility）所践行的；此时它演变为“礼貌”（civility），意思是每个人都要遵守。关于共餐、吐痰、擤鼻子和上厕所的种种规定，变得越来越严格和自我约束了。

伊莱亚斯在新出现的一些礼仪指南如伊拉斯谟（Erasmus）①的《论孩子们的礼貌》（1530）中，发现了这种转变的证据。用今天的眼光来看，伊拉斯谟的标准显得颇为宽松。他写到，一个年轻人不应该憋着屁不放，因为“为了表现出文雅的样子，他这样做可能会得病”，而且，在没有手帕的情况下，他应该擤下鼻涕，用脚蹭在地面上。但是在这些最初的端庄举止之中，伊莱亚斯看到了一个进程的开始，各种生理反应和粗鲁行为在上流社会逐渐遁形了。

伊莱亚斯提出，一个关键的因素在于民族国家的兴起，以及它对于行使暴力权力的垄断。因而在私人生活中，脾气平和要较武力威压更令人赞赏。随着社交生活变得不那么危险了，宴饮和舞会不太可能以争吵和打架而告终，伊莱亚斯所说

---

① 伊拉斯谟（约1466—1536年），尼德兰哲学家，16世纪初欧洲人文主义运动主要代表人物。

的“羞耻门槛”也就发展了。[①] 人们之间的身体和心理上的界线更明晰了，特别是在公共场合的陌生人之间，当这些边界被僭越时，尴尬发生的机会也就越来越多了。人们担心，如果他们跨越了这道“羞耻门槛”，他们就会失去别人的爱和尊敬，他们开始将他们想象的别人的负面评价内化了。“羞耻门槛”发展到了我们的内心和思想之中。

这是一个听上去有说服力的论述。但是戈夫曼在安斯特岛上的工作，质疑了伊莱亚斯的看法——窘迫是一种新近出现的行为，在小规模的前现代社会中，人们是不那么拘谨地混居在一起的。相反，安斯特岛的狭小滋生了一种幽闭恐惧症式的社交尴尬。每个人都清楚地了解每个人。他们的大部分生活是公共生活，被身边的人观察和评判，这使得他们执着地抓住他们的零碎隐私不放。

五

也许事实更在于：窘迫是无比顽强的，有很强的适应力。它可以在偏僻的苏格兰群岛那简朴的公共生活中茁壮成长，也可以在社交世界里繁荣兴旺，随着伊莱亚斯所说的文明化进程而蔓延到最远的地方。因为过度进化的文雅和缺乏生气的礼节也同样是尴尬的大孵化器。

正当戈夫曼在安斯特岛上研究害羞时，这种社交世界的一个最敏锐的观察者却安静地生活于英国中产阶级之中。伊丽莎

---

① 诺伯特·伊莱亚斯：《文明化进程：礼仪的历史、国家的形成与文明》，艾德蒙·杰夫科特译，牛津：巴泽尔·布莱克威尔出版社，1994 年版，第 111、493 页。

图 3–2 女作家伊丽莎白·泰勒。与那位同名的好莱坞女明星正相反，她极为内向害羞，习惯于通过写信来使自己的内心得到宣泄。有些朋友与她一生也没见过几次面，却保持了几十年的通信关系。

白·泰勒（Elizabeth Taylor）[①]和阿兰·图灵完全是同一时代的人，她出生于1912年的夏天，和图灵的出生日期只相差一周。她没有像图灵那样上剑桥大学，而是于1930年代早期去为密码破译员迪利·诺克斯（Dilly Knox）工作，当他7岁儿子奥利弗（Oliver）的家庭教师。奥利弗·诺克斯后来如他的父亲一样，在布莱切利公园工作，他回忆，泰勒“步态果断，如果再弯着腰，这（在我现在想来）或许是象征性的——她的羞怯像是最薄的面纱，下面掩盖着一种果断，一种信心，甚至一种超然的残忍”。[②] 1936年，泰勒嫁给了海威科姆（High Wycombe）的一位事业发达的糖果制造商，他们移居白金汉郡（Buckinghamshire）的佩恩村（village of Penn）。作为她那一代人和所处的阶层中举止无可挑剔的女性，她的写作很少偏离这样的内容：在这些保存得很好的村庄中的故乡的生活，栽着天竺葵的干净小花盆，风中紫叶山毛榉树的呜咽声。

在泰勒令人痛苦的故事《写信者》中，艾米丽（Emily）——

① 伊丽莎白·泰勒（1912—1975年），英国小说家。一些评论家认为，她是英国20世纪最好的小说家，却是最被低估的一位。

② 尼克拉·鲍曼：《另一个伊丽莎白·泰勒》，伦敦：普西芬尼书屋，2009年版，第39页。

一个害羞的单身女人，一直给移居海外的小说家埃蒙德·法布里（Edmund Fabry）写信，持续了十年。为他收集乡间新闻并将其整理成文，占据了她生活中的大部分时间。现在，他从罗马回到了英国，并准备来她的村庄。会面是灾难性的。猫吃掉了她准备用来做午餐的龙虾，她紧张得喝醉了，她信中提到的一位滑稽的、爱管闲事的邻居，在真实生活中原来却很乏味。艾米丽用纸和墨营造出来的轻松活泼的表象被揭露出了真相，谈话逐渐冷场了。故事的结尾是，埃蒙德离开后，艾米丽坐下来给他写一封信，仿佛什么也没有发生过一样。

艾米丽和埃蒙德的关系，反映的是泰勒自己与作家罗伯特·利德尔（Robert Liddell）[①]通信的事实，利德尔住在雅典，与泰勒隔着一段安全的距离（尽管他们确实见过几次面，但都相当成功）。通信从 1948 年持续到 1975 年泰勒去世前一个月，那时她已经病得拿不起笔了。写信是泰勒对付自己害羞的方法，自从年轻时被沾到外套衣领上的烟火严重烧伤之后，她的害羞就变得更糟糕了。烟火在她脖子上留下的伤疤几乎看不见，但是却让她在交际场合紧扣双手，以控制自己想要蒙住面孔的冲动。

纵观历史，写信一直是害羞者的救星。对于这些害羞的写信者来说，一个关键的时刻出现在 1840 年代，当时英国政府采取了邮政垄断制度，并引入了三个事物——预付费的邮票、密封的信封以及街道邮箱，这些措施保证了邮件的私密性，结束了邮政局长一直是当地闲话主要来源的传统。伦敦中产阶级很

① 罗伯特·利德尔（1908—1992 年），英国文学评论家、传记作家、诗人，长期生活在希腊雅典，是一名大学教师。

快便开启了一个新的传统，即在房子的前门凿出长方形的开口，这样他们甚至不用跟邮递员说话就能收到信了。到了1930年代，当泰勒开始她的写信生涯时，皇家邮政公司（Royal Mail）推出了国内邮件隔日送达服务，这是程序组织上的一个奇迹。夜间邮政火车纵横于整个国土之上，红色的小莫里斯（Morris Minor）式圆鼻子厢式货车走遍了英国的大街小巷，为人们带来了各式信件，从银行账单到害羞情人的表白信。

皇家邮政公司投递的通信培养这一种潜在的、缓慢增长的亲密关系，这种亲密关系又被发信和收信之间的甜蜜等待增强了，而今天的电子邮件和短信却破坏了这种亲密关系。随着这些细致的增长，泰勒以通信建立起来的友谊在不断发展。随着她更好地了解了她的通信人，她把称呼从对方的姓换成了名，然后是信末用语从"您的忠诚的"（yours sincerely）变成了"爱你的"（with love），最后，称呼对方时从"亲爱的"变成了"最亲爱的"。女性似乎特别擅于将这种关系发展为成熟的亲密关系。弗兰克·科默德（Frank Kermode）和安妮塔·科默德（Anita Kermode）在他们的《牛津通信集》的"前言"中认为，"在那些最精通写信的人中，许多是女性。说到从事这种这般轻松自如而雅致的自我暴露活动，似乎女人们做得最好"。[①] 在泰勒的故事中，埃蒙德·法布里同样注意到，写信是一种"英国女人最为擅长"的艺术。[②]

在许多年中，泰勒都去拜访一位相当高贵且令人敬畏的老

---

① 弗兰克·科默德、安妮塔·科默德：《导言》，见弗兰克·科默德、安妮塔·科默德编：《牛津通信集》，牛津：牛津大学出版社，1995年版，第21~22页。

② 伊丽莎白·泰勒：《写信者》，载《短篇小说全集》，伦敦：比拉哥出版社，2012年版，第182页。

作家——艾薇·康普顿-伯内特（Ivy Compton-Burnett）[①]，去她位于南肯辛顿（South Kensington）布雷马大厦（Braemar Mansions）的公寓。泰勒总是让出租车司机把车停在几条街之外，这样她才能保证她不会去得太早。每次共进午餐都是尴尬的、气氛僵硬的，泰勒担心千层酥饼从她的伯班里夹心饼里倾泻而下，落到她的膝盖上。当她取主人端上来的奶油树莓果泥或陈旧的奶酪时，她的手在颤抖，她担心公寓里险恶的下水道最后会冒出个幽灵来。最后，康普顿-伯内特会低声地说，“你想要来点……吗？”泰勒会说“不”，然后赶忙去位于骑士桥（Knightsbridge）的哈维·尼克斯（Harvey Nichols）的百货店上厕所。[②]

唯一能够让她忍受这些场合的事情，是她事后可以写信告诉利德尔整个经过，她在从伦敦优斯顿（London Euston）回海威科姆的火车上就记下一些笔记，作为写信的材料。利德尔和泰勒都认为，他们最羡慕孩子的一点是，当孩子们对别人感到厌烦或不高兴时，他们可以哭叫或生病。[③]对泰勒来说，这种发泄方法被害羞和社会习俗剥夺了，她通过写信来仔细剖析自己的社交尴尬而得到内心的宣泄。当她的另一个笔友——生活于英国国内的设计师赫尔曼·斯赫雷弗（Herman Schrijver）离世时，她说她是多么想告诉他一些事情，希望“一个人可以给

① 艾薇·康普顿-伯内特（1884—1967年），英国女作家，1967年获大英帝国勋章和女爵士称号。

② 罗伯特·利德尔：《伊丽莎白和艾薇》，伦敦：彼德·欧文出版社，1985年版，第81页。

③ 同上，第74页。

死者写信”。[①]

六

1946年的初春，泰勒去看了一场电影，这部名叫《相见恨晚》的电影深深地打动了她。西莉亚·约翰逊（Celia Johnson）扮演的劳拉·杰森（Laura Jesson）是一个生活在郊区的主妇，她很拘谨，当她与自己秘密的情人告别之际，却只敢假装在听一个无聊的熟人说话，甚至连一句告别语也没有对情人说。当劳拉以画外音的形式，开始忏悔自己与亚历克·哈维（Alec Harvey）间纯洁的韵事时，镜头推向了多莉·梅丝特（Dolly Messiter），她那张丑陋的、贝克特式的（Beckettian）嘴在嘟哝着，没有意识到自己带来的不幸。电影反映的是害羞者生活的世界：交谈成为了顾全体面的仪式，人们通过对别人滔滔不绝地谈些无关紧要的事情，来掩饰他们的尴尬。劳拉和亚历克的关系始于这种无关痛痒的谈话：你太好了，这么费心地帮助我；事情解决了，我想；是的，会好起来的；好吧，我必须上医院去了；现在，我必须去食品店了。

在1953年的一篇文章中，电影评论家罗杰·曼威尔（Roger Manvell）写道，英国电影制片人面临一个特别的困境：我们民族的矜持掩盖了我们所感受到的强烈情感。正如所有的电影制片人所做的那样，他们依赖于自白式的语言和行动去讲述一个故事，他们面临一个微妙的任务——“从我们的脸上揭去害

---

① 尼克拉·鲍曼：《另一个伊丽莎白·泰勒》，伦敦：普西芬尼书屋，2009年版，第224页。

羞这一面具，展现出我们的温和与柔情，我们的力量以及力量之下的脆弱”。在《相见恨晚》中，导演大卫·利恩（David Lean）[1]通过以“意味深长的沉默”和“公认行为的陈词滥调”来过滤情感，而完成了这一任务。电影中的情感都是无言的，通过弄皱的手帕和颤抖的嘴唇来暗示。在曼威尔看来，这种轻描淡写的表现方式“如同我们绿色的、甜美的雨后风景一样，是本土化的风格”。[2]

“我相信，如果我们住在一个始终温暖、阳光充足的国度，我们的行为方式就会相当不同，”劳拉在影片中这样说道，“我们不会如此退缩、害羞和难以相处。”亚历克告诉她，他爱上了她的羞涩，但是她自己对于他的感情，需要与她因此而生的尴尬斗争，大多数时候是她的感情失败了。当她第一次意识到自己堕入了爱河，在回家的火车上，她扫视车厢，看到一位牧师正直视着自己，她脸红了，打开了她从图书馆借的图书，假装读了起来。

《相见恨晚》有点像《安娜·卡列尼娜》，细节中却表现了英国式的害羞。与托尔斯泰小说不同的是，这个婚外情是未完成的，女主角差一点就跳到了一列特别快车的下面，而后她回到了自己丈夫和孩子们的身边。外行人也能发现英国中产阶级的这种克制的荒唐之处。当电影在罗彻斯特（Rochester）预映时，大部分工人阶级观众嘲笑其中的情爱场景，大喊道：“他是

---

① 大卫·利恩（1908—1991 年），英国著名编剧、导演，多次获奥斯卡奖提名，一生获得 27 项金奖，被称为英国电影界的泰斗。

② 罗杰·曼威尔：《故事片中的英国自画像》，载《地理杂志》，1953 年 8 月，第 222 页。

不是永远也不打算和她在一起？”[①] 德国观众则报以嘘声和倒彩。英国军政当局（British Military Government）从柏林发回的一份报告中称，德国人“自称完全无法理解电影情节中所暗含的道德顾虑”。[②]

看过《相见恨晚》之后，泰勒自己也写了一个未完成的婚外情故事，题为《捉迷藏游戏》。小说中的浪漫史同电影中的一样，发生在一些秘密的场所：火车站的自助餐厅，公园长凳，以及街道上“两盏路灯间最黑暗的地方”。[③] 电影中的白天场景——在博姿（Boots）商店外借图书处，卡多玛咖啡厅（Kardomah caf é s），日间电影院，这些都是泰勒所熟知的主妇世界。她感到自己与劳拉·杰森有着某种联系，她甚至看上去也与劳拉颇为相像，因为电影中的大多数场景是在比肯斯菲尔德（Beaconsfield）拍摄的，她在那里做过头发，购过物，劳拉出没的食品店和咖啡馆也是她经常光顾的。

好多日子里泰勒就独自在这些泰晤士河谷（Thames Valley）的镇子中漫步，坐在都铎王朝时期的茶舍和公共花园里，在古董店里瞅瞅，这些都是她笔下的人物可能光顾的地方。她坐船顺着泰晤士河前行，凝视河边裸露出来的房屋，房前整齐修剪过的草坪延伸到河岸边，听到从阳台上传来的片段谈话。她独自去酒吧，调上一杯加奎宁水的杜松子酒，听别人交谈，简直就是英国中部的“欧文·戈夫曼”。

---

① 菲利普·霍尔：《诺埃尔·科沃德传》，伊利诺伊州芝加哥：芝加哥大学出版社，1998 年版，第 361 页。

② 《德国人嘘英国电影》，载《曼彻斯特卫报》，1946 年 11 月 16 日。

③ 伊丽莎白·泰勒：《捉迷藏游戏》，伦敦：比拉哥出版社，2009 年版，第 243 页。

1961 年，在 BBC 一个新的读书节目“读点什么”中，作家伊丽莎白·简·霍华德（Elizabeth Jane Howard）[①] 对泰勒进行了一次访谈。访谈被安排在节目的最后 8 分钟；霍华德宁可失之于过于谨慎也不敢冒险，她准备了 30 个问题。事实证明，她还是不够谨慎。她们在一分半钟里就做完了，因为泰勒指望的是提问者，“就像一只被困住了的漂亮的猫头鹰”，[②] 对所有的问题仅仅回答以“是”或者“不”。后来，当两个女人坐在曼彻斯特的 BBC 的餐厅里，啜饮着纸杯里的速溶咖啡时，霍华德——一个同病相怜的人，始终也未能攻破泰勒那矜持的高墙。

“我只是想看到我的小说被印出来，因为直到它们被印出来，我才能感到它们在那儿，”泰勒在很少见的一次访谈中说，“我想创造出一个并不存在的世界，一个供人们去看的世界。”[③] 但是与她从写信中获得的释放相比，她发现把自己的书送人是非常尴尬的。她的女儿乔安娜（Joanna）仅仅在学校的一个朋友那里才看到了她母亲的第一本小说。泰勒在给小说家伊丽莎白·鲍温（Elizabeth Bowen）的信中写道：“一想到我的书出版了，我的双手就变得冰凉，我确实希望，这像硅肺病一样，只是一种职业病。”[④]

她把自己对于伪装合群的所有厌恶，都倾注到了她的小说

---

① 伊丽莎白·简·霍华德（1923—2014 年），英国人，她在刚出道时是一名女演员和模特，后成为小说家。

② 伊丽莎白·简·霍华德：《导言》，载《捉迷藏游戏》，伦敦：比拉哥出版社，2009 年版，第 7 页。

③ 杰弗里·尼古尔森：《另一个伊丽莎白·泰勒》，载《星期日泰晤士报》，1968 年 9 月 22 日。

④ 1951 年 2 月 12 日的通信，见 N. H. 里夫编：《伊丽莎白·泰勒：百年纪念集》，纽卡斯尔：剑桥学者出版社，2012 年版，第 106 页。

中。在《仁慈的灵魂》中，梅格（Meg）和帕特里克（Patrick）认定，尴尬和窘迫是“被低估了的受难形式”。[①] 在泰勒的故事《海丝特·莉莉》（Hester Lilly）中，碧翠丝（Beatrice）赞成说，“我从来不认为窘迫是种琐碎的感情”。[②] 她笔下的女人们过着如劳拉·杰森般的生活，一如股票经纪人般的舒适和沉默的痛苦：为咖啡早茶会烘焙松软蛋糕，主办夜间桥牌会，参加夏季义卖集会和赛马会，忍受公式化的午餐宴会——总是以雪利酒开始，以奶油果泥结束。泰勒一篇小说的首句很好地浓缩了人们硬着头皮参加这些仪式的情形：“早上，查尔斯（Charles）走到自家的花园里去练习三声欢呼。”[③]

她恐惧书评，因为如果它们的评价不好，她之后看到人们时就会感到尴尬，即使他们不可能读到这些书评。她是一个极其容易脸红的人。她想到自己废弃的著作手稿都会脸红，没有人看过这些手稿，而且她把它们扔掉很久了；当人们把她误认作同名的电影明星伊丽莎白·泰勒，写信问她要比基尼照片时，她会脸红；当聚会中人们说读过她的著作时，她会脸红；她一想到她写过的信，由于不想死后受到流言蜚语的侮辱，后来她已经烧掉了它们，她也会脸红。“我不认为我是谦逊的，”她在她的最后一次访谈中说，“我只是非常的害羞。”[④]

---

① 伊丽莎白·泰勒:《仁慈的灵魂》，伦敦：比拉哥出版社，1983年版，第216页。

② 伊丽莎白·泰勒:《海丝特·莉莉》，见《短篇小说全集》，伦敦：比拉哥出版社，2012年版，第11页。

③ 伊丽莎白·泰勒:《玫瑰，淡紫色的，白的》，见《短篇小说全集》，伦敦：比拉哥出版社，2012年版，第219页。

④《英国小说金冠的竞争者们》，载《泰晤士报》，1971年11月22日。

七

在泰勒的故事《脸红》的结尾，主角“很高兴只有她一个人，因为她能感觉到她的脸、她的喉咙，甚至她胳膊的上部都是灼热的，她朝镜子走去，带着极大的兴趣研究起这个奇怪的现象来”。① 脸红这一迹象表明，我们的身体并不总是服从我们大脑的命令，我们越是试图控制它们，它们甚至越会变得不顺从。在害羞心灵中的某处似乎存在着一种恐惧，担心我们的身体随时会让我们失望，会泄露出我们不过是被生理欲望支配的动物。

在巴布亚新几内亚（Papua New Guinea）哈根山（Mount Hagen）地区的部族社会中，那些解大便或做爱时被别人看见的人会蒙受“巨大的羞耻”，会因此而自杀。他们唯一的选择是通过杀一头猪献祭并向鬼魂祈祷来救赎他们的羞耻。在整个美拉尼西亚（Melanesia），这种因被别人甚至是配偶看到排大便而起的羞耻也是存在的。人类学家布罗尼斯拉夫·马林诺夫斯基（Bronislaw Malinowski）②1915 年在西太平洋的特罗布里恩群岛（Trobriand Islands）展开了田野调查，他听说一个男人因在自己的花园里做爱被人看到而感到极其羞耻，以至于服鱼藤根毒自杀了。③ 这些行为看上去是令人羞耻的，不是因为人们

---

① 伊丽莎白·泰勒:《脸红》，见《短篇小说全集》，伦敦：比拉哥出版社，2012 年版，第 179 页。

② 布罗尼斯拉夫·马林诺夫斯基（1884—1942 年），英国人类学家，功能学派创始人之一。

③ 迈克尔·杨:《马林诺夫斯基：一位人类学家的奇幻旅程，1884—1920》，康涅狄格州纽黑文：耶鲁大学出版社，2004 年版，第 403 页。

做了什么不道德的事情被看见了，而是因为人们的自我暴露了其自然的、动物性的状态。

我们是人类，是因为我们能够感到羞耻。文明化是一层薄薄的虚饰，它可以迅速地剥落，显露出我们动物性的一面——大便、小便以及呕吐。人类学家克利福德·吉尔兹（Clifford Geertz）曾经指出，巴厘语中的“lek”一词通常被翻译成“羞耻”（shame），解释成“怯场”（stage fright）会更准确，因为巴厘人害怕被剥夺掉他们的社会角色。当他们的公众面目被打破时，他们会“突然地、不情愿地表现出动物性，封闭在彼此的窘迫中，仿佛他们偶然看见了对方的裸体一样”。[①]

每个人都能感受到窘迫，但是我们思考、谈论它的方式却不一样。每种文化都有其丰富的情感词汇，有程度上细微不同的词汇和感受来表达窘迫这一普遍的感受。许多东南亚语言仅用一个词来表示“羞耻”（shame）、“害羞”（shyness）和“窘迫”（embarrassment）等意思，却与其中任何一个意涵都不完全相同。比如，马来语中的“malu”一词，表示的是一种善意的害羞，这种情感是需要由长辈灌输给孩子们的，这样孩子们才能明白什么是文明行为。马来语中用来表示生殖器的词是“kemaluan”，其词根“malu”的意思是“羞耻的东西或事物”。男性长辈会挑逗幼童，让他们露出小鸡鸡。当幼童这样做时，长辈们会嘲笑他们不知羞耻，一堂教育课就这样完成了。

迈克尔·杨（Michael Young）曾于1960年代晚期，在巴布亚新几内亚的古迪纳夫岛（Goodenough Island）的卡劳那村

---

① 克利福德·吉尔兹:《“从土著的观点来看”：论人类学理解的性质》，见《地方知识：阐释人类学论文集》，纽约：基础读物出版社，1983年版，第64页。

（Kalauna village）进行人类学的田野调查，他注意到，该部落语的“wowomumu”一词包含了广泛的意涵，从“害羞”“轻微的窘迫”到“深深的羞耻”不等。在卡劳那，求婚是一件紧张的事情，要求年轻小伙子与他的女朋友每周在女方父亲家中嚼一个或两个晚上的槟榔，等待女孩子向他求婚。即使是在他们结婚之后，夫妇间也彼此感到害羞。尽管妻子从搬到男方父母的小村庄、嫁给男方时起，就为丈夫做饭，但是他们会分开吃饭几个月，同吃与同睡一样是令人尴尬的。结婚第一年就生下孩子是可耻的，因为这是放纵性欲的标志，作为妻子是要因此受到很多嘲笑的。一个男人与他妻子家庭的关系，无论他们变得多么热情，也从未完全摆脱过窘迫。①

这种害羞既是一种感受也是一种理念，是人们有意采取的一种态度，以向他人表示尊重和敬意。印地语中的“lajja”一词传达了相似的“值得尊敬的窘迫”之意，意味着有意表现出谦卑和有礼貌。一个女人通过蒙住脸或者离开房间，避免与丈夫的哥哥、父亲或丈夫的上级说话，来表现这种“值得尊敬的窘迫”。“值得尊敬的窘迫”的形象再现——虽然有点违反直觉，是女神卡利（Kali）挥舞着一个被斩首的头颅，她的脚踏在躺在地上的男人的胸脯上。她打败了一个只会死于裸体女人手上的恶魔，但是她因自己裸体而感到难堪，她继续着自己的疯狂暴行。她的丈夫湿婆（Siva）试图让她停下，躺到她脚边的尸体之中，她不小心踩到了他。她对这种无礼行为表现出了“值得尊敬的窘迫”，伸出了舌头，用牙咬着。在印度，有些地

① 迈克尔·杨：《与食物作战》，剑桥：剑桥大学出版社，1971 年版，第 262、51 页。

方的女人仍然这样做，来表达她们的窘迫。

八

在一种文化中，如果有什么东西非常重要，那么那种文化会围绕它发展出一套丰富、精密的词汇。“共同基础”（Common Ground）——一家致力于发掘地方文化特性的英国组织，曾经罗列了威尔士语中表示“雨”的许多不同词汇。这些词汇包括“雨点”、“间隔性的大雨滴”、“暴雨”、“大雨”、“暴风雨”、“喷泉雨”甚至“（像）撒尿（一样的）雨”。[①] 威尔士人有许多表达“雨”的词汇，出于相同的原因，贝都因人有许多词汇来表示“骆驼”：这些事物在这些地方是如此普遍，以至于人们发展出了有细微差别的词汇，来描述其中的微小变化。或许窘迫的程度也有相似的变化，致使世界上能够最强烈地感受到它的国家，产生了一些带有细微区别的词汇。

在表达“窘迫”语言的微妙上，北欧国家可与东南亚文化匹敌。我遇到过一位害羞的芬兰历史学家，他曾经告诉我芬兰语中关于“尴尬”的所有不同表达词汇。最常用的词是“nolo”，带有负面意涵，比如在短语“Vähän noloa!”（多尴尬啊！）中。“没有人想要尴尬，”他说，“因为‘nolo’中也含有‘可怜’之义。”他补充说，但是芬兰语中也有其他的词汇大致与“窘迫”同义，如“kiusaantunut”“vaivaantunut”“hä millinen”“hämmentynyt”，它们表达的是更为一般性的“困惑”

---

① 苏·金、安吉拉·克利福德编:《地方特色：空间、独特性和认同》，伦敦：共同基础出版社，1993 年版，第 19 页。

或“不适”之意，带有中性甚至正面的意涵。另外还有一个词“myötähäpeä”，是指一个人所感同身受到的别人的窘迫，与“幸灾乐祸”有几分相似。他告诉我，关于芬兰人接受探戈舞的一个常见解释是，它给予了芬兰人一个合理的机会去接触别人的身体，去交流情感——他们因为太害羞而无法形之于语言的情感，因此，探戈舞在 1910 年代由阿根廷音乐人带入欧洲之后，在芬兰形成了全国性的热潮。

1964 年，美国精神病医师赫伯特·亨丁（Herbert Hendin）在斯堪的纳维亚半岛研究自杀现象，他在报告中称，他所采访的瑞典人都特别容易害羞。在第二次采访中，瑞典女人常常对之前采访中透露了太多自己的情况感到难堪。当要求她们谈谈自己的情感时，她们脸红得特别显著，从发际线一直红到脖子。瑞典男人在谈到他们的感情时，甚至更为窘迫，作为防御手段，他们假装出“一种知识上的好奇态度，而不是情感投入的态度”。①

瑞典人种学者奥克·道恩（Åke Daun）在研究他自己国家的群体心态时，观察到了相似的腼腆现象。他注意到，许多瑞典人宁愿走楼梯，而不愿与一个略微认识的人共用电梯，因为他们担心想不出谈论的话题。他们在与人交谈时，也难以做到目光接触。他们很少发表演讲，如果不是事先写下讲稿并大声念熟的话；瑞典人经常开玩笑说，让他们对主人招待的美食发表习惯性的致谢词，会让他们立即失去胃口。瑞典人的害羞扩展到了他们最极端的生活经验中。女人们生孩子时也是压低

① 赫伯特·亨丁：《自杀与斯堪的纳维亚：对于文化和性格的心理分析研究》，纽约：格伦及斯特拉顿出版社，1964 年版，第 43 页。

声音喊痛。之后，她们会问助产士她们是否太吵了，如果她们听到的答案是“没有”，她们会很高兴。如果你是一个女人的话，在葬礼上小声啜泣是可以的，但是“绝望的哭喊是令人难堪的，过后很久都会被人记住”。①

电影导演英格玛·伯格曼（Ingmar Bergman）②的父亲是路德教会的牧师，他小时候参加过许多瑞典的葬礼，他注意到，没有人曾经哭过，甚至当棺材被抬走时也是如此。他对这些丧葬仪式的庄重性如此着迷，以至于假扮葬礼成为了他最喜爱的游戏。③ 1986 年，当瑞典首相奥洛夫·帕尔梅（Olof Palme）④在斯德哥尔摩的一条街道上被枪杀身亡时，许多瑞典观察家指出，能看到同胞们知道消息后在公共场合哭泣是多么的不同寻常。可是，根据瑞典于默奥大学（University of Umeå）贡内尔·古斯塔夫森（Gunnel Gustafson）发起的一项投票来看，承认为帕尔梅离世哭过的瑞典第一代移民要远多

---

① 奥克·道恩:《瑞典人的心态》，简·蒂兰德译，宾夕法尼亚州大学园：宾夕法尼亚州立大学出版社，1996 年版，第 133 页。也可参见第 59、46、44、124 页。

② 英格玛·伯格曼（1918—2007 年），瑞典有史以来最出色的电影人，还被誉为整个电影艺术史上最重要的人物之一，伍迪·艾伦称其“可能是电影摄像机发明以来……最伟大的电影艺术家”。伯格曼导演了 62 部电影，其中多部他也兼任编剧，他的电影主题通常较为黑暗，如死亡、疾病、疯狂，而且选择的瑞典地方背景同样苍凉。在其职业生涯中共获得 3 次奥斯卡奖，在戛纳等其他电影节上也赢得过许多奖项。

③ 彼德·考伊:《英格玛·伯格曼：批判性传记》，伦敦：塞克及沃伯格出版社，1982 年版，第 6 页。

④ 奥洛夫·帕尔梅（1927—1986 年），曾两度出任瑞典首相，在任内被刺杀身亡。作为瑞典最著名的首相，帕尔梅的一生是充满斗争和争议的一生。而在他去世后，获得了朋友和对手双方的敬意。

于瑞典本国人（44% 对 24%）。古斯塔夫森的研究根据的是约翰·肯尼迪遇刺身亡后在芝加哥进行的一次调查，当时 53% 的美国人表示他们哭过。[①]

也许有一天，研究害羞的人能够设计出一种色码地图，使用那些可以标示出从投票模式到癌症比率等一切东西的、巧妙的和可视化的大数据工具，勾画出极其害羞的人们所在的这些飞地。深红色自然是用于长期以来人们最害羞的那些国度，然后逐渐变浅，从橙色到代表不害羞的黄色——你会在地中海地区见到与此接近的颜色。1960 年代晚期，当作家苏珊·桑塔格（Susan Sontag）[②] 居住在瑞典时，她绘制过这样一个瑞典国内的渐变图，此图表明：从斯德哥尔摩越往南，人们变得越外向。她发现，最南部的斯科纳省（Skåne）的居民，被瑞典称作“准丹麦人”，以其“真正的拉丁人式的欢乐”而著称。[③]

九

欧文·戈夫曼曾航行 4000 海里到安斯特岛去研究害羞，其实他可以很容易地从芝加哥驱车几百英里，到达美国中西部平原的上部，在那里发现丰富的研究材料。如同在设德兰岛一样，这个地区人们的害羞也常常被归因于其北欧的血统。当拓

---

① 奥克·道恩：《瑞典人的心态》，简·蒂兰德译，宾夕法尼亚州大学园：宾夕法尼亚州立大学出版社，1996 年版，第 118 页。

② 苏珊·桑塔格（1933—2004 年），美国作家、艺术评论家。在文化界，桑塔格和西蒙·波伏娃、汉娜·阿伦特一起，被认为是西方当代最重要的女知识分子。

③ 苏珊·桑塔格：《一封来自瑞典的信》，载《壁垒》，1969 年 7 月，第 26 页。

荒者19世纪晚期来到这里时，男女性比例为10:1，单身汉农民们独自工作，与蝗虫、野火和暴风雪作战，没有火车、汽车或收音机来减轻寂寞。挪威裔美国作家奥勒·罗尔瓦格（Ole Rølvaag）在其凄凉的平原冬季故事中，为这些男性开拓者的勇敢沉默树立了丰碑，他们太忙于证明自己了——根据宅地法，5年之内在一片土地上耕耘并盖起一个家，就可以获得土地所有权，因此没有时间去学习社交礼节或找个妻子。短语“明尼苏达式的友善”（Minnesota nice）被用来表示这种如安斯特岛民般的压抑情感倾向，见面仅仅是礼貌性地点点头，用一些结尾式的附和来缩减谈话，如“还不错”或者“那还用说”，以北欧语言那唱歌般的语调说出来。

我现在意识到了，我小学高年级时最喜欢读的，就是巧妙地凝炼出美国中西部平原上的这种恬淡寡欲精神的书：几十本便宜的、带冠状装饰的平装书，纸张像吸墨纸一样粗糙，我重读时把页角都弄卷了，这便是查尔斯·舒尔茨（Charles

图3－3 查尔斯·舒尔茨创作的系列卡通《花生》，是50年代后美国孩子最深刻的童年记忆之一，其中的小男孩查理·布朗、小狗史努比等形象更是家喻户晓。

Schulz)[1] 的连环画《花生》。我也喜爱查理·布朗电视特别系列(Charlie Brown TV specials)动画片，它们都是学校假期时在日间播放的，背景音乐是文斯·葛拉第(Vince Guaraldi)的爵士小调，不使用预先录制好的笑声，似乎整个过程都蒙着一层忧郁。给查理·布朗配音的是彼得·罗宾斯(Peter Robbins)[2]，说出的台词中带有一种自然、明净的情感。他听上去不像其他美国电视节目里的那些早熟的学龄儿童，而像是一个真正失败过、经受过挫折的男孩。通过《花生》，我了解了美国小学生们的传统做法，他们公开地与同学交换情人节卡片，而不是像在英国那样害羞地、匿名地进行。在社会认可这座"证券交易所"里所进行的这种公然的物物交换，以及查理·布朗徒劳地等待着红发小姑娘的卡片的情节——他太害羞了，不敢跟她说话，对我来说似乎比最哥特式的童话都要残忍。

图3-4　安静内向的个性使查尔斯·舒尔茨选择每天画漫画作为他应对害羞的方式。通过带着几分勇气的笔画，在四个小格子里创造他的世界，最后签上自己的名字，与漫画所反映的半个世纪前的那个世界进行交流。

1930年代，查尔斯·舒尔茨在明尼苏达州圣保罗市(St Paul)读高中时，受到了相似的害羞的困扰，像一个跷

---

① 查尔斯·舒尔茨(1922—2000年)，美国漫画家，其创作的"花生"系列漫画(小狗史努比就是其中的形象)极为流行，被公认为最具影响力的漫画家之一。

② 彼得·罗宾斯(1956—)，美国童星、配音演员，因1960年代第一个给漫画人物查理·布朗配音而声名鹊起。

跷板一样摇摆于两种状态之中：大多时候感到自己是可怕地隐身着，有时又感到自己是可怕地现身了。他发现，甚至在走廊里跟一个同学打招呼也是痛苦的。作为一个年轻人，当他去芝加哥向辛迪加报业（syndicates）兜售自己的漫画时，他是很难为情的，因为他的样品画在一个巨大的矩形板上，招来了同车旅客的评论。即使是在他成名之后，离家旅行都让他充满恐惧，而且他还经常不在一些公众参与的活动中露面。有时候，他的妻子珍妮（Jeannie）把他送到机场，结果却发现他又打出租车回到了家中。①

查理·布朗是以漫画形式表现出来的舒尔茨的害羞。当舒尔茨是个男孩时，他认为自己的脸如此平常，假如他在圣保罗市区里碰见同学，他们是不会认出他的。这种古怪的想法激发他创作了查理·布朗那没有个性的圆头，头上唯一的标志是眉毛上的一条波浪形曲线，可能是一缕头发或者是一条永恒的忧愁皱纹。舒尔茨在艺术上所作的一个小变形是给了查理·布朗一只小狗史努比，史努比是一个聪明的、沉默的交流者——与给它喂食的、它称作“那个圆头小孩”的男孩相当不同。《花生》中的一个永恒主题是，查理·布朗总是被提醒他自己是无关紧要的。在其中一个超现实的故事情节中，舒尔茨特别安排了一个情节：他的英雄不想带着皮疹出现在夏令营中，在头上戴了一个棕色纸袋子。他戴着纸袋子的形象比他的正常形象更有影响，他因此被选作了夏令营营长。

以一种典型的明尼苏达式的自我解剖的形式，舒尔茨开

① 大卫·米凯利斯：《舒尔茨与〈花生〉：一部传记》，纽约：哈珀·柯林斯出版社，2007年版，第173、299页。

始相信，他自己的拘谨仅仅是一种颠倒了的自恋。他写道："害羞，显然是种自我意识，认为世界上只有你一个人；认为你长得怎样、你做什么是唯一重要的事。"①但是，《花生》却传达了恰恰相反的意思。别忘了，谁是人性的更好范本：露西·范·佩尔特（Lucy van Pelt）②，那个带着令人震撼的坚定信念对着世界大喊大叫的人，还是查理·布朗，那个因害羞而变得温和、公正的恬淡寡欲之人？

当《花生》出现在喧闹的漫画市场之中时，所有的漫画都在争夺读者的关注，它以其干净的线条、大面积的空白吸引了人们的眼球，这种大胆风格是它始终未作改变的。在冬天的那些月份里，当北极的风从马尼托巴湖（Manitoba）吹下来，明尼苏达的许多湖泊和池塘都覆盖了厚厚的冰块，足以供人们在上面滑冰、冰下捕鱼，甚至在上面盖小房子。《花生》中明尼苏达的天气——轻柔飘落的雪花，人们在冰冻的池塘上安静地滑冰，他们堆起的并视作朋友的冷着脸的雪人，只等它们自己融化，这些构成了整体寂静平和气氛的一部分。

在《花生》中，有许多问题仍然没有解决，有许多话也没有说出来。结尾是陈腐的开放式结局，最后画面定格在查理·布朗发出一声"叹息"，汗珠从似笑非笑的脸上落下来，或者是红着脸，脑袋里画着对角线。舒尔茨知道，害羞没有叙事模式可言：害羞只得继续害羞。每天画漫画是他应对害羞的方式，通过带着几分勇气的笔画，在四个小格子里创造他自己的

① 大卫·米凯利斯：《舒尔茨与〈花生〉：一部传记》，纽约：哈珀·柯林斯出版社，2007 年版，第 177 页。

② 露西·范·佩尔特，"花生"漫画中的一个小女孩，性格外向，口齿伶俐，喜欢批评别人，自称女权捍卫者。

世界，最后签上自己的名字，与漫画所反映的半个世纪之前的世界进行交流。

十

一个身体瘦长、害羞的名叫加里·凯勒（Gary Keillor）的男孩，1950 年代在明尼阿波利斯市圣保罗郊区长大，“强烈地希望自己是隐形人”，[①] 他阅读《花生》并喜爱上了它。他像查理·布朗一样具有明尼苏达人的清心寡欲，他还额外面临一个问题：他的家人入了闭关弟兄会（Exclusive Brethren）——普利茅斯弟兄会（Plymouth Brethren）[②] 的一个带有原教旨主义特征的分支，这意味着他不能邀请朋友到家中玩。凯勒一家不赞成开派对、跳舞和饮酒，家中也没有电视机，《圣经》中的话就是他们全部的世界，因为诱惑都是由看到而引起的。因此，加里从收音机中寻找到了安慰，这也是年轻的查尔斯·舒尔茨在 1930 年代所能获得的安慰。他将吸尘器的弯柄当作麦克风，想象自己在对着成千上万的听众说话。

当他在明尼苏达大学当播音员时，他已经改名为加里森·凯勒（Garrison Keillor）[③] 了。他发现，经过多年听广播的耳濡目染，他习得了甜美流畅的音色，带着一种令人愉悦的终结

---

① “荒岛唱片”节目，BBC 广播四台，1995 年 2 月 12 日。

② 普利茅斯弟兄会，一个基督教原教旨主义的团体。他们特别强调遵守《圣经》的话，弃掉形式上的组织，没有总会、分会，没有牧师、平信徒，所有信徒称对方“弟兄”和“姐妹”。

③ 加里森·凯勒（1942—），美国电台节目主持人，作家。他在明尼苏达公共广播台创制的《牧场之家好伙伴》栏目极受听众的欢迎，他主持了长达 40 多年。

音，这让他想寻找一个永久的播音工作。他发现，低沉的、萦绕不散的嗓音较之于爆发性的、激昂的嗓音，更适宜于在收音机上播音。尽管在现实生活中他老是舌头打结，他却精通于收音机合成的自然音，在说话中间适时地加上些“你知道”（y’knows）和“有点儿”（kindas）等插入语。

他发现，以这种熟练的朴实风格，他将自己变成了另外一个人，说话时再也不会被打断，或者担心别人打哈欠、看手表了。因为广播就像是西塞罗写给卢修斯·鲁克乌斯的信一样，是一个不用脸红的媒介。通过这种看不见的电磁波，声音穿过空间，结合了可靠的匿名性与一个人对另一个人说话时的那种亲密性。1969 年，当凯勒在明尼苏达教育电台接手早间节目时，他发现自己很享受与听众间的这种虚拟的、不用露面的关系，感觉自己就像是“那些可爱的但却暂时不开心的人们的牧羊人”。①

图 3－5　加里森·凯勒，美国电台节目主持人中的长青树。他发现，以他那种熟练、朴实的风格，他将自己变成了另外一个人，说话时再也不会被打断，或者担心别人打哈欠、看手表了。通过看不见的电磁波，广播结合了可靠的匿名性与一个人对另一个人说话时的那种亲密性。他发现自己很享受与听众间的这种虚拟的、不用露面的关系，感觉自己就像是“那些可爱的但却暂时不开心的人们的牧羊人”。

---

① 朱蒂丝·雅罗斯·李：《加里森·凯勒：美国的声音》，密西西比州杰克逊：密西西比大学出版社，1991 年版，第 33 页。

第二年，他的职业生涯取得了最令他快乐的突破，堪比广播事业对于他的害羞的超越。他收到了《纽约客》的第一封接收函，这个杂志是他少年时期在明尼阿波利斯公共图书馆期刊室里就见过的。这是一篇 400 字的豆腐块大小的报纸文章，讲的是一个 16 岁的少年，他的父母很担心他的害羞，因而搬进一家当地妓院居住的故事。

《纽约客》的编辑威廉·肖恩（William Shawn）① 是个极其害羞的人，他已经在该杂志工作 44 年了，却从未让自己的名字出现在杂志上。1965 年，当汤姆·沃尔夫（Tom Wolfe）② 给《纽约先驱论坛报》写了一篇臭名昭著的文章攻击《纽约客》时，他取笑肖恩甚至不敢在走廊里向人问好，邀请作家吃午饭时什么话也不说，以此暗示《纽约客》反映了其编辑的性格——迟钝沉闷的。但是很多害羞的作家，包括伊丽莎白·泰勒和加里森·凯勒，都对肖恩勤勉阅读来稿、细心编辑的工作态度心存感激。他会删除情绪化的词汇，增加逗号，用《纽约客》上另一位极其害羞的作家怀特（E. B. White）③ 的话来说就是，“在一场马戏表演中，用刀子精准地砍去，勾勒出对方的轮廓”。④

怀特自己关于好作品的要求，对《纽约客》的风格有着决定性的影响，这也是得到凯勒热情拥护的，正式形成文字便是

---

① 威廉·肖恩（1907—1992 年），美国刊物《纽约客》的著名编辑。

② 汤姆·沃尔夫（1931—），一名很有影响的美国记者、作家。

③ E. B. 怀特（1899—1985 年），美国作家，《纽约客》的重要撰稿人。他在儿童文学领域也卓有建树。

④ 《E. B. 怀特》，见乔治·普林顿编：《工作中的作家们：〈巴黎评论〉访谈集（第 8 系列）》，纽约：维京出版社，1988 年版，第 15 页。

经典的《风格的要素》。这本手册是以威尔·斯特伦克（Will Strunk）早先写作的一个模本为基础：斯特伦克是怀特在康奈尔大学学习时的老教授，怀特认为这篇模本文章体现了“简洁风格之自然与美”。《风格的要素》中规定，好的作品并不无缘无故地提出作家的观点，因为这意味着“作家要直截了当地提出自己的观点，这未必是适当的”。① 在怀特看来，最好的散文兼具朴素与含蓄之美，“既是面具也是揭开面纱”，尤其是对于个人化风格的散文家来说，“必须脱下裤子，却不露出生殖器”。② 作家的声音是伪装自我的工具，机智和品味在这种伪装中是至关重要的元素。这种想法在杂志中被具体化，从优雅的书法线条到一目了然的机智，都是把笨拙和不适当的个人想法纳入到一个匿名的、集体性的优雅之中。《纽约客》是预防窘迫的一剂药品。

1974 年 7 月 6 日，凯勒的《牧场之家好伙伴》开始在明尼苏达公共广播台播出，该节目模仿的是他小时候听过的现场综艺节目。直到 70 年代末期，有五十万的明尼苏达人在收听该节目时，它的最著名的特征才确立起来。“在牧场的边缘，乌比冈湖（Lake Wobegon）这里又度过了安静的一周，”凯勒总是这样开始，然后进入纷乱的、连脚本也没有的奇谈之中，背景被设置为明尼阿波利斯西北边一个虚构的牧场小镇。这个小镇上满是害羞的人，像戈夫曼的安斯特岛一样，这个地方人们的难为情不是由陌生人所带来的焦虑引起的，而是源于长期的

---

① 小威廉·斯特伦克、E. B. 怀特：《风格的要素（第 3 版）》，纽约：麦克米兰出版社，1979 年版，“前言”第 14 页，第 80 页。

② 多萝西·洛布拉诺·古思编：《E. B. 怀特书信集》，玛莎·怀特校订，纽约：哈珀·帕瑞尼奥出版社，2007 年版，第 470 页。

相识。甚至亲密的朋友站得隔一条胳膊那么远也会尴尬；浪漫激情被表达为轻微的兴趣；“散布恐惧症商店”（Fearmonger's Shoppe）出售“自1954年以来的所有你需要的恐惧症”；小镇上最胆小的居民是挪威裔单身农民，他们只在镇尾的一家酒吧里吃专治害羞的“奶粉牌”饼干和聚会，像“永远不开心的、年长的青少年斜靠在墙上”。①

《牧场之家好伙伴》掀起了全国性的热潮，下午5点钟几百万的美国人会坐到收音机旁收听该节目。中部时间每个星期六，人们听凯勒在汉克·斯诺（Hank Snow）的歌曲《你好，亲爱的》那深沉的歌声中拉开节目序幕。此时，他邀请一些音乐嘉宾与他表演二重唱，也会表演他自己的独白，穿着无尾礼服、露脚踝的裤子和运动鞋，戴着大红领带，似乎已经将害羞抛到了身后。当节目播出时，只有观众席上的那些人才会注意到他的习惯——低头盯着自己的袜子。

不管我们听到成人什么样的保证，无论我们在“冷血”（sang froid）银行中积攒了多少信誉，要忘掉童年时代天生的害羞都是困难的，因为对我们来说，只要一个难堪的片段就会让我们突然地、无望地再次陷入透支。有一天，凯勒与他的按摩治疗师在一起时，他感到自己的话含糊不清，自己的嘴巴开始发麻。他不想小题大做，像海姆利克所说的窘迫者因窒息而死那样，他自己开车去了医院。“拿起电话，拨打911，要一辆救护车会好一点……这对我来说似乎不是十分有说服力的做法，”

① 加里森·凯勒：《乌比冈湖的日子》，伦敦：费伯出版社，1986年版，第152页。

他后来说道。[①] 当他到达急救室，排队等候时，他被证明是一个真正的明尼苏达人，因太过难为情而没有说出他中风了。

十一

不像斯堪的纳维亚人或东南亚人，美国人没有仔细区分的词汇去描绘不同种类的窘迫。他们把害羞看成是非美国的，这是众所周知的。他们的文化英雄看上去似乎是那种自立的、热爱户外活动的类型——开拓者、边远地区的人、牛仔、棒球运动员，是西奥多·罗斯福所称之为的“奋发的人生”。但是，这会让他们少一些害羞的可能吗？许多最杰出的美国人，不仅仅是来自于明尼苏达州的，都不敢直视另一个人的眼睛。纳撒尼尔·霍桑（Nathaniel Hawthorne）[②] 如果看到有人从路对面走来，他会离开道路走到路边的田野里去。他将自己诊断为“一个温和、害羞、文雅、忧郁的人……把他的脸红藏到了一个假名之下”。[③] 艾米莉·狄金森（Emily Dickinson）[④] 从半掩的卧室门后和来到她家中的客人对话。拉尔夫·瓦尔多·爱默生（Ralph Waldo Emerson）坚信他自己的“豪猪不可能与人接触”

---

① 大卫·厄斯本:《我得离开这儿》，载《星期日独立报》，2010年1月3日。

② 纳撒尼尔·霍桑（1804—1864年），美国小说家，其作品的主题经常围绕着人类的罪与邪恶，关注道德和深层心理的复杂性。

③ 纳撒尼尔·霍桑:《〈重述的故事〉序言》，见《故事与素描》，纽约：美国图书馆出版社，1982年版，第1153页。

④ 艾米莉·狄金森（1830—1886年），十九世纪美国女诗人，诗歌主要写生活情趣，自然、生命、信仰、友谊、爱情。她被视为19世纪最重要的美国诗人之一。

的理论，确定他自己国家文化存在着一种负担，这种文化培养了“永恒的孤独……我们知道的所有人，是多么地封闭，多么可怜地孤独！”①

是否部分地源于这种趋于可怜孤独的共同倾向不得而知，一个世纪之后，美国产生了害羞的亚种——呆子（nerd），这类人现在多极了。“在底特律，过去被叫做‘愚蠢胆怯的人’（drip）或‘古板的人’（square），现在令人遗憾地都被叫做‘呆子’了，”《新闻周刊》1951年宣布说。② 按照这个描述，阿兰·图灵当然是符合的，不过他那时正在开创电脑时代。但是呆子不一定都是不善交际者，20年之后，技术亚文化培养出了另一种呆子。1975年3月5日，正当“超酷丰斯”（ü ber-cool Fonz）在《快乐的日子》③ 中的形象，使得“呆子”成为一个流行的骂人的词汇时，大约30人聚集在加利福尼亚南部郊区门洛帕克（Menlo Park）的一个车库里，举行“自制电脑俱乐部”（Homebrew Computer Club）的第一次聚会。在亚寒带的寒风中，北欧式的害羞也以相同的方式兴起，呆子获得了生态系统上的平衡。门洛帕克位于圣克拉拉谷地（Santa Clara Valley）的中央，其果园和蔬菜农场逐渐被微芯片工厂和电子公司替代。

“自制电脑俱乐部”每次会议中设有“随机存取时间”，每个人都可以对该群体说出他们所喜爱的东西。它的一个成员史

---

① 理查德·哈丹克:《并非全是人类: 泛神论和人类复兴的黑暗性质》，马萨诸塞州阿默斯特: 马萨诸塞大学出版社，2012年版，第14页。

② 《新闻周刊》1951年10月8日; 网络版，“牛津英语词典”访问入口。

③ 《快乐的日子》是1970—1980年代美国播出的一部很受欢迎的电视连续情景喜剧。

蒂夫·沃兹尼亚克（Steve Wozniak）[①]，第一眼看上去就像是那种常见类型的人——美国科学展览中的小孩，让人感觉到六年级时就会消失，因为青春期约会的严苛仪式开始了。他太过害羞而不敢说话，甚至是在这些意气相投的伙伴面前，他通过展示他的模型、分享他的设计来与大家交流。尽管他看上去孤独而害羞，但是他的本能却基本上是社交性的，就像在他之前的图灵那样。当时，电脑只能通过穿孔卡和闪光灯标来与人类进行沟通，他想让电脑更广泛地造福于人类。他引起别人注意的方式，是创造出对人们有用的东西，将他的专业技术作为礼物送给别人。在那一年晚些时候，他在造出了有史以来第一台带键盘和显示器的电脑之后，将设计方案复制了一份，免费送给了他在自制俱乐部的朋友们——至少直到他的朋友史蒂夫·乔布斯（Steve Jobs）提出了一个不同的商业模式为止。

1980 年代早期，家用计算机已经进入了数百万青少年的卧室，这其中或多或少包含了沃兹尼亚克的发明；“呆子”最终成为了一个常见习语，相关的短语还有“呆子包”（nerd pack），既指防止钢笔墨水弄脏衣服的塑料小包，也指在衬衫口袋里装着这些塑料小包的不酷的美国高中小孩群体。呆子聚集区从圣克拉拉谷地延伸开来，被重新命名为现在的“硅谷”（Silicon Valley）。1990 年代，随着更多的人了解了超文本标记语言（html），并将因特网变成了一种全球性的公共休息室，“呆子”一词变成了“自豪的徽章”。一些乐队如“威瑟”（Weezer）、“他们可能是巨人”（They Might Be Giants）

① 史蒂夫·沃兹尼亚克（1950—），美国电脑工程师，苹果公司的联合创始人，乔布斯的工作伙伴。

和“肉牛牧人”（Nerf Herder），被称为“呆子流行乐”（nerd pop），“呆核”（nerdcore）兴起为说唱音乐中的一个门类。T恤衫上也印上了粗线条的“GEEK”（怪人）或“NERD”，穿着者以此自信地宣告其身份。

呆子变酷了，而且经常也是很富有的人，因为他们反社交的追求最终回答了人类的一项需求——分享信息，却没有面对面实际接触时的尴尬。由于呆子只是懂得电脑代码的少数人——这是电脑代码的难度造成的，他们在微芯片的新世界里是有用的，如同图灵在布莱切利的用处一样。区别在于，他们是写代码，而不是破译代码。电脑离图灵理想中的能像人一样思考的机器再接近不过了。但是，我们现在可以让电脑如虚拟的大鼻子情圣（Cyrano de Bergeracs）[①] 一样去工作，代替自己去应对我们最尴尬的那些情形。我们应对难堪的现代万灵药是科技。那些能够执行多重任务的微型电脑——我们仍然把它们叫做“电话”，能让我们相互间持续不断地保持联系，但是它们也使得我们可以控制我们的社交，如同调节一个恒温器一样。

发短信是一项原始科技，是芬兰诺基亚公司在 1990 年代中期引入到手机中的，几乎是后来才想起来添加的功能，以替代过时的、不太受欢迎的寻呼系统。它利用了灵长类动物的基本属性——拇指可以与其他手指相对，成为了一种本质上浪费时间的、效能低下的替代谈话形式。但是，发短信很快在不爱说话的芬兰年轻人中流行开来，特别是对于女孩子，因为它是一种与别人说话的方式，却不用受到脸红或舌头打结的困扰。在

---

① 大鼻子情圣西哈诺是法国历史上一位真实的人物，被形容为既是一位锐不可当的无敌剑客，又是一位不拘一格的天才诗人，总是潇洒自如。

这样一个福音路德会教堂（Evangelical Lutheran Church）成员占到 85% 的国家，手机成为了最受喜爱的、满十五岁的确认礼物。坦佩雷大学（University of Tampere）的两位社会学家发现，芬兰男孩很少会对女孩说他爱她，但是会发示爱信息，花上半个小时去编辑、改写信息，并且是用英文，因为他发现用另一种语言去表达强烈情感更容易一些。①

其他研究手机文化的学者表明，短信在菲律宾扮演了相似的角色，菲律宾很快取代芬兰成为了世界短信之都。② 手机大约 1996 年在菲律宾出现，在五年之内，手机的数量增长到了 700 万部，该国发送的短信占据了全世界的 10%。③ 这部分是因为菲律宾是个贫穷国家，电话电缆稀少，而且发短信便宜。但是这或许也与菲律宾人所说的“hiya”有关，“hiya”是东南亚那些词汇中的一个，兼有害羞和窘迫之意，却又与其中的任何一个意思都不完全相同。

菲律宾人的求婚仪式在传统上是腼腆而复杂的。按照规矩，男方应该完成所有的步骤，而女方则欲擒故纵（pakipot）以维护她的荣誉，男方常常太过害羞而不愿承认自己的感情。于是

---

① 参见埃加莉莎·卡塞列米、皮尔约·劳天伦:《芬兰孩子和青少年的手机文化》，见詹姆斯·E. 卡兹、马克·奥胡斯编:《永久的接触：手机交流、私人谈话与公开表演》，剑桥：剑桥大学出版社，2002 年版，第 176、183~184 页。

② 参见贝拉·埃尔伍德·克莱顿:《虚拟的陌生人：菲律宾群岛网络空间中的年轻人爱情与短信》，见克里斯托夫·尼里编:《手机民主：关于社会、自我、政治的论文集》，维也纳：帕萨根·瓦拉格出版社，2003 年版，第 225~235 页；以及杰拉德·高金:《手机文化：日常生活中的移动技术》，伦敦：劳特利奇出版社，2006 年版，第 76 页。

③ 简妮·戈登:《手机：流行文化的产品及公共空间的工具》，见阿南达姆·卡沃里、诺亚·阿西诺编:《手机读本：社会转变论文集》，纽约：彼德·朗出版社，2006 年版，第 52 页。

就发展出了多管齐下式的仪式。男方先是在菲律宾炎热的夜晚，到他爱人的窗下唱“哈拉那”（harana），一种受西班牙影响而产生的月下求婚情歌，他带着朋友们一起去唱，以获得道义上的支持，也是为了产生更大的和声。然后，事情就可能发展到“逗引”（tuksuhan）阶段，通过两人之间的共同朋友或者“人桥”（tulay），直到两人被说服，愿意他们自己单独出去为止。手机让菲律宾年轻人绕开了这些顾全体面的常规，而通过发短信来试水。

十二

因此，全世界都一样：发短信让人们的拇指比他们的舌头更灵活了，让他们的舌头比在真实生活中更勇敢了。收到短信时提示音不像来电响铃时那么持久。它不会把我们吓一跳，或者要求我们立即回复。它给我们留下了消化的空间，让我们可以去思考如何回复，与世界处于不即不离的状态。在短信结尾加上几个吻，一个速成版的问候语，堪比伊丽莎白·泰勒从“您的忠诚的”到“爱你的”那雅致的缱绻之情，如果它们碰到了坚硬的地面，也可以迅速地放弃。日本人曾即兴编制了一份害羞或看上去难为情的表情符号，用星号和分号来表示脸红的面颊或汗珠。一个短信可以包含一个微妙的宇宙。它将亲密性与花言巧语融为一体，可以让我们说出那些面对面时让人尴尬的事情，让我们去展现更为圆滑的自己。

当我在火车车厢里无意中听到别人没有防备的交谈，或者看到有人在街上对着免提电话尖叫，在整个世界看来他们似乎正对着一个假想敌狂吼时，我就在想，手机是否摧毁了私人生活和公共生活之间的分界，害羞是否现在已经绝迹了。但是另一方面，我看到年轻人害羞地在膝盖上或桌子下发短信，他们的脸上片刻间闪过一丝自信。我突然想到，对于所有这种公共场合的闲聊来说，人们巧妙地想到了用手机去解决这个简单而又永恒的问题。我们想要对人们当面说出我们的想法和感受，对他们敞开心扉。但是，我们真的都太难为情了。

第 4 章 张口结舌

1918 年 5 月的一天，当布罗尼斯拉夫 · 马林诺夫斯基在美拉尼西亚开展的人类学田野调查接近尾声时，他参加了一次乘船旅行。目的地是一个叫古马瓦那（Gumawana）的村庄，它位于巴布亚新几内亚的近海处，阿弗莱特（Amphlett）群岛的东南端。马林诺夫斯基在这些岛屿上邂逅了一群人，他们“羞涩却傲慢地对待任何与他们打交道的人”。他们的石质土壤长不出什么作物，于是女人们就制作装饰用的粘土罐子，男人们则用这些与邻近的岛民交换猪、西米和槟榔。

当马林诺夫斯基的船停泊时，岛上的男人们就划着独木舟上前兜售粘土罐。可是当他们涉水上岸，岛民们便惊恐万状，年轻女人四处逃散，躲在村庄远处的灌木丛里。即使是“老太婆们”——马林诺夫斯基愉快地这样称呼她们，[①] 也藏在她们的小屋子里。为了引诱女人们出来制作粘土罐，他们不得不用烟草来行贿。与此同时，男人们“呆呆地坐在石头上，事

① 布罗尼斯拉夫 · 马林诺夫斯基:《西太平洋的阿尔戈英雄》，伦敦：劳特利奇及基根 · 保罗出版社，1932 年版，第 46~47 页。

不关己，闷不出声，颇不友善——真正的岛民！”[①] 马林诺夫斯基发现并不仅是白种欧洲人，所有的陌生人都会在阿弗莱特的岛民身上激起这种害羞感。

在美拉尼西亚的日子里，马林诺夫斯基开始认为人性都倾向于害羞，并发展出一些缓解它的方法。在他著名的《原始语言中的意义问题》一文中，他发现了一种不提供任何信息的谈话类型，这种非亲密式的谈话运用十分广泛，从遥远的部落人群到英国的休息室都可看到。他将其命名为“寒暄式交流”（phatic communion）：“phatic”源自希腊语“phanein”，表示“自己”的意思，称之为“交流”是因为他将其看成是建立最初联系的一种方式，它之后会通过分享食物而得以完成。

当马林诺夫斯基对当地语言进行了足够长时间的学习，能够将对话记录下来时，他吃惊地发现，他所听到的对话中有那么多都是貌似无意义的口若悬河。美拉尼西亚的老话“你好吗？”和英语中的“你好吗？”具有惊人的相似性，仅仅是用来填补对话伊始时令人不快的沉默。这些开场白很快就消散于对偏爱或厌恶的表达当中，或是对于琐事或显而易见的事情的描述当中。在寒暄式交流中，言语充当了社会粘合剂，将说话人暂时地联结在一起，因为当沉默的阴影笼罩在他们头上时，所有人都会觉得不安，不说话的陌生人被视为特别的敌人——“野蛮部落人”和“未受过教育的阶层”。[②]

---

① 迈克尔·杨:《马林诺夫斯基：一位人类学家的奇幻旅程，1884—1920》，康涅狄格州纽黑文：耶鲁大学出版社，2004 年版，第 535 页。

② 布罗尼斯拉夫·马林诺夫斯基:《原始语言中的意义问题》，见 C. K. 奥格登、I. A. 理查兹编:《意义的意义》，伦敦：劳特利奇及基根·保罗出版社，1923 年，第 313、315、314 页。

多年以后，人类学家罗宾·邓巴为马林诺夫斯基的理论找到了有力的证据。他和他在利物浦大学的研究生们偷听了自助餐厅、火车站和酒吧，以及消防演习时乱哄哄的人群的谈话，他们发现三分之二的谈话内容既没有知识含量也不实用，听起来倒像是关于他人的八卦闲谈。邓巴认为，就像猴子彼此梳理毛发是为了维持联盟和尊卑秩序一样，语言也是一种“口头梳理”，① 它适合人类生活于其中的这一更大、更分散的群体。人类交谈的进化并不像多数人所想的那样，旨在为狩猎和生火而交换有用的信息，它是一种运用语言而非臂弯和温暖的身体来使人们之间的接触更为温柔的形式。

达尔文在《人类的由来》一书中，注意到了在其他群居动物如野马和野牛中，也存在着沉默所带来的相似的不适感。它们会停止惯常的召唤声，如搜寻食物或吃东西时随意发出的咕哝或嘶鸣声，来警告同伴危险的来临。② 晚近的时候，人种音乐学家约瑟夫·约达尼亚（Joseph Jordania）提出，早期人类以嗡鸣作为召唤讯号。听别人谈话时，我们常常发出表示支持的“嗯嗯”声，也许就是一种进化的残留，它与这种确保发出声音的举动是联系在一起的。③

---

① 罗宾·邓巴:《梳理、闲聊以及语言的进化》，伦敦：费伯出版社，1996年版，第78页。也可参见第121、123页。

② 参见查尔斯·达尔文:《人类的由来》，詹姆斯·摩尔、阿德里安·德斯蒙德编，伦敦：企鹅出版社，2004年版，第123页。

③ 约瑟夫·约达尼亚:《音乐与情感：人类史前时期的嗡鸣》，见鲁苏丹·特苏米亚、约瑟夫·约达尼亚编:《传统复调问题：第四届传统复调问题国际研讨会论文集》，第比利斯：新星科学出版社，2010年版，第42页。

一

在以害羞闻名的文化比如北欧国家中，人们似乎对于沉默具有更高的忍耐力。成长于法国的瑞典人种学家安妮克·修格林（Annick Sjögren）注意到，在她客居的法国，口语是“无足轻重的”，刚说出去就消散在稀薄的空气中。法语对话是修辞的表演，脱离说话者自身，因此一个人可以不假思索地说一些事，仅仅只为享受来自舌头上的音节声，根本不用担心要对此做出解释。与此相反的是，在瑞典，一个人说什么是他的个人标签，选择什么样的用语来传达他们的意思必须经过慎重考虑。闲聊叫做“kallprata”，字面意思是“冰冷的谈话”，瑞典语里指称健谈者的词汇，例如“pratkvarnar”（话匣子）、“pladdermajor”（胡言乱语者）、“frasmakare”（夸夸其谈者），都传达了一种对谈话本身的怀疑态度。[①]“谈话对于瑞典人显然一直都是个难题，是跨越深渊的一条斜木桥，”1960 年代末曾居住于斯德哥尔摩的苏珊·桑塔格回忆道，“不管是从秘而不宣的必要性还是从沉默的正面魅力来说，交谈总是面临着短路的危险。沉默是瑞典国民性的缺陷。”[②]

瑞典语和芬兰语当中表达“害羞”的词汇，“blyg”和“ujo”，是与正面的事物关联在一起的，它意味着某人不是假装，而是真正愿意去聆听别人的谈话。许多芬兰格言都指明了字斟句酌的价值，不说必要之外的废话：言多必失；简洁成就好诗；狂吠的狗抓不着兔子；嘴只有一张，耳朵却有两个。根

① 奥克·道恩:《瑞典人的心态》，简·蒂兰德译，宾夕法尼亚州大学园：宾夕法尼亚州立大学出版社，1996 年版，第 119 页。

② 苏珊·桑塔格:《一封来自瑞典的信》，载《壁垒》，1969年7月，第26页。

据芬兰学者亚科·莱赫托宁（Jaakko Lehtonen）和卡利·沙亚伐拉（Kari Sajavaara）在一篇题为《沉默的芬兰人》的文章中所言，在他们的同胞中过度使用语言学家所说的反馈行为——点头、扬起眉毛、别人说话时发出“嗯嗯”声，被认为是讨厌的，是醉鬼的专利。①

芬兰电影导演阿基·考里斯马基（Aki kaurismäki）②的影片中的人物，都有相似的惜字如金的特点。他们总是在乏味的工作岗位上如超市收银台或厨房水槽边默默劳作，驾车行驶在乡间公路上，不停地喝着伏特加，同时嘴里咕咕哝哝不知交流着些什么。在《火柴厂女工》（1990）这部长仅68分钟的电影中，13分钟过去了，居然没有人开口说话。镜头渐渐导向这个重要的事：火柴厂女工工作一天后下班了，回家做饭，与父母共进晚餐，参加了一个芬兰的探戈舞会，舞会上，男

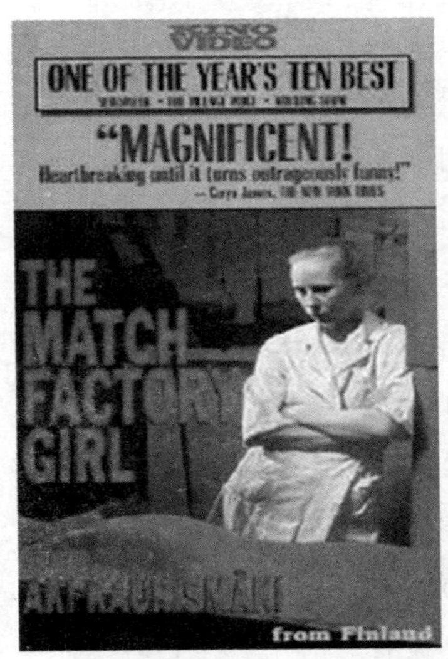

图4－1　获得高度赞誉的芬兰电影《火柴厂女工》(1990)。该片表现风格上带有浓重的北欧文化特色：沉默寡言。

---

① 亚科·莱赫托宁、卡利·沙亚伐拉：《沉默的芬兰人》，见黛博拉·坦能、穆里尔·萨维尔－特罗伊克编：《沉默透视》，新泽西州诺伍德：阿布莱克斯出版社，1985年版，第195页。

② 阿基·考里斯马基（1957—），芬兰导演，亦是当代北欧著名的导演、作家和制片人，在欧洲各大电影节多次获奖。他的《火柴厂女工》等影片曾在柏林国际电影节获奖。

士们通过默默地触碰女士们的手发出共舞的邀请。没有人注意到女主角，她呆呆地坐着，握着放在膝上的手袋。最终，她走进一家酒吧说出了几个字："一小杯啤酒。"

尽管如此，即使是在北欧国家，沉默仍然具有尴尬的或敌意的言外之意。英格玛·伯格曼在他的自传中，将自己孩提时代的结巴归因于这样一个事实：大人们拒绝与一个言行不端的孩子交谈，直到他幡然悔悟为止。他回忆道，被冷落的感觉比起随后的质问、套出来的坦白和例行的鸡毛掸子伺候，要痛苦得多。[①] 瑞典人对此有一句俗语：用沉默杀人。不同的文化会从不同的角度看待害羞，对交谈与倾听之间的良好平衡也会作出不同的评价。但是，沉默绝对会位列其中。

二

1940 年 6 月 18 日，在巴黎被攻陷的四天之后，晚上 10 点前，位于伦敦波特兰广场（Portland Place）的广播大厦的 4B 演播室里，一个十分擅长运用沉默技巧的男人坐在麦克风前。他身穿包括绑腿和长靴的全套法国军队制服，由于他的祖国与纳粹斡旋，签订了耻辱的停战协定，他于此前一天逃到了英国。BBC 的技师让他说点什么来测试一下声级。他专注地盯着麦克风，用低沉而又洪亮的嗓音说了两个字："法国。"然后他就沉默地坐在那里，直到红灯亮起示意他们是在直播，他才开始令人动情地向他的同胞们呼吁。"最后结果是什么？一定

---

① 英格玛·伯格曼:《早期放映机：自传》，琼·泰特译，纽约：维京出版社，1988 年版，第 18、8 页。

没有希望了吗？失败已成定局了吗？”他用法语表达着一种听起来犀利、低沉而又激动人心的、奔放的情感。“不管发生什么，法国抵抗的火焰一定不能熄灭，它也不会被熄灭。”比起英国演说家们对温斯顿·丘吉尔在那天早些时候于国会下院发表的题为《最光辉的时刻》演说的了解，“618 宣言”的抑扬顿挫要更为法国人所了解。

夏尔·戴高乐的迷人个性来自于他的言辞。即使是即兴演说或回答记者提问时，他都是口吐珠玉，让人觉得他已在脑子中反复打过草稿了。“他听起来非常高贵，”维尔·霍奇森（Vere Hodgson），一名诺丁山的福利工作者在收音机里收听了戴高乐的演说后，在她的日记中写道，“他的声音振奋人心，他对贝当（Pétain）①的答复让我不禁坐在椅子上发起抖来。他的语调也有这种悲剧性的力量。”②他那优雅的语句和洪亮的演讲，使得这位在法国寂寂无名、在英国更是闻所未闻的低级军官，仅仅率数千士兵，就团结了他的同胞，在流亡中领导了他的国家。

但是，这些非凡的公共表演是与另一种情形相穿插的，即他在长时间内只简单地说“是”或“不”或一言不发。位于苏活区迪恩街（Dean Street）的法国酒吧，是跨越英吉利海峡而来的分散的流亡者们的集结地，因此总是人满为患，闹哄哄

① 贝当（1856—1951年），法国元帅、维希法国国家元首。他一生经历曲折，集民族英雄和叛徒于一身。一战期间，他因领导凡尔登战役而成为当时的英雄；二战初期，法国战败后，他出任维希政府首脑，成为纳粹德国的傀儡。1945年，他因叛国罪被判处死刑，后改判终身监禁。

② 维尔·霍奇森：《有几个鸡蛋，没有桔子：维尔·霍奇森日记，1940—1945》，伦敦：珀尔塞福涅书屋，2005年版，第11页。

的，看管酒吧的是一位生性快乐的老板，名字叫维克多·贝勒蒙（Victor Berlemont）。当戴高乐去那里时，他会手持酒杯，安静地坐着，法国士兵则集体立正，房间便陷入尴尬的沉默。

戴高乐口才的爆发似乎需要通过长时间的静默来补充能量和储蓄更多的词汇，或者他决定如果不能出口成章，那就宁愿保持缄默。绝大多数笨嘴拙舌的人都无法像戴高乐那样，能够在随意之间突然口若悬河。在和别人交谈时，由于无法清晰地思考，我们讲着不知所云的句法，磕磕绊绊的辅音，心智力量也远远跟不上了。我们担心会让别人感到厌烦——这使得我们将词句快速抛出，或者说到句尾时声音变弱，结果担心就真的自我应验了。可是戴高乐看起来从没有这种问题。他要么沉默，要么滔滔不绝，没有中间状况。这既令人恼火又富有吸引力：他的语言拒绝先作最粗略的闲谈，然后才谈正题，而是如此优美地以他自己的方式说出来的。

1943 年 5 月，戴高乐想立足于法国的领土上，将他的司令部搬到了阿尔及尔（Algiers）。黛安娜·库珀（Diana Cooper）夫人随同丈夫杜夫（Duff）住在那里，因为杜夫时任法国解放委员会的英方代表。库珀夫人发现与戴高乐的席间闲谈就“如胶水一般艰涩”。[①] 库珀夫妇以艾草和五倍子将他称为查理·苦艾（Charlie Wormwood），因为在《哀歌》一书中，它们是苦涩的象征。在正式餐会上，戴高乐和他的妻子伊凡娜（Yvonne）是一对沉闷乏味的夫妇。他来自里尔（Lille），她来

① 安东尼·比弗尔、阿蒂米斯·库珀:《解放后的巴黎，1944—1949》，伦敦：企鹅出版社，2004 年版，第 109 页。

自加来（Calais），他们都没有辜负法国北部人矜持的名声，就像英吉利海峡对岸他们的那些邻居一样。切斯特顿（G. K. Chesterton）[①] 认为，英国人的“害羞和忧郁的尴尬”在法国北部同样存在，他们共享了同样的祖先和历史，因为他们都缺乏“法国南部人的快捷的手势”。[②] 戴高乐夫妇当然也沿袭了这样的规矩，拒绝地中海式的身体接触，不喜欢法语中常用的“你”（tu），甚至他们夫妇之间也从来都不使用这个字眼。

1943 年 6 月，圣灵降临节那一天，驻阿尔及尔的英国公使哈罗德·麦克米兰（Harold Macmillan）[③] 会见了戴高乐，他后来建议他们下午放个假，一起开车去海滨城市提帕萨（Tipasa）转转。到那之后，麦克米兰脱光衣服下海游泳，戴高乐不愿加入，而是“以一种庄重的姿态坐在石头上，戴着军帽，穿着制服，扎着皮带”。麦克米兰在演讲前会紧张到呕吐，但在其他方面却将害羞掩饰得很好，他被“这个奇怪的——迷人却无法接近的——人物”给迷住了。[④] 他的妻子桃乐茜（Dorothy）则忙于照顾伊凡娜。她后来说，跟伊凡娜谈话“就像用铲子挖土一样”。[⑤]

---

① 切斯特顿（1874—1936年），英国文学家，在小说、诗歌、戏剧、传记等许多方面都有建树的杰出的知识分子。

② G. K. 切斯特顿:《一只害羞的鸟》，见《几位作家：关于著作和作家的随笔》，桃乐茜·柯林斯编，伦敦：希德及沃德出版社，1953 年版，第 211~212 页。

③ 哈罗德·麦克米兰（1894—1986年），英国保守党政治家，1957—1963 年出任英国首相，二战期间曾在北非与戴高乐共事。

④ 查尔斯·威廉姆斯:《最后一个伟大的法国人：戴高乐将军的一生》，伦敦：威利出版社，1997 年版，第 347 页。

⑤ 哈罗德·尼科尔森:《日记和书信，1907—1964》，奈杰尔·尼科尔森编，伦敦：菲尼克斯出版社，2005 年版，第 469 页。

三

戴高乐的害羞是十分真诚的，远远不是粗鲁的。1916 年 3 月在凡尔登（Verdun）被俘后，他在接下来两年半的战争时间里，以天生的领导力在俘虏同伴中赢得了声望。因此，费迪南德·普兰西（Ferdinand Plessy）——戴高乐的一位狱友，先后在因戈尔施塔特（Ingolstadt）和乌尔兹伯格（Wülzburg）当过战俘，感到十分吃惊，因为有一天晚上戴高乐向他坦承自己是个害羞的人。普兰西无法将他朋友天生的雄辩口才和威严气质与害羞对上号。但是他随后就想到了戴高乐知道如何保持距离感。他想到俘虏们的洗澡间是没有隔断的，只是在一块遮泥板上方装有花洒，在记忆里他从来没有见到戴高乐赤过身。①

戴高乐痛恨自己的大鼻子、招风耳和后缩的下巴，因此很少照镜子。他身高将近 6 英尺 5 英寸（约 1.96 米），知道威严与丑陋对他来说只有一线之隔。“我们的人民从来都过得并不轻松，”他曾对法国政治家路易斯·若克斯（Louis Joxe）说，“我是说——大个子们。椅子总是太小，桌子又太低，让人感觉我们太强壮。”② 他视力很差，无论读什么都得戴上他所讨厌的酒瓶底厚的眼镜。他特别痛恨电话，甚至他的副官都不敢在自己的办公桌前打给他，他的住宅电话被精心地安装在楼梯下面，因此他不得不扭着身体去使用它。

---

① 让·拉库杜尔:《戴高乐：反叛者，1907—1964》，帕翠克·奥布莱恩译，伦敦：哈维尔出版社，1990 年版，第 53 页。

② 格雷格尔·达拉斯:《1945：永无终结的战争》，伦敦：约翰·穆雷出版社，2005 年版，第 90 页。

他明白，他的害羞意味着他不得不精心培养出一种公开的、措辞华丽的方式。当他还是战俘时，他就已经在笔记本中草拟了这个计划。“言多必失。行动时必须保持沉默。”他对自己说，“领袖就是不说话的那一个。”① 由于不善处理社交细节，他总是选择从大处着手行事，在滔滔不绝的独白和沉重的静默二者间跳跃转变。事实上，公众角色如此深入地延伸进了他的私生活，以至于很难说清他的私生活是在哪儿开始的了。他的儿子回忆说，戴高乐每天清晨都是身着夹克领带从卧室出来，只有一次衣衫不整被他看到，就是做完前列腺手术那

图4–2 1944年8月26日，戴高乐将军不顾危险，出现在刚刚解放的巴黎。当日他就在圣母院遭到了残余德军的袭击。

① 乔纳森·芬比:《将军：查尔斯·戴高乐和他拯救的法国》，伦敦：西蒙及舒斯特出版社，2010年版，第69页。

次。①

如果戴高乐没有个人名利心，他无疑培育了一种伟大的、不属于个人的优越情结，他用第三人称指称自己，因为他觉得作为法国的代表，终究值得这种尊重。他以法国荣誉的名义，坚持在 1944 年 8 月 26 日法国首都解放的日子里，乘坐敞篷车率领第一集团军进入巴黎。尽管他知道这个城市仍布满了虎视眈眈的、准备近距离射击的德军和法国叛徒，他还是来到了凯旋门，在无名战士墓前敬献了一个花圈，并领唱了《马赛曲》。他走过香舍丽榭大街，直到协和广场（de la Concorde），那里有车等着载他去巴黎圣母院，拥挤的人群在那儿等候着感谢他解放了首都。

当戴高乐在巴黎圣母院的前院走出汽车时，第一波子弹从俯瞰广场的屋顶上射了过来，宪兵们也开火回应。戴高乐步入圣母院中殿，那里有狙击手们从高处的楼层向他开火，人群趴在地上，或躲到长椅下面。他的保镖们尽力要推他出去，但他摆脱开他们，沿着中央通道缓慢前行，他的肩背挺直，手臂张开，如冰雹般呼啸而来的子弹对他来说好似毛毛雨一般，甚至都不值得让他撑起雨伞。“对我来说，没有什么东西，”他在回忆录中写到了这个时刻，“比不屈服于人群的恐慌更重要。”②

宪兵们最终从教堂中杀出来，提防着高处的火光，并向他们回击。子弹打在教堂的柱子上纷纷弹开，石头的碎屑到处飞舞。手风琴没有电，枪击声却演绎了一曲无伴奏的合唱。“长

① 乔纳森·芬比:《将军：查尔斯·戴高乐和他拯救的法国》，伦敦：西蒙及舒斯特出版社，2010 年版，第 69、7 页。

② 戴高乐将军:《战争回忆录：统一，1942—1944》，理查德·霍华德译，伦敦：韦登菲尔德及尼科尔森出版社，1959 年版，第 315 页。

了一张平淡无奇的脸的好处，就在于它能够让人去隐藏、去克制可能暴露于公共场合的情绪。”戴高乐后来说。[①] 当他走过通道，闻着浓重的火药味道，他为自己戴上了这不动声色的面具。人群为戴高乐沉默的勇气所振奋，开始冷静下来，并起立演唱赞美诗。

四

从荷马史诗到莎士比亚的《亨利五世》，经典作品中都是高谈阔论、发表激动人心的战争宣言的将军们。在战争中牺牲也是一个典型场合，能够说上一些话：比如在冰岛的传奇中，临终前的简短发言是它的一个主题。现实中的战士往往更沉默寡言。战场上一语值千金。什么都不说比发错误指令、让你的同伴们去送死要好得多。这种言语上的吝啬会一直持续到战争结束，因为亲眼目睹过战争惨状的人们常常对此三缄其口。没有任何合适的语句能描绘一个同伴被炸飞的脸或血肉模糊的身体，目睹过这些的人会觉得很难跨越那道不被理解的鸿沟，正是这种不可避免的鸿沟将他们与非参战人员深深地隔开了。如西格夫里·沙逊在他的诗《幸存者》中所看到的，无言和结巴在罹患炮弹休克症的战士那里是一种普遍症状。对炮弹休克症的早期命名之一就是“炸弹害羞症”。

1941 年的一天，戴高乐在开罗遇到一位比他还害羞的战士。他被带到了阿奇博尔德·韦弗尔（Archibald Wavell）[②]——

---

① 查尔斯·威廉姆斯：《最后一个伟大的法国人：戴高乐将军的一生》，伦敦：威利出版社，1997 年版，第 346 页。

② 阿奇博尔德·韦弗尔（1883—1950 年），英国陆军元帅，伯爵。一战期间，他在法国和中东作战，在二战的北非战场，曾击败意大利军队。

当时驻中东的英军总司令的办公室。两个男人沉默地握手，有好几分钟都没有交谈。韦弗尔的上司，少将阿瑟·史密斯（Arthur Smith）爵士提议韦弗尔给戴高乐看看他的挂图，试图缓和局面。两个男人沉默地把那副挂图研究了好一会儿，然后握手告别，直到戴高乐离开，两人都没有说一个字。①

韦弗尔令人难以忍受的沉默和戴高乐的一样声名远播。他在听下属们传达情报或汇报工作时，总是心不在焉地在便笺上乱写乱画，然后用一种干巴巴的沙哑嗓音说道，“我知道了”，或者是“如果我是你，我会那么做”。1939 年 2 月，韦弗尔在剑桥大学三一学院做了一系列关于“将军与将才”的报告，他主张一个指挥官应该以人格来打动他的军队，只有在确信自己有能力发表适当的演说时，才能这么做；一次糟糕的演讲可能会让他在数分钟内就失去人心。一位战士要求他的上司有能力，比如在战争的残酷环境下能提供小小的止痛药。只有在这些基本需求

图 4－3　韦弗尔将军为盟军创造了早期的胜利。他把天生的英国式害羞和社会伪装创造性地发展成大规模的军事欺骗战略。直到现在，他穿越沙漠的行军也可被看作是首次重大的伪装战，是诺曼底登陆前运用欺骗战略的一次巅峰尝试。如果说英国人在军事欺骗方面的天赋源于英国人的害羞的话，那么生性害羞的韦弗尔就是一个体现。

① 阿德里安·福特：《阿奇博尔德·韦弗尔：一个帝国仆人的人生与时代》，伦敦：乔纳森·凯普出版社，2009 年版，第 224 页。

被满足之后，他才会寻求激动人心的演说，并且也不是非此不可。[1] 当然，竖在韦弗尔和他的军队间的保护墙并不会阻止他传达智慧、正直甚至个人魅力。戴安娜·库珀觉得戴高乐毫无趣味，却这样说韦弗尔："一旦克服掉害怕沉默的心理，我或许会爱上韦弗尔的。"[2]

作为第一次世界大战伊普尔战役（Ypres Salient）中的旅长，韦弗尔视察了前线的每一寸土地，仔细倾听部下的汇报——和沙逊诗中那些面红耳赤、大喊大叫的将军形成了对照。他的害羞使他成为了一个特立独行的人，对男子气的咆哮和抱着固定观念的、鹦鹉学舌式的自负持怀疑态度。对于高层的那种命令——死守无遮蔽的、泥泞的战壕，不允许向后面或侧面移动到更好的得分区或更利于防守的位置，他是坚决反对的，认为那是置人于死地。1915 年 6 月的贝勒瓦德山脉（Bellewaarde Ridge）惨败让他确信，静止的壕堑战、由步兵向固守位置发起集中攻击是愚蠢的，需要寻求更有创造力的作战方式。在这次战役中，他失去了左眼。自那以后，他就养成了不讲话时只用右眼专注地看人的习惯，他的怒视被眼睛上的单片眼镜放大了，也增加了他的泰然自若和难以琢磨的名声。

在随后的战争中，韦弗尔效命于巴勒斯坦，在当时的中东总司令艾伦比（Allenby）将军手下服役，后者对于军事欺骗的新奇运用令他敬佩。1917 年 10 月，韦弗尔目睹了著名的"血染的帆布包"的计策：一个血迹斑斑的、装着假文件的帆布包

① 阿奇博尔德·韦弗尔:《将军与将才》，伦敦：企鹅出版社，1941 年版，第 40~42 页。

② 戴安娜·库珀:《峭壁号角》，伦敦：哈特－戴维斯出版社，1960 年版，第 136 页。

被土耳其人发现并捡走，以英军进攻加沙的“计划”误导他们。劳伦斯（T. E. Lawrence）[①]的不合常规的战术也给予了韦弗尔以灵感，劳伦斯是个士兵，深度内向的性格培养了他的横向思维方式。1920 年，劳伦斯就游击战写了一篇具有开创意义的文章《反抗的演变》，他认为，军队不应是静态的，而应该像气体一样东游西窜，神出鬼没，无影无踪。“军队难道像植物一样？——固定地扎根于地下，通过长长的茎干将营养输送到顶部。”他写道，“我们应该像蒸气，所到之处都能形成打击。”[②]

历史学家尼古拉斯・兰金（Nicholas Rankin）认为，英国人在两次世界大战期间出色地发挥了军事欺骗方面的天赋，这源于其珍视自我贬抑和隐瞒的民族性格。言谈隐秘，以讽刺或开玩笑作为“掩饰害羞或情感”的方式来掩饰严肃性，这一民族传统使得英国人擅长于暗中从事侦察和那种布莱切利公园的密码破译活动，以及基于伪造和虚假传言的军事战略。[③]

1940 年 6 月，当意大利参战时，韦弗尔驻扎在埃及的军队只有 36000 人，在利比亚的意大利军队却有 150000 人。轴心国正在取得势如破竹的胜利，而另一方则看起来面临全线崩溃。韦弗尔认定对付敌军应该采用非常规的思维方式。夏末时他手下多了一名得力干将，杜伯雷・克拉克（Dubley Clarke）[④]

---

① 劳伦斯（1888—1935 年），被称为“阿拉伯的劳伦斯”，英国学者、作家和军事战略家。一战期间，他推动了阿拉伯人民反抗土耳其统治的大起义，对中东战局产生了极大的影响，有自传体著作《智慧的七柱》。

② 尼古拉斯・兰金：《欺骗的天才：狡猾是如何帮助英国赢得两次世界大战的》，纽约：牛津大学出版社，2009 年版，第 106 页。

③ 同上，“前言”第 11 页。

④ 杜伯雷・克拉克（1899—1974 年），英军军官，因作为二战中实施军事欺骗的先驱而知名，被称为“二战中最大的英国骗子”。

恳请他设立“A军”这样一个专门致力于军事欺骗的组织。早在三年前，克拉克在巴勒斯坦首次听命于韦弗尔时就见过他了。在驱车从耶路撒冷到海法（Haifa）的长途跋涉中，韦弗尔问他何时参军的，克拉克回答说“1936年，长官”。一个小时之后，韦弗尔说：“我的意思是，你什么时候加入这个总部的？”[①] 克拉克开始珍视这种惜字如金的品格，此外他也是个矜持的人，出入房间都让人不知不觉——一个“军营里的吉夫斯（Jeeves）[②]”，他的一个顶头上司如此形容他，说他解决问题时有“一种斯芬克斯式的神秘，带着嘲讽性的幽默和吸收性的警惕”。[③]

在等待增援时，韦弗尔和克拉克开始着手将他们天生的英国式害羞和社会伪装转变为军事战略。他们的计划是运用隐匿和诡计，让意大利人误以为此区域布满了“沙漠之鼠”（英国驻非军团）。由魔术师、幻术师贾斯帕·马斯基林（Jasper Maskelyne）[④] 带领的一小队伪装方面的专家协助他们的工作。他们制作了可充气的军舰和纸做的战马，还将染色的帆布盖在卡车上，将其扮成坦克。他们将电线杆与油桶绑在一起，撒网将其蒙住，看起来就像从空而降的大炮。他们将沙漠

① 尼古拉斯·兰金：《欺骗的天才：狡猾是如何帮助英国赢得两次世界大战的》，纽约：牛津大学出版社，2009年版，第183页。

② 吉夫斯是幽默文学中一个虚构的形象，在民间广为人知，后用来作为男仆、管家的典型形象。

③ 同①，第177页；撒迪厄斯·霍尔特：《欺骗者：第二次世界大战中联盟军的欺骗战略》，纽约：斯克里布纳出版社，2004年版，第12页。

④ 贾斯帕·马斯基林（1902—1973年），英国20世纪30年代知名的魔术师，生于魔术世家，二战爆发后加入英国军队，以魔术技巧进行军事欺骗，多次在战场上创造奇迹。

区域装扮得如同机场和交通要道。他们驱赶拖着犁耙的骆驼在沙漠中奔驰，腾起好似坦克制造的滚滚尘烟。同时，不断地发射高射炮，迫使意大利飞机盘旋于高空，无法就近侦察这虚构出来的军队。缺乏想象力的鲁道夫·格拉齐亚尼元帅（Marshal Rodolfo Graziani）[①]——意大利驻北非军队总司令就上当了。9 月 13 日，意大利第十军团小心翼翼地越界进入埃及，但仅仅行进了 50 英里，他们就在海滨小城西迪·巴拉尼（Sidi Barrani）[②]驻扎下来，开始挖战壕。

图 4－4　马斯基林团队伪造的假谢里曼坦克。二战爆发前，贾斯帕·马斯基林已经跻身英国最出名的魔术师行列。而战时他演出的戏略欺骗更为精彩：将装甲部队隐藏于空旷地带；将偌大的亚历山大港“平移”一英里；令苏伊士运河“消失”；变出几个师的“幽灵部队”……

五

韦弗尔长期在沉默中的思考让他变成了一个对战争十分谨慎的学生。他明白一个好将军依靠的不是在战争最激烈的时候

① 鲁道夫·格拉齐亚尼（1882—1955 年），意大利陆军元帅，二战北非战场意大利军队的统帅。他对于装甲战的认识和运用比坦克大王古德里安更早，对机械化诸兵种合成进行了编制及实战运用。

② 西迪·巴拉尼是埃及边境的一个小城，1940 年 12 月 9 日，英军在此发动突袭，大胜意军，把意军全部赶出埃及，并将战线向西推进上千公里。

对战争进行匆匆一瞥，而更多在于对运输和物资供给线路细节的侦察、管理和关注。但是，他的害羞也掩盖了，或者可以说培养了他在冒险方面的天赋。害羞的人往往长于等待和思考；他们中有一些还擅长将等待和思考最终转化为行动。这少数人在作战中往往表现出色，因为战争本身是一个长期而无聊的过程，只是中间偶尔被流血的冲突所打断。韦弗尔坚信，一个将军在面临这些决定性的时刻时，必须像一个赌徒，这是他从上次战争中得来的经验：速度和行动比炮火更管用。巴勒斯坦战役显示了机动装甲部队的价值；他思考如何才能够让他这支携带精巧小型布朗式轻机枪的队伍在穿越沙漠时，更令人生畏。他知道沙漠战依靠的是移动和思考这两者的速度，因为它很少是为领土而战，而更像是海战，只不过机械化部队不是在海上，而是在沙地上追逐罢了。

12 月 9 日，增援部队到了，但他的军队人数仍然远不及对方，韦弗尔开始组织反击。他的第一个胜利就是将反击变成完全的突然袭击，由于他生性沉默寡言，这就更容易做到了。埃及首相称赞他是开罗严守秘密的第一人。[①] 韦弗尔以典型的自谦告诉战地记者，“这不是一次进攻，你可以把它称作一次重要的突袭”。[②] 而他的军队则开始获得了令人吃惊的进展。熟悉韦弗尔为人克制这一点的人们对他在战争中的魄力大为惊异。在 12 月 11 日轻而易举地拿下西迪·巴拉尼之后，英军在四天之内就将意大利军队横扫出了埃及。新年伊始，他们就深入利比

---

① 哈罗德·E.拉夫:《韦弗尔在中东,1939—1941：关于将才的研究》，俄克拉荷马州诺曼：俄克拉荷马大学出版社，2013 年版，第 96 页。

② 乔纳森·丁布尔比:《沙漠中的命运：到阿拉曼之路——扭转局势的战役》，伦敦：轮廓出版社，2013 年版，第 32 页。

亚，2 月当英军在贝达・富姆（Beda Fomm）[1] 击败意大利军队时，他们已经征服了整个昔兰尼加（Cyrenaica）[2] 地区，并行将夺取意大利军队最后的占领地。“韦弗尔的三万军队”此时已经成为英国少数几次的著名战例之一。

但贝达・富姆战役五天后，就在韦弗尔的军队准备攻克的黎波里（Tripoli）时，丘吉尔命令他停止前进，并派他最好的军队去保卫希腊，对抗轴心国。结果是毁灭性的，英军被迫撤退至克里特岛（Crete），后又从克里特岛撤退。与此同时，一位小有名气的德国将军埃尔温・隆美尔（Erwin Rommel），率领新成立的非洲军团抵达突尼斯。到了 4 月底，他迫使“沙漠之鼠”一路撤退至埃及边境，剩下托布鲁克（Tobruk）陷入重围之中。

韦弗尔与情绪无常、滔滔不绝的丘吉尔关系十分糟糕。他的害羞，本来能够给他足够的空间进行冷静的思考，并掉转方向从另一个角度看问题，现在却成了他的短板。丘吉尔在各个战线都要求行动，他将韦弗尔的两面下注式的公报看作是过分谨慎的表现。他希望韦弗尔去袭击叙利亚和伊拉克，作为对“自由法国计划”的支持，那里是由效忠维希（Vichy）伪政权的法军占据的——这也就是为什么戴高乐会去开罗，而韦弗尔并不那么期望去见他的原因。

诺埃尔・安南（Noel Annan）[3] 当时在陆军部任军队文

---

① 贝达・富姆战役是北非一场典型的以少胜多的胜仗，2万多意大利士兵被俘，而参战英军仅几千人。

② 昔兰尼加，指利比亚东部地区。

③ 诺埃尔・安南（1916—2000年），英国军事情报官员，作家、学者。他在军界升至上校，退役后转任多所大学的校长，并成为上议院议员。

职官员，对丘吉尔和韦弗尔都了解，她觉得他们两位的差异就是两种不同类型的公立学校的差异：来自老牌的哈罗公学（Harrovian）的首相，掠夺成性，不拘礼仪；来自温彻斯特公学（Wykehamist）的士兵 - 学者，行事谨慎，态度矜持。[①]但这也是能使万人空巷的政治家丘吉尔和三缄其口的将军韦弗尔间的差异，前者深知战争在一定程度上就是宣传和安抚同盟，后者则只关心军事策略的正确与否。这集中体现在他们关于是否应该死守托布鲁克的最激烈的争吵中。对韦弗尔来说，这个港口在军事上无足轻重；对丘吉尔而言，它是抵抗的象征，对士气至关重要。韦弗尔到访伦敦时，丘吉尔激烈地对他提出质疑，对他磕磕绊绊、含糊其辞的回答大为光火。伊安·雅可布（Ian Jacob），后来的英国广播公司总裁，作为战时内阁秘书，当时也参加了这些会见，他说，“对任何人来说，都很难理解韦弗尔怎么能如此张口结舌，因此他在智力和性格上都很难给人留下印象。”[②]

韦弗尔与琼·布莱特（Joan Bright）相处得不错，她在内阁作战室工作过。她为人友好，处事周到，作为伊恩·弗莱明（Ian Fleming）[③]的前女友，她经常被认为是“莫尼彭妮小姐”（Miss Moneypenny）的原型，人们能够在她面前畅所欲言，尽管即使是她也发现韦弗尔很难相处。他邀请她去帕尔摩街的联

---

① 哈罗德·E.拉夫:《韦弗尔在中东，1939—1941：关于将才的研究》，俄克拉荷马州诺曼：俄克拉荷马大学出版社，2013 年版，第 80 页。

② 同上。

③ 伊恩·弗莱明（1908—1964 年），英国作家、记者、海军情报官员。他创作了詹姆斯·邦德 007 系列小说，下面提到的“莫尼彭妮小姐”就是其中一个重要的人物。

合服务俱乐部（United Service Club）共进午餐，席间两人一直沉默。当返程穿过圣詹姆斯公园（St James’ Park）时，两人仍然一言不发。韦弗尔突然转头问她为什么首相不喜欢自己。她坦率地回答，因为他太寡言少语。他开始吞吞吐吐地解释说，他小时候被母亲带到客厅去与客人交谈，这种讨厌的聚会永远地摧毁了他根据需要自如地交谈的能力。他的母亲简直就是从他嘴里掏话。私下里，布莱特觉得“这个借口太一般了——没有几个母亲不是这样对待她们的孩子的”。①

1941 年 6 月，“战斧行动”（Operation Battleaxe）大失利之后，丘吉尔发起一个解托布鲁克之围的计划，首相解除了韦弗尔的职务，将他降职为印度的总司令。时任战地记者的阿兰·穆尔黑德（Alan Moorehead）对这个消息感到很难过，将韦弗尔比作托尔斯泰《战争与和平》中莫斯科的守卫者库图佐夫将军（General Kutuzov）：年老，独眼，深谙人生哲理，态度谦和，知道事物的复杂性，和自负而又精于算计的拿破仑大为不同。“他精明的头脑，布满皱纹又坚毅的脸庞，甚至他的独眼，都给你一种力量、睿智和耐心的感觉，”穆尔黑德这样描写韦弗尔，“尽管从他所说的话里，你通常看不到任何这些特质。”②

阿拉曼（El Alamein）的第三次战役现在被作为战争的转折性胜利而载入史册，蒙哥马利将军（General Montgomery）成为了这场战役中的纳尔逊上将（Admiral Nelson）。蒙哥马利

---

① 琼·布莱特·阿斯特利：《核心集团：俯视战争》，马萨诸塞州波士顿：利特尔·布朗出版社，1971 年版，第 73 页。

② 阿兰·穆尔黑德：《不要怪罪将军们》，纽约：哈珀出版社，1943 年版，第 127 页。

傲慢、自负，是和韦弗尔完全不同的类型。他自称为英军的救世主，他从一个部队辗转到另一个部队，好似在参加竞选，发表彻底挫败隆美尔的巡回演讲——一个说大话的演说家，以此来激发他的军队的信心，并给士兵们留下了已经部分完成了根本变化的印象。

丘吉尔后来写道：“差不多可以这么说，‘在阿拉曼战役之前，我们从未获胜过；在阿拉曼战役之后，我们从未失利过’。”① 但是，哪个断言都不属实。在阿拉曼战役之前，韦弗尔已经差不多摧毁了意大利的第十军团，重挫意军的士气和墨索里尼建立非洲帝国的幻想。作为首次盟军大捷的设计师，当轴心国的势力似乎无可战胜时，他给盟军带来了巨大的鼓舞。直到现在，他穿越沙漠的行军也可被看作是首次重大的伪装战，是将制度化的欺诈作为一种战争策略，是诺曼底登陆前运用欺骗战略的一次巅峰尝试。如果说英国人在军事欺骗方面的天赋源自于英国人的害羞的话，那么韦弗尔就是它的体现。

但在韦弗尔 1950 年去世之前，他在战争中的作用已经从人们的记忆中褪色，被他那自我标榜的继承者挤到了一边，这在很大程度上是由于他自己的沉默造成的。他没有说一句话去支撑或否定他的战时记录——甚至没有写成散文，和他的拙于言辞相比，在这方面他是一个文采卓越、思路清晰的典范。但是，他把精力用在了编撰诗集《他人的花朵》上，诗集中的诗全是他的倾心感悟。这是一本畅销书，也是一本怪书，由于它是由这样一位害羞的人编撰的，它证实了诗歌作为公共交流而

---

① 乔纳森·丁布尔比：《沙漠中的命运：到阿拉曼之路——扭转局势的战役》，伦敦：轮廓出版社，2013 年版，“前言”第 14 页。

非内心思想旅程的价值，他在开篇部分批评了 T. S. 艾略特的说法——“以晦涩来遮蔽卓越的才华，从而冒犯诗性的光辉”。韦弗尔指出，诗歌在其本源上是一门慷慨陈词的艺术，并且以典型的宽容大度称赞了丘吉尔背诵诗文时的“特有的热情”。这里也透露出了一丝遗憾，尽管韦弗尔通过死记硬背记住了大量诗歌，但是他仅仅在骑马或独自驾车时才将诗大声诵读出来；他希望自己能够独自高飞，这样他就能够“在空中朗诵”了。[①] 否则，由于害怕被别人听到，他甚至不敢冒险在浴室里背诵诗歌。

六

和韦弗尔交谈从来没有困难的是英国女王，因为她知道得从韦弗尔最喜欢的话题入手，比如她恰好任荣誉团长的苏格兰高地警卫团，就能让他放松下来。国王就没有那么幸运了，他把韦弗尔称作“牡蛎”，[②] 因为他的嘴巴很难被撬开。但乔治六世（George VI）也可以如此来描述他自己。像韦弗尔一样，对他爱讲的话题，比如工厂流水线和养殖猎鸟，他都能流利表达。但他从来不善于闲谈，相对于士兵，这对君王来说更是一个大缺陷。由于七岁的时候经历过严重的口吃，那种对于说不出话来的恐惧，对他不知说什么的恐惧更雪上加霜。

早期关于口吃者的理论，总是将他们视为差不多是字面意义上的“张口结舌”者——因为他们的舌头要么像亚里士多德

① A. P. 韦弗尔:《前言》，见 A. P. 韦弗尔:《他人的花朵》，伦敦：乔纳森·凯普出版社，1944 年版，第 19、17 页。

② 阿德里安·福特:《阿奇博尔德·韦弗尔：一个帝国仆人的人生与时代》，伦敦：乔纳森·凯普出版社，2009 年版，第 246 页。

所认为的那样太硬太厚，要么像弗兰西斯·培根所认为的那样太湿太冷。随着 19 世纪后期人类对精神病学兴趣的增长，口吃开始被看作是神经衰弱和害羞的症状。想要表达，又努力逃避，这种情况看上去像无意识反作用的、非理性冲动的典型案例。今天我们再一次倾向于将口吃视作器质性问题，一种由某种不可知的原因而造成的神经发育异常，这种情况大概二十个孩子当中会出现一例。但同时它似乎也植根于人类特有的自我反省能力，这就是为什么走出自我会让人得到片刻的释放。口吃的演员在角色扮演时往往不口吃，口吃者在用另一种语言唱歌或说话时也不口吃。口吃的亨利·詹姆斯（Henry James）[①]说法语时十分流利，他还可以给朋友们吟诵他最喜欢的诗歌。

如同对害羞想得太多一样，对口吃过于焦虑只会使事情更加糟糕，造成结结巴巴的恶性循环。和害羞相似，口吃也表现出让人费解的间歇性，因此，以为自己已经克服障碍的口吃者会发现它在最麻烦的时刻又不请自来。如果说害羞不会造成口吃，那么口吃一定是害羞的原因，许多深受其害者因为害怕说不出话来，所以选择了闭嘴。

和其他出身王室的孩子一样，乔治六世先是作为儿童，接着是作为阿尔伯特王子（Prince Albert），不得不死记硬背些诗词，好在他祖父母的生日场合面对满堂宾客背诵。这种可怕的折磨坚定了他的愿望——只要可能就保持沉默。作为海军学员时，由于他说不出“四分之一”（quarter）这个词，因此在被问到何为一半的一半时，回答不出来而被记为愚笨。他二十多岁

① 亨利·詹姆斯（1843—1916年），出身纽约上层知识分子家庭，长期旅居欧洲。他开创了“心理现实主义”这一模式，被誉为西方现代心理分析小说的开拓者。

时，有一次在英格兰中部地区向农民们发表演讲，他因为太紧张，好几分钟里嘴里都嘟嘟囔囔，不知说些什么，而他的侍从则站在一边不知如何是好。[①] 此后，阿尔伯特王子以一种看似粗鲁的方式解决了这个问题。每当在集会中人们被介绍给他认识时，他总是握手后就无言地继续前行。

国王和王子们拙于言辞，这并不是什么秘密。另一位害羞又口吃的年轻人查理一世（Charles I），在一位光彩夺目得多的兄长阴影下长大，但还可以依赖范・戴克（Van Dyck）[②] 的肖像画或本・琼森（Ben Jonson）[③] 的假面舞会来加强他作为君主的气势。害羞的、说德语的乔治一世（George I）在国会演讲时，总是先用一句英文短句开头，然后就把手稿交给他的大法官来完成。阿尔伯特王子的不幸在于，他成年后赶上了大众媒体民主这一新体制，皇室必须要用口语来使他的权力合法化。对一个害羞的王子来说，无线电和镜头会带来无限的羞辱和丢脸的可能。

七

1924 年，在大英帝国展览会的开幕式上，乔治五世（George V）在温布利大球场（Wembley Stadium）作了演讲，数百万听众收听了这次讲话。1925 年 5 月，阿尔伯特——此时已身为约克公爵（Duke of York），接替他的兄长成为了展览会的主席，当

① 丹尼斯・贾德:《国王乔治六世，1895—1952》，伦敦：迈克尔・约瑟夫出版社，1982 年版，第 96~97 页。

② 范・戴克（1599—1641 年），佛兰德斯画家，后成为英王查理一世的宫廷画家。他为这位虚弱的国王绘制谄媚的画像，让国王看起来威风、强大。

③ 本・琼森（1572—1637 年），英国剧作家、演员、诗人。

展览会在这一年重新开放时，他不得不在温布利作一个简短的演讲，介绍一下国王。他为这事焦虑了好几个月，不停地在脑子里重温演讲词，“陛下，作为主席，我诚挚地请您宣布重新开放大英帝国展览会……”

就在5月9日正午之前，他站在温布利的皇家讲台上，等待着1200名强壮的警卫队员演奏完国歌。这种宏大的仪式和典礼会让他烦躁不安。他一生中最讨厌的职责就是阅兵，在全体战士的注目礼中检查皮靴的光泽度和折痕的笔直度。现在军队整肃，场内一片寂静，90000人就等着他张口发声。开局不利。他运气太差，扩音器发出了尖厉的噪音，即使是最自信的人听到自己的声音经过扩音器变形后的节奏，也会头脑发昏的。

图4-5 范·戴克所作《穿猎装的查理一世》。作品极力渲染查理的帝王气势，把这位害羞又口吃的国王包装成一代圣主。十几年后，查理一世被英国革命者处死。

不口吃的人，特别是那些残忍地模仿别人口吃的人，会觉得口吃仅仅就是对一个词首的重复。但是，真正的口吃者与词语的斗争更可能是根本发不出声，或不断的吸气声，因为他们不是让声音向上走，通过隔膜，发出向外的气息，而是吸进空气。公爵就因为他的面部肌肉过分运动但却发不出声音，于是整个演讲充满了令人难以忍受的停顿。对很多口吃者来说，持续性的下巴收紧意味着谈话让他筋疲力尽。温布利的演讲通过无线电及《每日邮报》安装在公共场合的扬声器，在整个国家现场直播。这是他的人民第一次遭遇到他的口吃。当温布利的人群出于对公爵的同情而局促不安时，一个名叫莱纳尔·罗格（Lionel Logue）[1]的澳大利亚人却对他的儿子平静地说，他认为他能治好公爵的毛病。

罗格是说话疗法领域的开拓者。战争期间他就着手治疗战士们由于炮弹休克症或受毒气攻击所造成的言语失常。他的一个病人是约翰·惠勒－班尼特（John Wheeler-Bennett）[2]，1916年，班尼特所在的肯特预科学校（Kent prep school）被轰炸后，他就成了口吃者。“只有那些亲身遭遇过口吃的人，才能深刻理解他们的内心和辛酸。”半个世纪之后，惠勒－班尼特在他的乔治六世传纪中发自肺腑地写道，“极度的耻辱感和精神上的折磨……在同情者所提供的帮助前畏缩不前。”[3]

在哈利街（Harley Street）街尾比较便宜的地段，有罗格的小小的诊疗室，他每天在那里都会遇到安静的不幸者。有一个病人，从城里乘车回位于厄尔斯·考特（Earls Court）的家中时，宁愿选择一条不同的路线先到哈默史密斯（Hammersmith），然后从那里步行回家，也不愿在买票时说出“Court”中难发的“K”音。另一位病人，由于害怕与公交车售票员交谈，总是确保口袋里有买票用的足够零钱。1925 年 8 月 19 日，在约克公爵的温布利灾难后的三个月，他或许收听了 BBC 广播电台由罗格做

① 莱纳尔·罗格（1880—1953 年），澳大利亚语言治疗师，曾参与治疗国王乔治六世的口吃。

② 约翰·惠勒–班尼特（1902—1975 年），英国历史学家，其对德国军队作用的理论在学界有很大影响。

③ 约翰·惠勒–班尼特：《国王乔治六世：他的生活与统治》，伦敦：麦克米兰出版社，1958 年版，第 27 页。

的一档关于口吃的、题为“声音和砖墙”的节目。“我不知道还有什么能像这个缺陷一样，在病人周围筑起如此高的一面砖墙，”罗格对听众说，“普通到买一张火车票，或在大街上问个路，都是无法言说的痛苦。”①

我们中的绝大多数人都知道这个故事的电影版本。在《国王的演讲》中，罗格坚持在他的诊察室而不是公爵的家里进行治疗，并且坚持直呼其名为“伯迪”（Bertie），甚至叫他“老兄”。罗格没有按照公爵的意愿，相反却鼓励他谈论个人问题：他那专横的父亲，他那偏爱弟弟却把他掐得大哭的保姆，为了矫正他的O形腿而不得不戴上的令人痛苦的金属夹板。罗格使公爵放松下来，用“去他的混蛋”来填补他谈话中的停顿。罗格坚持认为，公爵的口吃不仅仅是“机械性困难”的结果，而是源自根深蒂固的压抑。影片捍卫了罗格不拘礼节的、现代的价值观，这个“从澳大利亚内陆来的横空出世的新手”，对抗了英国上流社会的生硬拘谨之气。

但真正的罗格绝不是一个只会用“清茶加同情”法的治疗专家。他的方法是很实用的，他教他的病人正确呼吸，放松肌肉，避免痉挛。他的方法并非百试不爽，他的病人也不是全部好转。失败病例之一是小说家尼古拉斯·莫斯利（Nicholas Mosley）②，他刚见到罗格时，还是一名17岁的来自伊顿公学的男孩，虽然有点口吃，但是除了在和声调起伏的拙劣演员谈话时会难堪之外，影响不大。莫斯利后来成为了一名陆军军官，在军队里，许多生命都依靠他传达命令的能力。在练兵场

---

① 马克·罗格、彼德·康拉迪：《国王的演讲：一个男人是如何拯救了英国的君主政治的》，伦敦：夸克斯出版社，2010年版，第44页。

② 尼古拉斯·莫斯利（1923—2017年），英国小说家，出身贵族家庭。

上，军事训练中的结结巴巴让他非常苦恼，他担心自己“可能不知不觉地成为海地皇帝克里斯多夫（Christophe），为了寻开心，让精锐部队在悬崖上行进”。[①] 然而，1944 年 10 月，莫斯利在率领伦敦爱尔兰步枪队打到意大利中轴线时，在博洛尼亚附近的蒙特·斯巴多罗（Monte Spaduro），他领导了一次几乎是自杀的行动，穿越紧靠德军占领的农场的开阔地带，他下令前进时不带丝毫结巴。“事关生命，你不能结巴。”他后来说，“只有在絮絮叨叨时，你才结巴。”[②] 但他的结巴并没有根除，在多年后的爱丁堡艺术节的演讲中，结巴又灾难性地再现，他不得不中途放弃。

要求一个危机和一个解决之道的叙述逻辑，是电影想象的常用手段。口吃问题之所以对电影想象具有吸引力，就在于它让人感觉是一个必须被果断克服的障碍。在现实中，如同莫斯利的故事所揭示的，口吃者不得不应对无规律的、反反复复的症状。在现代口吃治疗中，“治愈”这个词是很少使用的。绝大多数口吃的孩子长大以后就好了，但是百分之一的孩子在青春期仍然口吃，虽然这种情形是很少见的。

在现实中，国王的演讲能力在罗格的指导下略有好转。但是，罗格仍需近距离地阅读国王要做的任何演讲的文稿，从中替换掉那些让人烦恼的词语，如以 s, f, g 和 k 开头的单词，——“k”对国王来说是种特别的折磨，因为在演讲中他经常需要提到女王（queen）和王国（kingdom）（罗格用“女王陛下”[her

---

① 尼古拉斯·莫斯利:《战时人生》，伦敦：韦登菲尔德及尼科尔森出版社，2006 年版，第 6 页。

② 伊丽莎白·格莱斯:《国王的语言治疗师是如何给予我希望的》，载《每日电讯报》，2011 年 2 月 3 日。

majesty] 和“我们的王国”[our realm] 来代替它们)。国王一生都对国会开幕大典心存恐惧，因为那意味着坐着并控制呼吸来发表演说。他对罗格谈起他做过的一个让他从冷汗中惊醒的恶梦，梦到他在上议院演讲，嘴巴一张一合却什么也说不出来。[①] 他一生都害怕无线话筒，以及话筒上面提醒他演讲开始的闪闪红灯。很多照片拍到他坐在定做的皇家话筒前，那话筒镶嵌在一个经过艺术装饰的橡木箱中。但他最讨厌的正是这一点，他说这样的设计让他想起衣冠冢，而在实际的播送中都是用普通话筒的。

即使当国王能够控制他的口吃时，他的表达仍然是单调、含混的，带着害羞者普遍具有的糟糕的发音特征，对他们来说，说话就是一场审判。在电影中，乔治六世是在战争爆发当

图 4-6 “国王的演讲”的真实情景。虽然乔治六世的演讲并不像同名电影中表现得那么成功，但还是极大地鼓舞了英国人民的战争意志。

① 马克·罗格、彼德·康拉迪:《国王的演讲：一个男人是如何拯救了英国的君主政治的》，伦敦：夸克斯出版社，2010 年版，第 181 页。

天的一场鼓舞人心的广播中克服他的口吃的，当贝多芬的《皇帝协奏曲》作为背景音乐响起，伦敦林荫路上的人们高呼着支持他的口号。这就像《渔王》中亚瑟王（Arthurian）的传奇故事，他因为无能使他的王国成为了不毛之地，他必须重振雄风，领导他的人民投入战争。但如果你听一下那天国王的真正演讲，你会发现，它是以罗格所谓的“三词间断法”来展开的，这种方法通过设置策略性的呼吸停顿，来让他完成演讲。这种技巧如运用得不好，国王就只能每次仅说一个词，并且在奇怪的地方停顿；如果运用得好，会赋予他的演讲一种意外的庄重性，一系列令人愉悦的升调和渐缓的降调：“在这个重大的……时刻……也许是……我们历史上……最重大的……时刻……我向……我的每一位国民……国内的……和国外的……发布……这个消息。”

生活中不会有好莱坞电影式的结局。口吃就像害羞一样，是个无期徒刑。“昨晚国王的广播演讲糟得不能再糟了，我早该想到，应该终止这个国家的王室家族，”诗人斯蒂夫·斯彭德（Stephen Spender）[①]——一个对害羞非常敏感，甚至无法独自去酒吧的人，在他的日记中写道，“他的声音听起来如同一个时好时坏、经常卡带的录音机。产生了一种单调无趣的效果……一开始大家还尽力想听清他在说什么，然后就不想了，开始同情他。然后就想把收音机给砸了。”[②]

整个战争期间，人们都是小心翼翼地收听着国王的演说，想

---

① 斯蒂夫·斯彭德（1909—1995年），英国诗人、文艺评论家，牛津大学毕业，属于思想进步的左翼诗人之列。

② 斯蒂夫·斯彭德：《日记，1939—1983》，约翰·古德史密斯编，纽约：兰登书屋，1986年版，第24页。

知道他能不能完成这些任务。在约翰·保曼（John Boorman）[①]的自传体电影《希望和荣耀》（1987）中，插入了这样一个场景：在战时伦敦郊区的一栋半独立式房屋里，12岁的比尔·罗翰（Bill Rohan）和家人吃完圣诞大餐后收听国王的讲话。当国王的演讲结束时，比尔的父亲克莱夫（Clive）说："他今天表现好多了。"其他人都喃喃地表示同意，只有比尔说："爸爸，去年你就这样说过了。"他父亲回答："国土和国王是一体的，我的孩子。如果他结巴，我们就会全体口吃。他好了，我们也就好了。"无线电里开始演奏国歌，他们全体肃穆地立正。君王的口吃折射出一个国家在应对极端危机时同样的困境。影片后半部，从收音机中传出了振奋人心的丘吉尔的声音，标志着风格的逆转。

这是欧文·戈夫曼的社交尴尬理论在国家层面上得到的验证。人人都在极力隐瞒一种事实上众所周知无需隐瞒的尴尬状况。国王的口吃是这个国家的公开秘密。媒体很少提及它——当它们提及时，总是说那是个小麻烦，并且已经很好地得到了克服——来自坎特伯雷的大主教科兹莫·朗（Cosmo Long），就因为在加冕典礼前以最温和的口吻提及了国王的口吃，便触犯了众怒。有关国王演讲的新闻短片经常要被一审再审，确保不会引起任何人的不快。但根据"大众观察"（Mass Observation）组织——一家专门致力于发掘未表达的公众情绪的社会研究机构的调查，国王的口吃在公众的脑海中占据重要位置，当他们聆听他的演讲时，这让他们焦虑，也让他们想保

---

① 约翰·保曼（1933—），英国著名导演，以其华丽的影像风格和扣人心弦的叙事技巧著称。

护他。很多人都像《希望与荣耀》中比尔的父亲一样告诉他们自己，国王的口吃已经好多了。

当国王在欧洲胜利日当天，向全国发表他为时最长的 13 分钟的演说时，“大众观察”组织发现很多听众对他的口吃十分担心，对他磕磕绊绊的表达既感到痛苦，又充满同情。一位受访的女性在谈及她的感受时说，她像大多数认识的人一样，“既欣赏他面对困难的勇气，又害怕他会犯错，听到他犯错，自己也会觉得尴尬”。① “大众观察”的一位调查员是在切尔西（Chelsea）的一家酒吧里听到胜利日广播的，那时的酒吧安静得宛如一座教堂。每当国王因为某个难发音的词而停顿时，坐在调查员旁边的年轻的马克思主义者就会大声地发出嘘声，成为了“整个酒吧里被强烈恶意瞪视的中心”。②

国王的任务，即是在所有人都知情的情况下装作自己不是结巴，这远比战争中最英勇的牺牲还要英勇。但是，还有一种英勇，便是他需要孜孜不倦地完成罗格布置的作业——用温水漱口，站在敞开的窗户前吟诵绕口令，比如“她用结实的厚筛子筛七个粗茎的蓟”“让我们和伟大的龙骑兵的同性恋旅一起去收集健壮的石南”，只有这样，他才能尽自己的一点力量，去维持这种集体场合的幻像。这好像人与人之间的一种契约，即使是害羞者或口吃者也都得签约：用我们头脑中的语言来理解世界的意义，确保我们之间的沉默不会太难堪。

---

① 《“大众观察”之“欧洲胜利日”，1945 年 6 月》，第 2263 号档案报告，第 57 页。

② 大卫·基纳斯顿：《经济紧缩期的英国，1945—1951》，伦敦：布鲁姆斯伯里出版社，2007 年版，第 11 页。

八

1945 年 7 月，当克莱门特·艾德礼（Clement Attlee）[①] 来到白金汉宫，与乔治六世行吻手礼时，出现了另一段漫长而令人痛苦的沉默。最终由艾德礼打破僵局，“我赢得了选举。”他说。国王回答:“我知道，我听了六点的新闻。”国王将他的新首相，或许是史上最害羞的人称为“蛤蜊”，他似乎又一次忘记了自己也是一样地难以开口。艾德礼在给工党主席哈罗德·拉斯基（Harold Laski）建议时，说出了他最绝妙的警句，“对你来说，一小段沉默是比较受欢迎的”。他自己的沉默却总是冗长而且不总是受人欢迎的。在工党总部工作过的威尔弗雷德·费恩伯格（Wilfred Fienburgh）说，同艾德礼讲话就“好像给狗扔饼干——你所能听到的就是‘是的，是的，是的’”。[②]

但是，艾德礼的害羞看来也能让他安静地收集信息，并将其马上付诸行动。这或许能使他看起来更具决断性，经过深思熟虑之后，他会把他的决定以宏大的法令形式公布出来，而不是自己说出来。艾德礼应对采访者的三句口头禅是:“是”“不是”和“我不知道”。很难想象这样一个寡言少语的人能存在于今天这个时代——一种无时无刻不出新闻的文化，政客们刻意地身着便装，演讲中充满了塞音停顿，时刻准备着一些花边趣事，比如在洗他的福特·塞拉（Ford Sierra）车时或漫步在

① 克莱门特·艾德礼（1883—1967 年），英国政治家，1945 年接替丘吉尔成为英国首相，建立工党政府。有部分学者认为，如果以政绩而论，克莱门特·艾德礼是战后最杰出的首相。

② 彼德·轩尼诗:《首相的办公室及其主人：1945 年迄今》，伦敦：艾伦·莱恩出版社，2000 年版，第 149 页。

汉普斯特德·西斯（Hampstead Heath）公园时遇见了普通选民。这种细心营造出的随意形象，对他们的公众形象——骗子和投机者并没有多大的改观。

这种不拘礼节的政治修辞，是文化生活中更具普遍性的趋势的一部分。战后年代里，一个日益世俗化的社会接受了一种新的信念：更好地交流。战争赋予团队协作以很高的价值，促使心理学家去研究群体动力学。人际关系管理理论认为，当工人们感觉到自己参与了决策，他们的工作就会更富有成效。教育研究则强调，交谈比被动倾听能够学到更多的东西。工作场所放弃了更为正式的等级制，取而代之的是合作和通过交谈解决问题的理念。如同建造教堂的塔尖是为了升入梦想中的天堂，现代生活这一建筑也支撑这种信念：如果我们进行交谈，大家就会最终达到共同理解。开放式的办公室，尽管它的真正目的是为了去掉因走道和隔墙而造成的多余面积，从而减少租金成本，但却因为被狂热宣传的随机谈话的创造性，从而具有了存在的合理性。

最近以来，大学也充满了同样的论调，认为交谈百分之百是好的。他们的图书馆不再是寂静的教堂，而是变成了分割为"安静区"和"社交学习区"的社交中心。我对这些区域进行了多年的、非官方的现场调查，我的暂时性的研究发现是，"社交学习"的优点是否超越乏味的、传统的阅读与思考方式，仍然没有得到证实，但"安静区"的价值却是已被确认的。

我想知道，这是不是就是乔治这位口吃者能够获得浪漫光环——走向了好莱坞电影中的结局的原因：其他形式的拙于辞令永远都不会被挖掘出来。最近有一部纪实电视剧，讲的是约克郡（Yorkshire）一所学校里的一个严重口吃的、内向的男孩，被教会如何在英语口试中大声朗读的故事，他的老师使用了罗格在《国王的演讲》中的方法——罗格让公爵戴上耳机，听着留声机里传来的音乐来背诵《哈姆雷特》。那是个令人记忆深刻而又让人感动的电视剧，被重放多次，引发热议。但是，我想弄明白的是：是否口吃者一旦具有正常的听力，就会让他们不愿说话或者表达不连贯。只有被悲惨地剥夺了说话能力的人才能得到我们自发的同情，因为能流畅表达是现代生活的必要条件。

哲学家约翰·杜伦·彼得斯（John Durham Peters）①在他的《向空而谈》一书中断言，我们生活在一个对话的理想当中，我们的信条是，人们可以通过更好的交流获取纯粹心灵上的交融，这不仅可能，而且是我们的期望。他把这种理想一直追溯到圣奥古斯丁（Saint Augustine）②，对于奥古斯丁来说，完美的交流典范是天使，“天使”（angel）一词源自希腊语的“angelos”，意思是“信使”。奥古斯丁说，天使可以迅速地、犹如心灵感应般地进行交流，根本没有距离障碍或语言瑕疵的问题。维多利亚时代的新媒体复兴了这种长期以来的、如天使般沟通的梦想。新的发明如电报和电话，被浪漫的光环笼罩，在公众头脑中，它们是与诸如感应术、传心术类似的时尚，与心理学领域发展出来的移情理想联系在一起，成为了“和别人完美沟通”这一梦想的一部分。

对于杜伦·彼得斯来说，这种对于完美交流的追寻是徒劳

① 约翰·杜伦·彼得斯（1958—），美国传播学教授，传播思想史研究的先驱。

② 圣奥古斯丁（354—430年），公认为古代基督教会最伟大的思想家，他的著名作品是《忏悔录》及《上帝之城》。

的，因为不是所有重要的事情都能用语言表达并且可以与别人分享的。他写道，很多在我们生命中意义重大的事都远非语言所能企及，比如“沉溺其中不愿醒来的美梦；孩子们独处时与他们想象中的朋友的交谈；当我们躺在枕头上，耳边响起的心跳声”等等。对话的理想不尊重别人的不可接近，是“对人类差异性的扼杀”。沟通的失败及其所带来的意识——我们永远不可能真正了解别人，教会了我们谦逊地去接受别人的不同，并允许“爆发出同情、慷慨和爱”。[①]

九

和杜伦·彼得斯一样，我发现自己也很难接受这种“交谈有益”的现代准则。这是一个被含糊信念所驱动的时代，人们认为直抒胸臆是消除焦虑和失望的最好办法，我想知道克制作为一门被人遗忘的艺术，还会不会被人提起。问题被分享后或许会减半，但它也会成为一个真正的问题，进入到一个具体的、公共的意义世界之中。有些事你想过要说，但又没有说，它会随着你的心境改变而被遗忘，就像磷火般转瞬即逝。但是一旦你把它说出来，并且还得到了别人的回应——安慰性的点头和应声，感觉好像是与你有了共鸣，那么想要把它再放回盒子里并抛之脑后就更难了。

在一种将交谈作为目的的文化中，危险在于我们大声地彼此吐露心曲，心里不停地琢磨我们表达得是否清楚，别人有没

---

① 约翰·杜伦·彼得斯:《向空而谈:“交流”观念的历史》，伊利诺伊州芝加哥：芝加哥大学出版社，1999 年版，第 171、21 页。

有真正在听。在一次讨论课上，我发现一个学生做了个非常优美的姿势，将双臂伸开成九十度，慢慢张开拳头，向上凝望，好似放飞了一个氢气球，目送它消失在空中。我问学生这是什么意思，原来这是一种青年文化基因，意思是“尴尬的气球”，释放它就表示一种让人不安的沉默过去了。我不清楚这个姿势意味着加重还是驱散尴尬，但是意思是一样的：沉默是令人尴尬的，应该避免它。我没有告诉这个学生（因为我生来笨嘴拙舌，总是事后才能想出答案），有时候，小小的一点尴尬的沉默是有好处的。在一个到处喋喋不休的世界里，这样的令人不安的中断也许会激发人去思考，我们到底能够真正了解彼此多少。

“没人理解我”，害羞者常常这样呼喊，哪怕是在他们自己的大脑里，他们也觉得很少能吸引倾听者。但是，害羞者和口吃者却比绝大多数人都更能明白一个道理：没有人能真正理解别人。他们对语言的限制有一种有益的意识，这使得他们不会困惑于一种傲慢的妄想——我们一定能使自己被真正地理解。言谈是一种特别复杂的人类技巧，它需要头脑、呼吸、舌头和牙齿协调工作，才能将不成形的思维活动转换成连贯的语言。这样一种苛刻的把戏从来都不能完美实现。嘴笨的人知道语言是一种进化中的权宜之物，旨在迅速跨越那伫立在我们之间的、本不可逾越的精神分歧。在这个意义上，我们都是笨嘴拙舌的，只是有一些人更严重罢了。

我经常被告知：我是个好的倾听者，但是我倾向于认为，人类关于倾听的标准实在是太低了，特别是在我自己所处的这个大体上和善、却又充满了长篇大论的学术圈中，要获得“好的倾听者”的赞誉，只需要当你的交谈对象滔滔不绝时，你偶尔抬抬眉毛，发出点不置可否的嘟哝声就行。当我一本正经地点头，脑子里却又一次在想如何将自己从别人的独角戏中解脱出来的时候，马林诺夫斯基的话就会浮现在我的脑海中："听众在听的时候，带着些克制，还有些轻微的、含蓄的不耐烦……在这种谈话中，听者和说者之间建立的联系是十分不对称的，在语言表现方面积极的人往往能获得更多的社交愉悦和自我提升。"①

在任何令人不快的、我们却又无力逃脱的状况中，都有一些东西是我们要坚持的。我怀疑支撑着很多人的害羞的，正是我们当中自以为是的一部分人，他们把许多社交谈话都当作是空洞的仪式，仅仅是为了填充尴尬的沉默而已。在我们看来，社交方面极具自信的人都不是在彼此倾听，而是玩着一场谈话捕捉游戏，言词的交换就好像皮球在空中飞来飞去一样。害羞者不只是不善于闲聊；我们从原则上就反对闲聊。我们觉得自己具有避免这种陈腐习性的特别天赋，西里尔·康奈利（Cyril Connolly）②将这种陈腐习性称为"自我浪费的仪式"，它发生在流利的谈话者聚集在一起之时，谈话者挥洒着他们的能量，将其变成了"空气中的噪音"。③

当然，我们是错的，或者说，我们至少是在寻求一个不可企及的真相。不是所有的谈话都意义重大或深远，因为我们的

---

① 布罗尼斯拉夫·马林诺夫斯基：《原始语言中的意义问题》，见 C. K. 奥格登、I. A. 理查兹编：《意义的意义》，伦敦：劳特利奇及基根·保罗出版社，1923 年版，第 314 页。

② 西里尔·康奈利（1903—1974 年），英国文学评论家和作家。

③ 西里尔·康奈利：《诺言的敌人》，伦敦：企鹅出版社，1961 年版，第 119 页。

内心世界总是比我们表达它们的能力要丰富得多，交谈只是通过语言创造共同点，语言这个共享的实体如同所有其他共享的实体一样，含糊不清，充满瑕疵。正如马林诺夫斯基在美拉尼西亚所发现的，有一些谈话徒具令人愉快的外表，而且也仅限于此。所有人，包括害羞者在内，或许也能在那些外表中找到意义和发现快乐——因为想要从其中寻找深度，就好像试图穿过一面镜子，进入一个并不存在的世界。

第 5 章
怯 场

德克·博加德（Dirk Bogarde）[①] 总是将他的害羞归因于一个重大时刻：当他 13 岁时，他有了一个弟弟。为了减轻这个"小意外"的降临带来的家庭负担，并且为了让在学校表现恶劣的小子懂点道理，博加德的父亲将他送到格拉斯哥附近的毕晓普布里格斯（Bishopbriggs），让他和姑姑、姑父住在一起。刚到新学校没几天，他那优雅的英语口音就触怒了他的同学们，他们把他的头塞到了马桶里。博加德一直宣称，在毕晓普布里格斯的那三年是他性格的形成期，让他将孤独作为他的自然状态接受下来了。他开始在自己周围筑起一堵高墙，他学习如何隐晦地去表达，偷偷地流泪，而脸上的肌肉却一动不动。他把自己比作寄居蟹，紧紧地包裹在他的壳里。"就像我在库克米尔港（Cuckmere Haven）的岩石潭里摸来摸去的那些快乐日子一样，我不会受到捕食者的威胁"，他写道，"所谓的'捕食

---

① 德克·博加德（1921—1999 年），英国一位极负盛名的演员，同时又是颇具才情的作家。他初期主要演轻喜剧，后以严肃的正剧展现了其演技，曾获得诸多电影奖项。

图 5－1　演员德克·博加德。在他性格的形成期，他是个受欺负的小男孩，孤独作为自然状态被他接受下来。他开始在自己周围筑起一堵高墙，学习如何隐晦地去表达，偷偷地流泪，而脸上的肌肉却一动不动。他把自己比作寄居蟹，紧紧地包裹在他的壳里。

当他成为演员后，他才认识到他的害羞已无法克服，但是为时已晚。“对于我的毛病来说，这个职业完全是个错误；因为害羞，我在走进人声嘈杂的房间、剧院或酒吧时，都会心生畏惧”。

者’，我的意思是每个我遇到的人。”①

当博加德成为演员时，他才认识到他的害羞已无法克服，但是为时已晚。“对于我的毛病来说，这个职业完全是个错误；因为害羞，我在走进人声嘈杂的房间、剧院或酒吧时，都会心生畏惧”。② 1955 年，他开始参与乌戈·贝蒂（Ugo Betti）③的轻喜剧《夏季时光》的巡回演出，此剧由年轻的皮特·霍尔（Peter Hall）④执导。他在热门影片《房间里的医生》中的领衔出演，让他一夜之间成为了深受女影迷喜爱的偶

① 约翰·科德斯特里姆:《德克·博加德: 授权版传记》，伦敦: 韦登菲尔德及尼科尔森出版社，2004 年版，第 65 页。

② 德克·博加德:《蛇爬梯子》，伦敦: 菲尼克斯出版社，2006 年版，第 94 页。

③ 乌戈·贝蒂（1892—1953 年）意大利文学家，被许多人认为是可与皮兰德娄相比肩的伟大剧作家，其创作的剧本在西欧各国广泛上演。

④ 皮特·霍尔（1930—），英国戏剧界重要人物，以上演莎士比亚戏剧而成名，长期担任伦敦国家剧院经理和导演。

像，他在戏剧中的每一次出场和退场都会引起年轻女影迷的尖叫欢呼。他必须得穿上带有侧拉链的特制裤子，因为如果这些女影迷靠近他的话，她们会拉开他的拉链。但是，所有这些对他的业已形成的、令人窒息的怯场心理都于事无补。

11 月时，《夏季时光》在沙夫茨伯里大街（Shaftesbury Avenue）上的阿波罗（Apollo）剧场开演。这是《愤然回顾》改变战后戏剧风貌的前一年，这条大街仍然主导着英国的剧院，它的首夜演出是各种晚礼服、毛皮和头饰争奇斗艳的场合。伦敦西区（West End）的剧场对从广袤的阿罕布拉斯（Alhambras）地方上来的演员来说，是一个令人却步的所在。他们被观众席的近距离程度给吓住了，观众们离舞台那么近，你甚至在黑暗中也能看清他们的脸。每晚在幕布开启前，博加德都要在化妆室的水桶里大吐特吐一番。

“你绝对不会像我现在似的，吓成这样还能活着，”他对一位记者说，“这就像死亡、行刑和其他任何一件我曾经遇到过的事情……恐惧在你的脑子中、灵魂中触发了无数细碎的事情，它们像潮水般涌入，作为恐惧之毒的一种解药。”① 博加德参加过盟军登陆日的战争，在诺曼底战役中服过役，亲眼目睹了法国被炸弹袭击后的血腥后果，解放了贝尔根—贝尔森集中营（Bergen–Belsen）。他已经经历了那么多种的恐惧，对一个获奖演员来说，驱除怯场心理按说并不是什么难事。但是，在西区剧场演出了三周之后，他还是病倒了，只好找别的演员替换了他。

---

① 谢里丹·莫利：《德克·博加德：局外人》，伦敦：布鲁姆斯伯里出版社，1996 年版，第 68 页。

与此同时，在西区剑桥剧院（Cambridge Theatre）的另一出轻喜剧——威廉·道格拉斯－休姆（William Douglas-Home）[①]的《不情愿的名媛》的演出中，17岁的安娜·梅西（Anna Massey）[②]的处女秀却博得了满堂彩。梅西也深受怯场的困扰，甚至严重到手部开始脱皮。当她站在《不情愿的名媛》的舞台上时也于事无补，她是现实版的不情愿的“名媛”，是行将没落的传统的一部分：年轻女性需要当堂向女王行屈膝礼，她们的社交季就是穿行于各种舞会和晚宴之间。如同一朵多年生的“壁花”，她在这些场景中也深受怯场之苦。有一次，她参加由阿盖尔公爵夫人（Duchess of Argyll）[③]举办的晚会，虽然她提前一个小时就坐在前门附近等待着被邀请，但随着其他更漂亮的姑娘们纷纷被拥入舞池，她还坐在一边，那种感觉太屈辱了。[④]

尽管《不情愿的名媛》取得了巨大的成功，连续两年在西区上演，并转战至百老汇，她表演的生气勃勃的、天真无邪的少女形象也广受赞誉，但这些都无助于提升她的自信心。她尝试了所有的治疗方法，从β－受体阻滞药到催眠术，但都收效甚微，她将自己的头发早年变白也归因于怯场。只有一件事情似乎有点帮助：关掉更衣室的广播，将观众席上满怀期待的嗡嗡声拒之耳后。

---

① 威廉·道格拉斯－休姆（1912—1992年），英国剧作家和政治家。

② 安娜·梅西（1937—2011年），英国女演员，1987英国电影学院奖最佳女主角。

③ 阿盖尔公爵是苏格兰地区最有声望和权势的贵族之一。

④ 安娜·梅西：《告诉你一些故事》，伦敦：哈钦森出版社，2006年版，第53页。

博加德将他的怯场作为他入错行的证据，这是大错特错的。怯场远非害羞者的专利，它是人人都有的一种害羞表现，是自我意识的一种常见性“感冒”。最自信的人也可能会突然崩盘。劳伦斯·奥利弗（Laurence Olivier）①57 岁时，在国家剧院出演《建筑师》，遇到了首次打击。因为感觉自己会忘词，他喉咙发紧，牙关紧咬，观众在他的眼中旋转。不久之后，在扮演奥赛罗时，他害怕一个人站在舞台上，他独白时，就央求饰演埃古（Iago）的弗兰克·芬莱（Frank Finlay）②待在舞台一侧。奥利弗的怯场像一种罕见的、无法解释的病毒一般折磨着他。他历来性格外向，魅力非凡，在以前的任何经验中，他都找不到类似的感觉，无论是在台上还是在台下。为了摆脱这种恐惧，他用了整整五年的时间。相比于梅西尽力忘掉观众的做法，奥利弗倒是觉得演出之前透过幕布去偷看台下，诅咒这些“混蛋们”都各就其位的方法颇为有效，通过制造这种愤怒来压制他的紧张。③

博加德选择了一种更为根本的解决方法。重新登台后，在演出让·阿努伊（Jean Anouilh）的《杰泽贝尔》（Jezebel）时，他被诊断出患有胸膜炎和双侧肺炎，几乎要死掉，为了避免更大的损失，他决定永远离开剧场。70 年代末，他退休后便住在位于普罗旺斯（Provence）的克莱蒙（Clermont）的农

---

① 劳伦斯·奥利弗（1907—1989年），英国20世纪最伟大的演员之一。他20 岁时就已经登台，很早就获得了巨大的声誉。

② 弗兰克·芬利（1926—2016年），他饰演的伊阿古很成功，在电影《奥赛罗》中的表演曾经获得奥斯卡奖提名。他比劳伦斯·奥利弗小约 20 岁。

③ 劳伦斯·奥利弗：《一个演员的自白：自传》，纽约：西蒙及舒斯特出版社，1985 年版，第 218 页。

庄里，抱着对演员这个职业的爱恨交加的感情，他开始将自己定位为一个作家而非演员。从这时起，他用他的老式阿德勒（Adler）牌打字机给几百位朋友写去了冗长的、闲谈式的书信。在这些鱼雁传书的友谊中，他深藏不露的、对被注意和被需要的渴望终于暴露了出来。正如他的通信者之一的佩内洛普·莫蒂默（Penelope Mortimer）[①]在一封信中对他所说的，他是“一个对长距离和远方的挚爱抱有强烈信仰的人”。[②]

1983 年，博加德本来预计回英国参演一部电视剧——改编自阿诺德·贝涅特（Arnold Bennett）[③]的《活埋》，故事讲的是一位著名画家普里阿姆·法罗尔（Priam Farll）由于害羞，在他的贴身男仆亨利·里克（Henry Leek）死后，冒用了后者的身份。当里克以法罗尔的名义葬于威斯敏斯特教堂（Westminster Abbey）时，法罗尔则藏身于帕特尼（Putney）街过上了里克的阴暗生活。博加德是这部戏的不二人选，但是他退出了，整个计划也由此搁浅。他到底都没能克服他的怯场。

一

尽管古代的雅典人了解怯场的一切情形，但“怯场”（stage fright）这个说法本身却是维多利亚时代晚期的发明。在此之

---

① 佩内洛普·莫蒂默（1918—1999 年），英语记者、传记作家和小说家。其小说关注英国社会中产阶级的生活。

② 约翰·科德斯特里姆:《前言》，见约翰·科德斯特里姆编:《永远的德克: 博加德书信集》，伦敦: 韦登菲尔德及尼科尔森出版社，2008 年版，第 8 页。

③ 阿诺德·贝涅特（1867—1931 年），英国杰出的作家，也活跃在其他领域如新闻、电影等，受福楼拜与巴尔扎克影响很深。他的作品主要描写其故乡的生活。他是构成英国小说与欧洲现实主义主流之间的重要纽带。

前的一个半世纪中，出现了一系列的剧场惯例，为了追求戏剧和舞台感觉，它们在观众和表演者之间营造了一种更大的隔离感，从而让观众产生更大的、潜在的渴望。例如，只是在 18 世纪中期，大卫 · 盖瑞克（David Garrick）① 在特鲁里街（Drury Lane）皇家剧院任职时，才训练观众在演出过程中停止交谈，不向舞台上投掷水果，禁止他们坐在舞台上，观众们才开始在充满敬意的静默中观看戏剧。也正是在这个时代，那个前插的、将演员陷入到观众之中的舞台前台，才开始后退，直到主要表演区域退到了舞台口的拱形屏障之后。②

改良后的灯光更进一步加大了观众和演员间的鸿沟。19 世纪初期，煤气灯的出现使观众席的灯光能一下子熄灭而不需要借助烛花剪，尽管这并不是全场断电，因为指示灯还在亮着。到了 1820 年代，绝大多数伦敦的剧院都有了石灰光灯，将生石灰在氢氧焰里燃烧，可以产生炽热的白色光束，用来照亮明星演员。然后，到了 1881 年，理查德 · 多伊利 · 卡特（Richard D’Oyly Carte）在他的新的萨沃伊剧院（Savoy Theatre）③ 安装了电灯，其他剧院随即纷纷效仿。此时，观众席可以陷入完全的黑暗，由于聚光灯可以产生更窄小的、更强烈的光束，与周围的阴影隔离，使得舞台灯光更具穿透性。在这种灯光下，演员的那种英雄的孤独感被强化了，怯场

---

① 大卫 · 盖瑞克（1717—1779 年），英国演员、剧作家，同时，他作为剧院的经理人，改革舞台种种陋习，经营的剧院极为成功，影响了整个 18 世纪的戏剧舞台。

② 参见尼克拉斯 · 里杜特：《怯场，动物及其他剧场问题》，剑桥：剑桥大学出版社，2006 年版，第 48~50 页。

③ 萨沃伊剧院，在 1881 年开幕首演，是世界上第一个完全使用电力照明的剧院。

（lampenfieber）的潜在可能性也加大了，德语“lampenfieber”是德国人对“怯场”的富有启发性的说法。

当现代剧院筑造出这些物质与精神的分界时，音乐也形成了自身的、同样可怕的表演惯例。“观众们给我一种压迫感，”1835 年，年轻的弗雷德里克·肖邦（Frédéric Chopin）对弗朗兹·李斯特（Franz Liszt）① 说，“他们的呼吸让我窒息，他们好奇的窥视弄得我头脑发蒙，所有陌生的脸让我目瞪口呆。” ② 正是李斯特在 1839 年发明了“独奏”的形式，大大增加了这种焦虑的可能性。钢琴家从舞台侧翼大步上台坐上琴凳，演奏整个晚上，由于是侧位坐法，观众能同时看到他精彩的指法和脸。

1828 年，克拉拉·舒曼（Clara Schumann）③ 作为钢琴神童开始她的无谱演奏，但李斯特将记谱变成了一种剧场表演，好像曲子是艺术大师的自发创造一样。他就像一位摇滚明星，有时会把谱子连同他的手套一起掷给观众。很多人认为记谱演奏是狂傲自大，不尊重作曲家的表现。1861 年，在伦敦演奏贝多芬的奏鸣曲时，钢琴家查尔斯·哈勒（Charles Hallé）④ 因靠记忆演奏受到批评，不得不恢复（或假装）使用曲谱。尽管到了 19 世纪末，无谱演奏已成为不成文的和让人头疼的惯例。

---

① 弗朗兹·李斯特（1811—1886年），19世纪奥匈帝国伟大的音乐家、作曲家、钢琴家。

② 波莉·莫兰:《为胆怯心灵而设的社会: 或者如何勇敢起来》，伦敦: 轮廓出版社，2013 年版，第 131 页。

③ 克拉拉·舒曼（1819—1896年），罗伯特·舒曼的妻子，德国音乐家和作曲家，被认为是那个时代最杰出的钢琴家之一。

④ 钢琴家查尔斯·哈勒（1819—1895 年），钢琴家、指挥家，生于德国，后定居英国。

与此同时，社会学作为新兴学科，把在公共场合展示自己的恐惧确定为现代都市生活的一种普遍特征。在写于 1903 年的文章《大都市与精神生活》中，齐奥尔格·西美尔（Georg Simmel）①认为，我们与陌生人共享着都市空间，都市将令人生畏的匿名性与和陌生人的强制性接近结合到了一起。在电车、公交车及地铁中，人们两眼无神地对视，不发一言。被自己的同胞审视并加以无言的评价，是现代都市人不可避免的命运，他们发展出了一种作为防御机制的“漠不关心的态度”。在都市居民之中，有一道矜持的内心边界，它是如此强大，以至于经过好多年，他们还常常不能从外貌上认出自己的邻居；它也让生活在小镇上的人们将都市居民当作冷漠者和不友善者而摈弃在外。但是，西美尔认为，如果没有这种矜持，在现代都市这座永恒的舞台上培养出来的都市人，将会“内心完全地原子化，达到一种难以想象的精神状态。”②

另一种新兴的研究领域——精神分析学，将害怕在公共场合抛头露面看作是现代社会生活中最普遍的羞耻形式之一。在《梦的解析》（1900）中，西格蒙德·弗洛伊德（Sigmund Freud）确认了一种常见的尴尬梦境，它总是以同一种形式出现：做梦者在公共场合一丝不挂，在人们的冷漠的围观下，无法动弹，逃离不出这令人痛苦的困境。这种裸体的尴尬会因置身于一群匿名者面前而更加恶化，这些人不会为某人的裸体所

① 齐奥尔格·西美尔（1858—1918 年），德国社会学家、哲学家。新康德主义的主要人物。

② 齐奥尔格·西美尔：《大都市与精神生活》，见理查德·森尼特编：《都市文化研究经典文集》，新泽西州恩格尔伍德·克利夫斯：普伦蒂斯 – 霍尔出版社，1969 年版，第 51、53 页。

震惊，他们根本不在乎。[①]

起初，精神病学对于害羞的研究倾向于将它与怯场混为一谈。巴黎的精神病医生保罗·哈登伯格（Paul Hartenberg）在他 1901 年的著作《害羞与胆怯》中写道，对于一个年轻人来说，“出席沙龙绝对是件大事”，因为“他非常害怕他的服饰打扮不是绝对的无可挑剔”。[②]1903 年，他的法国同事皮埃尔·热奈特（Pierre Janet）[③] 命名了一种状况——“社交恐惧症”，指的是在从事一些日常事务如写作、交谈或弹钢琴时，害怕被人看到。热奈特的一位病人是个 52 岁的男人，害怕穿过巴黎广场。他还没走到跟前就开始颤抖，不能呼吸，脑子里有个声音一直在告诉他：“你要死了。”[④]

怯场是身体疾病，也是心理疾病。1907 年，美国精神病医生约西亚·莫斯（Josiah Morse）列举了怯场的身体症状：腹部收缩、心悸、冒冷汗、发抖、发冷、反胃以及偶尔的呕吐等。对于患者来说，怯场就像是一个自发的、无法停止的情绪反应，“像从高处和悬崖看下去时所产生的眩晕感”。还有一些患者将它和晕船相提并论。在极端的情形中，副交感神经系统停止代谢，胃部活动加快，真正的怯场者会出现括约肌的松驰，这大概就是短语“没胆量”的来源吧。莫斯认为，怯场是

---

① 西格蒙德·弗洛伊德：《梦的解析》，詹姆斯·斯特雷奇译，伦敦：企鹅出版社，1976 年版，第 340~341 页。

② 爱德华·肖特：《精神病学历史辞典》，牛津：牛津大学出版社，2005 年版，第 30 页。

③ 皮埃尔·热奈特（1859—1947 年），法国心理学家、哲学家，被认为是心理学最重要的奠基人之一。

④ 爱德华·肖特：《人们是如何变得沮丧的：精神崩溃的出现与消失》，牛津：牛津大学出版社，2013 年版，第 68 页。

羞怯的一部分，后者更为普遍，它表现为“不同程度的愚蠢或精神混乱”和“感觉紊乱或恍惚”。莫斯提出，怯场与羞怯唯一真正的区别在于，“怯场没有羞耻的成分，因为它没有表现出脸红。仅在一个人面前脸红的人，从来不会在一千人面前脸红”。①

小提琴家尤金·格伦伯格（Eugene Gruenberg）对怯场这一现象非常熟悉，因为他和莱比锡剧院管弦乐团及波士顿交响管弦乐团合作演出，这两个乐团的观众都是出了名的挑剔。1919年，他写了一篇关于怯场的文章，文中认为，现代剧场和演奏厅的建筑结构是罪魁祸首，它使得表演者偷偷地躲进演员休息室里，“像一个等待斩首的犯人”。但是，他同时也认为，每个人都会感染到这种“怯场杆菌”：手术前的外科医生，进入舞场的年轻女子，提供服务的侍者等等。② 对格伦伯格来说，剧院或演奏大厅里的怯场只不过是现代生活戏剧性的一种严重情况，这种戏剧性迫使我们成为生活的演员，不得不与素不相识而经常充满敌意的他人接触。

二

如果你有强烈的欲望成为演奏会上的钢琴家，却又深受怯场的折磨，那该怎么办呢？出人意料的是，这种情况相当普遍。1905年，一名15岁的英国女孩阿加莎·米勒（Agatha

① 约西亚·莫斯：《恐惧的心理学和神经学分析》，马萨诸塞州伍斯特：克拉克大学出版社，1907年版，第91、85、92页。

② 尤金·格伦伯格：《怯场》，载《音乐季刊》，1919年第5卷第2期，第226、221页。

图 5-2 还是小女孩儿时的阿加莎·克里斯蒂。为需要在大庭广众面前进行毕业钢琴演出而饱受心理折磨。由于过度害羞，她最终没能成为一名钢琴“爱乐女”，却在侦探小说领域找到了泼洒才华的领地。

Miller）① 上了巴黎的一所寄宿学校，学习钢琴。由于预定要在期末音乐会上表演，她恐惧得不得了，被焦虑的梦境所困扰，在梦里，她要么迟到了，钢琴的琴键又粘在一起，要么就是钢琴变成了她不会弹奏的教堂管风琴。最终她病倒了，以至于被取消了表演资格。甚至当她被允许当众表演时，她的神经紧张仍然会挫败她。②

在阿加莎这一代人中，像阿加莎这样出身的年轻女孩们必须不断地、完美无瑕地去扮演优雅的社会角色。这让许多女孩感到筋疲力尽，她们不得不在下午抽出几个小时稍事休息。阿加莎由于太害羞，所以这样的角色扮演对她来说格外累人。在她初涉社交界时，她妈妈带她去了开罗。一次跳完舞后，一名军官将她还给她的妈妈，并告诉这位母亲她女儿的舞跳得不错，但是“你最好现在就试着

---

① 阿加莎·米勒，即阿加莎·克里斯蒂（1890—1976年），英国最负盛名的侦探小说作家和剧作家。她是世界上最畅销的作家，一生创作了几十部侦探小说，被译成至少103种语言，售出约20亿册，其数量仅次于莎士比亚著作和圣经。她的“捕鼠器”系列剧已经上演几十年，成为世界上最长的舞台剧演出。

② 珍妮特·摩根:《阿加莎·克里斯蒂：传记》，伦敦：柯林斯出版社，1984年版，第27页。

教教她该怎么谈话”。[1] 阿加莎发现，与别人交谈时，她几乎无法继续，害怕说得干巴巴的，就像演员忘词一样。她对烟酒都不感兴趣，而这些东西正是那个时代假装镇定的非常普遍的道具。在鸡尾酒会上，她总是非常嫉妒那些在交谈时可以漫不经心地弹掉烟灰的女人们，同时自己东张西望着，想找个地方把她满杯的葡萄酒隐藏起来。

根据欧文·戈夫曼的说法，永无止境的表演即社交生活只会在极端危机中才会崩溃。在这个关键时刻，他写道，“慌乱的个体放弃了对不安的隐藏或压抑”。他会号啕大哭，恣意大笑，晕厥，逃离现场或呆若木鸡。一旦破釜沉舟，“对他来说就很难恢复沉着。他完全适应了新的节奏”。[2] 这正是 1926 年 12 月一个星期五的深夜发生在阿加莎身上的情形，那天她遭受了严重怯场的困扰，给她一辈子都留下了阴影。她的小说《谋杀罗杰·艾克洛德》(*The Murder of Roger Ackroyd*) 在那一年早些时候出版，让她以婚后名字阿加莎·克里斯蒂 (Agatha Christie) 而声名鹊起。但是，她仍然为她母亲的离世而悲痛不已，她丈夫又刚刚承认有了外遇。她从位于萨里 (Surrey) 的家中收拾了一个皮箱，驾驶着她用版税购置的双座莫里斯 (Morris) 汽车，消逝在夜色里。次日凌晨，这辆车被发现抛弃在吉尔福德 (Guildford) 附近。她乘火车去了哈罗盖特 (Harrogate)，用化名入住了温泉宾馆。

克里斯蒂选择如此戏剧性地从世界消失，却只是成功地引

① 珍妮特·摩根:《阿加莎·克里斯蒂：传记》，伦敦：柯林斯出版社，1984 年版，第 42 页。

② 欧文·戈夫曼:《互动仪式：关于面对面行为的论文集》，伦敦：企鹅出版社，1972 年版，第 103 页。

MRS. CHRISTIE FOUND AT HARROGATE

Dramatic Re-union With Husband in Famous Hydro.

"HER MEMORY GONE"

How Missing Novelist Spent Time While Police and Public Looked for Her

Mrs. Christie, the missing inventor of detective stories, was traced last night to the Hydro, Harrogate, by her husband, Colonel Christie.

In an interview after a dramatic meeting between the pair, Colonel Christie told the DAILY HERALD that his wife had suffered from the "most complete loss of memory." She did not even recognise him, he added.

Mrs. Christie

"She does not know why she is here."
—Col. Christie

Col. Christie

图5–3　“找到克里斯蒂了！”——关于阿加莎·克里斯蒂那次著名的失踪事件（公众怀疑她被谋杀），当时报纸上的即时报道。

起了世界的注意。她那被丢弃的车成了个旅游热点，周围停满了卖冰淇淋的货车。警察在附近的水域进行打捞，动用警犬四处搜索英国北部丘陵地带。当她最终被温泉宾馆的军乐队成员认出时，媒体从怀疑她丈夫是杀人犯转而指责克里斯蒂自我炒作。事实上，她非常害怕暴露于聚光灯之下。她在回忆录中简短地提及了此事，她感觉就“像一只被追捕的狐狸，栖身之处被挖了个底朝天，到处都是追踪着我的狂叫着的猎狗。”① 她的传记作者劳拉·汤普森（Laura Thompson）指出她对宣传的抵触就是从这时开始的，同时试图驳斥那种认为她玩消失是精明的职业炒作的想法。②

克里斯蒂在嫁给了考古学家马克斯·迈乐温（Max Mallowan）之后，第二次婚姻生活倒是十分幸福，她的害羞也有所缓解，但是，甚至他也注意到了克里斯蒂心中有“一层固有的盔甲，任何

① 阿加莎·克里斯蒂：《自传》，伦敦：哈珀·柯林斯出版社，2011年版，第353页。

② 劳拉·汤普森：《阿加莎·克里斯蒂：一个谜一般的英国人》，伦敦：海德赖恩出版社，2007年版，第364页。

窥视的企图都会如强弩之末一样无力”。[1] 1930 年代，当她陪伴迈乐温在叙利亚和伊拉克从事考古挖掘时，她赞扬自己战胜了自己的虚弱，直到遇见她丈夫的一位颇为唐突的男同事，她写道，她再一次“彻底成为害羞的傻瓜。”[2]

克里斯蒂以她出书的流畅和多产，来充分补偿自己天生的拙于辞令，她不是第一个，也不是最后一个这样的作家。但是，她在创造完全迥异于她性格的小说主人公方面，却的确是独树一帜的。她构思了超级自信的大侦探波洛（Poirot）——一位失意的演员，将逮捕罪犯当成展示其卓越才智的机会；也正是这个女人，接替了多萝西·塞耶斯（Dorothy L. Sayers）[3] 成为侦探俱乐部的女主席，她的条件是，她永远不需要发表演讲。“如果你背负着双重的负担，第一个是严重的害羞，第二个是只有当事情发生了 24 小时之后，你才能明白当时怎么做和怎么说是正确的，你会怎么办呢？”她在《每日邮报》上写道，“只有写一些关于机智灵敏的男人和足智多谋的女孩的故事，他们反应神速。”[4] 克里斯蒂在日记里吐露了心声，她觉得波洛是“一个自私自利的谄媚者”。[5]

---

① 马克斯·迈乐温:《迈乐温回忆录》，伦敦：柯林斯出版社，1977 年版，第 195 页。

② 阿加莎·克里斯蒂:《来吧，告诉我你是怎么生活的：考古回忆录》，伦敦：哈珀·柯林斯出版社，1999 年版，第 33 页。

③ 多萝西·塞耶斯（1893—1957 年），英国文学家。她多才多艺，在小说、诗歌、戏剧等领域都有造诣，但最广为人知的是她的侦探小说。

④ 阿加莎·克里斯蒂:《赫尔克里·波洛——小说中最伟大的侦探》，《每日邮报》，1938 年 1 月 15 日。

⑤ 约翰·格罗斯编:《新牛津丛书之文学轶事卷》，牛津：牛津大学出版社，2006 年版，第 267 页。

考虑到她的怯场，克里斯蒂战后转而为沙夫茨伯里大街上的剧院写剧本就显得颇为奇怪，在首演之夜，她常常出现她所称之为的“害羞的昏厥”，都是她那热情洋溢的制作人彼得·桑德斯（Peter Saunders）[①]照顾着她渡过难关。[②]1958年4月，当《捕鼠器》成为英国剧院里经久不衰的作品，上演了2239场时，桑德斯邀请了近一千人出席在萨沃伊酒店（Savoy Hotel）举办的庆功宴。孩提时代，自从克里斯蒂的祖母带她观看了在萨沃伊演出的吉尔伯特（Gillbert）和苏利文（Sullivan）的轻歌剧之后，她就将萨沃伊看作是魅力的精华。波洛和他的密友黑斯廷斯（Hastings）就经常在萨沃伊烧烤店吃饭，克里斯蒂还说她有一次看见一个男人在那里吃午餐，那便是波洛。这些情形联系在一起，只会使她对参加宴会更加紧张。“周日在‘该死的萨沃伊’见面，”她对她的经纪人这样写道。[③]

桑德斯要求克里斯蒂早一点到，这样就可以与生日蛋糕和剧组成员拍照了——对她来说，这又是一个折磨，因为她对镜头有一种病态的恐惧，还因为过胖而感到难为情。她穿着她最好的那件深绿色雪纺裙，戴着及肘的白手套，独自去赴宴；当她试图进入举行宴会的房间时，门卫由于不认识她，拒绝让她进去。史上最畅销作品的作者，被她的“悲惨的、可怕的、无法逃避的羞怯”弄得无所适从，只能乖乖地转身离去，后来只

---

① 彼得·桑德斯（1911—2003年），英国戏院经理，安排了阿加莎·克里斯蒂的“捕鼠器”侦探系列长达几十年的演出。

② 阿加莎·克里斯蒂:《前言》，载彼得·桑德斯:《〈捕鼠器〉的制作人》，伦敦：柯林斯出版社，1972年版，第9页。

③ 珍妮特·摩根:《阿加莎·克里斯蒂：传记》，伦敦：柯林斯出版社，1984年版，第310页。

能从休息室中被解救出来。“我仍然有一种挥之不去的感觉——我在假装是一位作家，”她为开脱自己而写道，“或许我有点像我的孙子，两岁的小马修（Mathew），一边下楼，一边自言自语地让自己安心，‘我是马修，我下楼了’。”①

克里斯蒂发现了一种回避她的怯场心理的办法。作为一位写作上的快手，为了赶上自己跃动的思维，她学会了盲打，但到她 60 岁出头时，她还是感觉整日坐在桌前太累了。另一方面，如果由她向某人口述，即使是面对她最信任的秘书夏洛特·费舍尔（Charlotte Fisher），她仍然会觉得难为情，从而会结结巴巴，失去节奏。因此，她成为了可携式磁带录音机这项新发明的早期使用者。

对害羞者来说，对着一个机器说话可能是尴尬的，因为有时候你按重放键时就会面临一种不安的感觉，那就是当听到自己声音时，那种似曾相识之感。你录下的声音就是别人听到的你说话时的声音，它是经由空气而不是经由你的头骨传播的，这就是它为什么听起来如此尖利和奇怪的原因。但是，一个呼呼作响并转动着的录音机至少是一位有礼貌的听众。它从不皱眉，也不交叉双臂，或者刁难演员。如果你没有头绪了，可以像克里斯蒂常做的那样按下暂停键，重新整理思绪。

几年前，克里斯蒂的孙子马修·普里查德（Mathew Prichard）——那个边下楼边自言自语的孩子，发现了一纸箱约 27 盘未标记的磁带，其中记录了时长 13 个小时的、克里斯蒂关于她的自传的思考。他担心他祖母的老式格伦迪希·梅默雷特（Grundig

① 阿加莎·克里斯蒂：《自传》，伦敦：柯林斯出版社，2011 年版，第 517 页。

Memorette）机器已经被电池漏出的酸液毁坏。但是，他的一位技师朋友居然把录音机摆弄好了，录音机里传出的克里斯蒂的声音又大又清晰，兴奋地讲述着她战前在中东的旅行。“我表现得一定像狗叼着骨头后退的样子，”克里斯蒂提到了她偷偷写作的习惯。“它们以一种诡秘的方式出现，大概半个小时之后你再也看不到它们了。它们回来时，鼻子上沾着泥巴，十分难为情。我想我一定也是这样的。”

当只有一台机器当她的听众时，克里斯蒂的声音听起来一点儿都不像个害羞者。它清晰，不疾不徐，带着些许的高贵，在发“R”音时卷舌，还津津有味地缩短了辅音，颇像玛格丽特·罗瑟福（Margaret Rutherford）①，在电影中扮演令人敬畏的马普尔小姐（Miss Marple）的那位。克里斯蒂唯一一次的神经性抽搐，是在句子中间的一次轻微咳嗽。她就如同一所老学校的女校长，用恰如其分的、既温和又坚定的语调对她的女学生们讲话。这种声音你再也听不到了，它是从英格兰最深处发出来的声音。

三

当阿加莎·克里斯蒂和她信赖的盘式录音机对话时，另一位失意的音乐会钢琴家也正在接受类似的怯场治疗法。作为他所处时代的最伟大的演奏家之一，加拿大人格伦·古尔德

① 玛格丽特·罗瑟福（1892—1972年），英国著名女演员，尤以扮演阿加莎·克里斯蒂电影中的马普尔小姐而为观众长久记忆。

图 5–4 天才的钢琴家格伦·古尔德。其现场演奏的生涯很短，32 岁就退出了舞台，回到录音棚这个安全的茧中。他的天才只有在录音棚里才能得到最完美的发挥，他演奏的巴赫的赋格曲，构成了“金唱片”的一部分——“金唱片”被装载于“旅行者”号太空探测器上，负荷着人类的希望，于 1977 年被发射进广袤的宇宙空间，寻求与外太空文明建立联系。

(Glenn Gould)[①] 觉得演奏大厅就是个马戏团，是“罗马竞技场经过舒适装修后的延伸”，观众们在潜意识里充满了嗜血欲，喜欢看到演奏者的失败。[②] 但是，他同时也希望取缔观众鼓掌这一环节，因为它会诱使钢琴家进入卖弄性的自由节奏和滑音弹奏。演奏会上，古尔德总是身穿不大合身的普通西装，而不像人们通常那样戴着考究的黑领结，他双手插兜，大步慢跑地登上舞台，演奏时常常腾出一只手来自我指挥，并且一直跟着音乐哼唱。这些明显是寻求关注的抽搐性动作，其真正的意义在于将他自己沉浸到音乐之中，而将观众拒之门外。他表演时，在很少的情形下会向观众席看去，他似乎立刻便被他所看到的人们惊呆了。

在他的同龄人中，古尔德面对观众时的焦虑和执拗并非孤

① 格伦·古尔德（1932—1982 年），加拿大钢琴家，以诠释巴赫音乐复调的能力而著称。他被广泛认为是 20 世纪最伟大的钢琴家之一，也是有名的怪人，常在演奏时戴着手套，疑病症极为严重，其表演生涯一直不快乐。1964 年后他告别了舞台，进入录音室。

② 凯文·巴沙那:《奇妙的怪人：格伦·古尔德的人生与艺术》，纽约：牛津大学出版社，2004 年版，第 179 页。

例。他同时代的很多钢琴家也不愿开演奏会，因为需要和怯场或害羞战斗，或受到某种神秘病痛的折磨。1964 年，才华横溢的 36 岁的美国钢琴家莱昂·弗莱舍（Leon Fleisher）[①] 的演艺生涯被一种奇怪的状况所中止，他的右手变成了爪子形状。在思考过自杀之后，他通过仅用左手弹奏所有曲目，开启了他事业的第二春。直到多年以后，他的病情才被诊断为神经障碍，医学上称为“肌张力障碍”，最终靠具有开创性意义的肉毒杆菌素治愈了。他担心他的病是由于终生追求完美引起的，这种追求给他带来了“极度的绝望，自怜自艾，郁郁不乐，还伴随着相当程度的狂喜”。[②] 另一位著名的美国钢琴家加里·格拉夫曼（Gary Graffman）[③] 也遭受着肌张力障碍和其他不由自主的抽搐及扭曲的困扰，他写道：“器乐演奏家的手部问题，某种程度上像一种社会疾病，是让人难以启齿的……承认这些困难，就好像血淋淋地跳进满是食人鱼的水域。”[④]

作为一个矮矮胖胖、精力充沛、弹琴就像着魔一般的人，约翰·奥格登（John Ogdon）[⑤] 生性害羞，害怕进演奏厅。他的朋友布莱恩·马斯特斯（Brian Masters）形容他是一个“步

① 莱昂·弗莱舍（1928—），美国钢琴家、指挥家。

② 林恩·沃克：《“我的生活破碎了……”》，载《星期日独立报》，2010年5月30日。

③ 加里·格拉夫曼（1928—），美国钢琴家、音乐教育家。他有许多著名的学生，其中一个就是郎朗。

④ 阿尔弗雷德·希克林：《病痛中止了演奏》，载《卫报》，2007年3月9日。

⑤ 约翰·奥格登（1937—1989年），英国钢琴家、作曲家。他创作力旺盛，包括4部歌剧及大量的歌曲、室内乐、钢琴曲等，后期被躁郁症等疾病折磨，最终因糖尿病去世。

履蹒跚的壳”，他与人交谈时，诀窍就是只点头和甜蜜地微笑。他抽烟很凶，但却很少吸进去，香烟对他来说主要是作为避开谈话的工具，他的声音——尽管他用到的情形很少，却是“有力的和温柔的”。[①] 1973年，也许是因为一年要开200场世界巡回演奏会的压力，他得了狂躁抑郁症，变得易怒并对他的妻子使用暴力，并试图自杀。他接受了电击治疗，这永久性地毁掉了他的演奏技艺。

图5–5 早逝的钢琴家约翰·奥格登。他生性害羞，作为钢琴家却害怕进演奏厅。他被朋友形容为一个“步履蹒跚的壳”。与人交谈时，他的诀窍就是只点头和微笑。他抽烟很凶，但却很少吸进去，香烟对他来说主要是作为避开谈话的工具。中年时他得了躁郁症并试图自杀。最终不得不接受了电击治疗，这永久性地毁掉了他的演奏技艺。

相比这一串病痛和失败者的名单，古尔德沾染了这些表演仪式的毒性，看上去就不那么奇怪了。1964年，古尔德自己从表演中隐退，当时他才32岁，他退回到录音棚这个安全的、无窗的茧中。他觉得麦克风传达的声音清晰而丰富，不是演奏大厅里钝化的音响效果所可比拟的，密纹唱片赋予了听众一种新的力量，将他们从以大协奏曲征服观众的浮夸和演奏名家时毫无意义的技巧卖弄中解放出来。

① 布莱恩·马斯特斯:《了解个人:一位传记作家的回忆录》，伦敦:康斯特布尔出版社，2002年版，第240、245页。

古尔德预言，在调音台出现后的新时代，去听音乐会将会“如同特里斯坦—达库尼亚群岛（Tristan da Cunha）的火山一样，有幸在21世纪归于沉寂”。[①] 事后来看，古尔德的怯场倒是让他变成了一位麦克卢汉式的（McLuhanite）[②]、带有福音传道性质的媒体未来学家。他开始了一种夜间生活方式：下午起床，社交生活仅限于与朋友们散漫的深夜电话交流，让朋友们长期苦不堪言——他认为过滤掉视觉干扰之后，才能拥有更令人满意的关系；然后开始工作，直到晨曦映照在他的录音机和剪接机上。

古尔德深受加拿大思想家让·勒莫因（Jean Le Moyne）的“机器的慈善”观念的影响。勒莫因认为，未来所有的机器包括收音机、电视机、汽车、火车会形成工作网络的一部分，这个工作网络将会是起到“第二自然”作用的单一有机体。[③] 当勒莫因的同时代人还在为异化、为机器的呆板非人性而担心时，他却相信它们能为集体人性的自我表达创造一个空间，而不必为自我中心和自我意识等声音所分心。他认为，人们并不接近彼此时，反而能展现出更好的人性。他关于一种融合了机器的网络的理论，今天被看作是对互联网的预言，尽管勒莫因自己可能也对人们在互联网中是否会展现出更好的人性这一问题纠结不已。

---

① 格伦·古尔德:《唱片的前景》，见蒂姆·佩奇编:《格伦·古尔德读本》，纽约：诺普夫出版社，1984年版，第332页。

② 麦克卢汉（1911—1980年），加拿大哲学家、公共知识分子。他对媒体理论做出了奠基性的研究，并在多年前就预测了万维网。

③ 格伦·古尔德:《鲁宾斯坦》，见蒂姆·佩奇编:《格伦·古尔德读本》，纽约：诺普夫出版社，1984年版，第289~290页。

古尔德从孩提时起就喜欢收音机，成年之后更是全天开着，连睡觉都不例外。“它总让我想起那些最早与晶体收音机寸步不离的人们，”他说，“他们真正承认的是……那从五个街区之外传入耳际的另一个人的声音，那种完全的神秘与挑战。”① 1965年，他为加拿大广播公司录制了他的首张广播纪录片《寻找佩图拉·克拉克》（*The Search for Petula Clark*）②。片子讲述了古尔德一边驾车行驶于安大略湖（Ontario）边漫长的17号高速公路上，一边在享受它超凡的无线接收效果时，发现了克拉克的音乐，通过这一棱镜，该节目歌颂了漫长的驾车旅行中移动中的孤独感，只有一部收音机作为你与其他人类的唯一联结纽带。

在距多伦多北部90英里的锡姆科湖（Lake Simcoe），古尔德有一所抵御严冬的小屋，当他还是小孩子时，他的家就拥有了那所房子。孩提时代，他骑车走遍了附近的农田，对着奶牛唱歌，并声称他再也没有遇到过如此投缘的听众。他热爱北部那无垠的荒野和枪灰色的天空，称之为“易卜生式的忧郁”。③ 周日下午，他驾车穿越雪野回多伦多，在路上总是听贝多芬，听收音机里的纽约交响乐团的演奏，相比于热烈得多的地中海风格，他更偏爱北欧作曲家——奥兰多·吉本斯（Orlando Gibbons）质朴美妙的复调，巴赫完美精致的数学，西贝柳斯（Sibelius）的交响诗。

① 凯文·巴沙那:《奇妙的怪人: 格伦·古尔德的人生与艺术》，纽约: 牛津大学出版社，2004年版，第284页。

② 佩图拉·克拉克（1932— ），英国歌星、演员、作曲家，其艺术生命力很长久，职业生涯跨越了多个时代，影响了几代人。

③ 杰弗里·佩赞特:《格伦·古尔德: 音乐与思想》，多伦多: 基·波特出版社，1992年版，第55页。

他继续就遥远的北部做了不少广播纪录片，北部对于加拿大人想象的吸引力，好似美国西部对美国人的吸引力一样。《北方的观念》（1967）围绕的是一次1015英里的旅程，他乘坐沼泽地快车（Muskeg Express）从温尼伯市（Winnipeg）到丘吉尔市（Churchill），后者位于北部亚寒带的马尼托巴省（Manitoba）。节目中混入了一些人们的谈话作为同期背景音乐，他将这种方式称为“对位法”，这是他在孤独的北部旅程中，在公路边的餐馆小憩时偷听到的别人的谈话，那种如同旋律般美妙的北方人的语言让他觉得如同仙乐一般。

古尔德很清楚，把北部作为一个遁世的地方，这是一个浪漫的错误。他的受访者——那些老手们，在谈到占加拿大三分之一的北部地区的生活时，常常说：那种环境的孤独感和严酷性，意味着人们更需要彼此接近和互相依靠。古尔德自己也不怎么喜欢严寒的气候，他知道在有客房服务的酒店套房中，你可以如同一个隐士般地轻松生活。但是，他对于极北地区的浪漫态度体现了他所珍视的两个理念：孤独是创造力的前提，最有价值的、最持久的交流方式发生在表面上的身体距离的阻隔上。

古尔德的害羞方式并不是明显令人不安的，比如说像约翰·奥格登那样；他那些常常被激怒的朋友和同事们更倾向于把他看成是神经质的、一根筋的或顽固不化的。但是，古尔德的确具有受正常社会准则和习俗阻碍而产生的典型的羞怯感，他不得不寻求与他人联系的其他方式——对他而言，是采用具有很大独创性的方式。他具有一种极为怪异的过度自信，这对害羞者来说是个折磨，因为害羞者想从社交生活的伪善和回避中逃脱出来，追求与其他人的更深入、更纯粹的联系。

考虑到古尔德对于现场表演的痛恨，以及他的信念——与他人保持距离有助于发挥创造性潜能，对他的事业来说，比较适合的是引起最具延搁性的、距离最远的观众的反应。他演奏的巴赫《十二平均律钢琴曲集》第二本中的 C 大调前奏曲和赋格曲的唱片，构成了“金唱片”的一部分，“金唱片”是一部混合了音乐、地球上的自然声响和对外星人的祝福的磁带，被装载于旅行者 1 号和 2 号探测器上，负荷着人类的希望于 1977 年被发射进广袤的宇宙太空。在这些宇宙飞船最后进入某个表面可住生命的星球的轨道之前，也就是说在接下来的至少 185000 年里，没有外星球的听众可能听到古尔德的钢琴演奏——即使假定他们通过唱片本身上铭刻的图画指令，能解决如何旋转唱片、将唱针放上刻槽的问题。

四

1967 或 1968 年的一个凌晨四点半，在位于英国阿登地区的坦沃思（Tanworth-in-Arden）的一个家庭的卧室里，另一个怯场者将自己的声音也交付给了磁带。不同于古尔德在夜间录音，这个声音从来没打算流芳百世，更不用说被送入太空了；它不是为别人特别制作的。但是它却流传了下来。这个声音的主人醉醺醺地从一个晚会上归来，对着铁磁示波式单声道录音机的麦克风开始说话。从 50 年代早期开始，当他的工程师父亲带回一架最新式的盘式录音机时，他的家庭就曾经将每个人的声音都录下来。“看着晨曦初露才上床睡觉，我觉得特别有意思。”这个带有浓厚中产阶级印记的声音说道，“我也许得闭嘴了，因为如果不这样，我很快就要开始讲述事物的生活史了，那可就太无聊了。”

我们的声音就是我们的身份标识，和指纹一样，带着与众不同的鲜明特征，焦虑总会反映到我们的声带中。一个发音就是一次呼出的气息，从肚子到嘴唇，我们身体的不同部分引发了一系列的空气振动，大胆而自信的声音往往与生命本身的气息产生共鸣。如果一个尖叫的宝宝声音能够传得很远，那我们就无需为他担心；因为他就是一个鲜活的生命，他尖叫是为了让别人听见。但是，害羞者及局促不安者的声音通常会隐没于单调的咕哝声中，不管他们喜欢还是不喜欢。阿加莎·克里斯蒂的声音也许在录音机里显示出一种新的信心，而从坦沃思的卧室里传出的则是典型的害羞的声音：无精打采，犹犹豫豫，每个短语后面都是降调。它泄露了人们熟知的那些坏习惯，比如轻浅和懒散的呼吸，因此从横膈膜发出的声音被堵住了，当害羞者对别人是否愿意听他们说话缺乏信心时，这种情形便发生了。这是唯一留存下来的尼克·德雷克（Nick Drake）[①] 的说话录音。

他的首张专辑《剩下的五片叶子》的封底照片，焦点对准的是德雷克本人，他斜靠在巴特西（Battersea）地区一家工厂的砖墙上，一个赶公交车的男人的模糊身影从他身边掠过。这个图像准确地捕捉到了德雷克通常散发出的气息：置身边缘，静立旁观。作家和音乐家布莱恩·库尔曼（Brian Cullman）回忆，他有一次和一群朋友去吃咖喱饭，直到付账的时候，他才发现德雷克也在那里，像个宴会上的幽灵。[②] 布莱恩·威尔斯

① 尼克·德雷克（1948—1974 年），英国创作歌手、音乐家，1974 年服用抗抑郁药过量逝世。他生前未成名，但现已获得广泛认可和高度评价。

② 布莱恩·库尔曼：《尼克·德雷克》，见詹森·克雷德编：《“粉红月亮”档案》，伦敦：选集出版社，2011 年版，第 48~49 页。

图5-6 尼克·德雷克。他是一名创作型歌手，极为害羞，1974年过量服用抗抑郁药而英年早逝。多年后，他重获关注，被给予极高的赞誉。这就是他那张著名专辑《剩下的五片叶子》的封底照片，焦点对准的是德雷克本人，他正斜靠在巴特西地区一家工厂的砖墙上。这个图像准确地捕捉到了德雷克通常散发出的气息：置身边缘，静立旁观。

（Brian Wells）与德雷克同一时期进入剑桥大学，他说每当他们在别人房间里听唱片、抽大麻时，德雷克经常会起身离开。这让他充满了神秘感，好像他过着不为人知的另一种生活，即使他很有可能只是回自己房间而已。威尔斯后来成为了一名精神病医生，他将德雷克的行为用专业术语描述为“防御型人格”——区分自己的生活，维护自己的边界，只按自己的主张选择朋友。①

当德雷克搬到伦敦制作唱片之后，他天生的内向性格才凝聚成了一些更黑暗的东西。过度吸食大麻的一个众所周知的副作用便是日渐害羞，因为毒品最初的解除抑制的作用会让位于焦虑和广场恐惧症。大麻所引起的梦幻般的、倦怠的朦胧感弥漫在德雷克的许多歌曲中，也造成了随之而来的感觉：旁观生活，太过羞怯而不敢加入。他的制作人乔·博伊德（Joe

① 尼克·德雷克：《暂时的记忆》，伦敦：约翰·穆雷出版社，2014年版，第368页。

Boyd）说，在这段时期里，德雷克接电话时都是用含含糊糊的“呃，你好？”，就好像他从来没有听到电话响过似的。[①] 他开始在城市的街道上游荡，最后来到朋友家中，默默地接过一张床垫过夜，第二天早上连声“再见”也不说便离开。

如果没有电麦克风，德雷克会怎么样呢？当电麦克风于20年代首次出现时，它使演唱者的风格更具个性，与观众的联系也更紧密。由于从呈现乐队的需要中解脱出来，演唱者听起来不再像一般的男高音或女高音，而可以用半音演唱，听起来更像他们自己。像德雷克这样的唱歌跟说话同一音量的演唱者，甚至发现麦克风改善了他们的音调，带来了裸耳听不到的和声效果。首批多轨磁带录音机于1960年代早期问世，这使得音调温柔的歌者在混音时，能将他们的声音调高，这样乐器的声音就不会将他们淹没了。

在离切尔西的国王路（King's Road）不远的音响技术工作室中——德雷克的专辑都是在此录制的，才华横溢的工程师约翰·伍德（John Wood）开发出多轨录音和用麦克风提高声音的技术，好像它们是另一个乐器，从而创造出一种清晰迷人的、听起来又不过分扩大的声线。在给德雷克尝试了几种麦克风之后，伍德选择了诺依曼（Neumann）U67，这可以使他紧贴麦克风，而不会发出嘴巴出气时的爆破声。德雷克带着呼吸声的、含糊不清的嗓音现在听来百转千回，优美动人。他的音域相对狭窄，最高音听起来柔和优美，略显平淡；低下去一些便更轻柔，最低音则听起来像是一种低吼。

---

① 乔·博伊德:《白色自行车：在1960年代制作音乐》，伦敦：蛇尾出版社，2006年版，第191页。

德雷克第一次搭便车去巴黎是在1965年夏天，当时他还是个学生，在接下来的几年里，他经常往返于这条路线上。1967年，他在普罗旺斯的艾克斯大学（University of Aix-en-Provence）学习法语和写歌。这时他沉迷于法国小调的传统，这种小调始于普罗旺斯的行吟诗人和北部的叙事诗人，成熟于巴黎的咖啡厅与夜店等休闲场所。法国小调对歌词的重视大于旋律，电麦克风一出现就成为了歌手发挥法语的韵律和变调的最好方式。法国小调运用嗓音和简单伴奏紧密结合的典型方式，因此每个音节都听得清清楚楚，就像歌手乔治斯·穆斯塔基（Georges Moustaki）所言，“歌手根本不需要超出你的心灵层面去唱歌”。①

德雷克的许多歌曲就像英国小调，以歌词和旋律共同营造出一连串生动的表述。它们没有传统歌曲中的合唱和八节过渡，只是由副歌连起来的一组松散的段落。他的声音在吉他的伴奏中渐行渐远，每个声线都紧随节拍，所以他的分节处理听起来显得虽然迟疑却又是自然的，好像是他正在对抗着自己的害羞，极力想表达什么。

尽管乍听起来德雷克像是敏感的创作型歌手，在歌曲中呈现自己的灵魂，但事实上他的歌曲是相当谨慎的。它们很可能取材于他的生活，带着一些暗示，比如错过的机会（《先说说这些事情中的一个吧》）、未实现的东西（《白日已逝》）、言语的不足（《时间告诉了我》）以及都市生活的孤独感（《城市的钟鸣》）。但是，它们绝大部分都避免使用第一人称，而代之以指称不确定的“你们”或“他们”。这是法国小调的典型表现形

① 《乔治斯·穆斯塔基》，载《每日邮报》，2013年5月26日。

式，采用不同的伪装来吐露心曲。乔治斯·布拉森斯（Georges Brassens）是战后著名的小调歌手，常常唱一些嘲笑资产阶级的歌曲，比如两性的征服、私通、性病，并配上些嘲讽警察、法官和牧师的花絮，德雷克一定在艾克斯听过他的演唱。但是，在表演歌曲时，德雷克是安静而又紧张的，抱着吉他坐在一张直背椅子上，手边只放着一支烟斗和一杯水。

弗朗索瓦·哈迪（Françoise Hardy）① 也是一位害羞的小调歌手，和她在一起时，德雷克感到非常亲切，她也深受怯场的困扰。1968 年 5 月，她在萨沃伊的一场演唱会进行到中间时，就像阿加莎·克里斯蒂被这个地方吓住了一样，哈迪也忘记了一首新歌的歌词。换作一位更自信的表演者的话，也许很快就将这件事置之脑后了，但哈迪却在那年稍后便告别了现场演出，并在之后的 40 年里都在做关于这次演出的恶梦。1970 年夏天，乔·博伊德安排德雷克去哈迪位于巴黎圣路易岛（Île St-Louis）的家中与其见面，自始至终，德雷克只是盯着他的茶，一言不发。尽管这个开头前景黯淡，但德雷克还是答应为哈迪写歌，并且在接下来的几年里他们还有过一些少言寡语的会面。有个关于他们的都市传奇说，德雷克有一次中途在巴黎停留，按了哈迪的门铃，发现她不在之后便离开了，连一张便条都没有留给她的女佣。既然这个故事唯一具有权威性的来源就是害羞的按门铃者本人，它或许从来就未发生过，但却流传开来，因为它听上去就像是尼克·德雷克会做出的事情。

---

① 弗朗索瓦·哈迪（1944—），法国女创作歌手。

五

换作今天，德雷克只需要在卧室里制作一个音乐片段发到 YouTube 的视频网站上，就可以为他吸引来大量的粉丝。但是在他的那个时代，对害羞的表演者来说，选择实在太少，特别是岛屿唱片公司（Island Records），也就是德雷克的东家，它的老板克里斯·布莱克威尔（Chris Blackwell）[①] 不愿意通过独立的市场运作部门来为音乐做广告宣传。英国电台播放的大部分是排行榜上的音乐，因此对于像德雷克这样的艺术家来说，现场表演是建立观众群体的唯一途径，这迫使他不得不去战胜他的怯场心理。

1969 年 9 月，在专辑《剩下的五片叶子》发行后的几周，为了给费尔波特协定（Fairport Convention）乐队助演，德雷克在皇家节日音乐厅（Royal Festival Hall）首次登上了大型演唱会的舞台。对于一个神经紧张、第一次进行重要现场演出的表演者来说，这个地方糟得不能再糟了。它那庞大的观众席就像个飞机库，3000 个座位一直延伸到前台，在表演者和观众之间没有任何将他们隔开的柱子。如果你是独唱，从侧翼到巨大的舞台中央看起来有很长的一段路要走。大厅是著名的“盒子里的鸡蛋”形的设计，弧形的观众席建在门厅之上，以支柱撑在上空，本意是在隔断外部的声音，但事实上却使得坐在后面和侧面的观众很难听到台上的表演声。德雷克那轻柔的声音几乎传不出去。他只带了一把吉他上台，由于每首歌都得专门

① 克里斯·布莱克威尔（1937—），英国音乐制作人，创建的岛屿唱片公司被称为“英国最大的独立名片之一”。

调音，他在歌与歌之间就需要相当长的间隔来调弄吉他的头部，这个时候他就完全忘记了观众的存在。他唯一与现场观众的互动就是在台上走来走去，稍稍将吉他向他们所在的方向挥舞。按照大卫·桑迪森（David Sandison）——岛屿唱片公司的新闻发言官的说法，德雷克可以做一个巡回乐队的设备管理员，负责调音。①

小型的演唱会情况更糟，因为德雷克那飘忽的声音完全敌不过叮当作响的碰杯声和酒吧里低声交谈的嗡嗡声。他也不够大胆，不敢让人们闭嘴。在这些场所中，音响设备总是很差，只有一个放大他声音的麦克风，还有一个麦克风对着他的吉他，没有监听系统可以让他听到自己的声音。麦克风将他的椅子的咯吱声和夹克扣子碰击吉他的声音都收了进去，他本人的声音却听起来沉闷而遥远；他将头偏转，离开麦克风，好像不想让人听到似的，但也无济于事。常常是唱到半途，他便不知所措，只好从头开始。

1969年底，当他在斯梅西克（Smethwick）为GKN公司（Guest，Keen and Nettlefolds Nuts and Bolts）的学徒年度舞蹈大会演出时，最悲惨的时刻降临了。当他开始演唱时，舞台前面只聚集了15个人，其他大部分观众都还在做饭后的清洁工作，在堆放椅子，为跳迪斯科腾地方。一个音乐家为大家演唱却没有人听，没有什么比这更孤独的了。德雷克的妹妹加布里埃尔（Gabrielle）后来说，他作为一位创作型艺术家，“脸皮太薄了”，因为“在你表演期间，有人走开去冲咖啡，你必须要能

① 帕翠克·汉弗莱斯:《尼克·德雷克：传记》，伦敦：布鲁姆斯伯里出版社，1998年版，第129页。

坦然面对”。[①]

但是，他应对别人的关注也不在行。如果有人称赞他的音乐，他会耸耸肩走开。当杰瑞·吉尔伯特（Jerry Gilbert）为《天籁》杂志采访他时，他只是搅动着茶，说了些奇怪的话，直到声音越来越小，陷入沉默。他很少向加布里埃尔提及，自己正在录制第一张专辑，直到 1969 年夏天的一天，他走进她的卧室，将一张黑胶唱片扔到她的床上说，“给你的”。[②] 这是一种典型的、适得其反的害羞行为：明明你在一些事情上花费了精力，希望能借此改变人们对你的看法，偏偏在宣布时采取一种不经意的姿态，让人觉得它对你来说并不重要。他在录制最后一张专辑《粉红月亮》时——其中只有他的歌声、吉他声和一架钢琴配乐，除了录音工程师约翰·伍德外，没有告诉任何人，然后就将母带放在一个塑料袋里递交给了岛屿唱片公司的前台。

那时候，德雷克已经搬回家与父母同住了。每天下午的某个时候，他都会一声不吭地离开房间，钻进车里，一溜烟地消失在夜色中，看起来像是一种仪式，给予他自我毁灭的解脱感。几个小时之后，由于无法买汽油，因为那意味着要与拿加油泵的服务员交谈，他的油箱往往会空空如也，然后他就从公共电话亭给父亲打电话，他父亲再耐心开车数英里去给他的车加油。1974 年 8 月 1 日，在德雷克服用过量抗抑郁药致死的三个月前，他的父亲在日记里记录了一件事，这可能是他人生转机的一个充满希望的信号：经过几次失败的尝试之后，他终于

---

① 彼德·帕菲德斯：《世界的陌路人》，载《观察家》，2004 年 4 月 25 日。

② 尼克·德雷克：《暂时的记忆》，伦敦：约翰·穆雷出版社，2014 年版，第 163 页。

可以在坦沃思的加油站给自己的车加满油了。[1]

处于今天这样一个自助式的、自动化的世界中，我们已经忘记了直到半个世纪之前，害羞者还无法摆脱与各种各样的服务生交谈的折磨：商店服务员、商场巡视员、门卫、加油站服务员等等。历史学家托马斯·卡莱尔（Thomas Carlyle）[2]只是想一想进商店这件事，就已经让他不开心了，据约西亚·莫斯的说法，“一想到要订制一套西装或买双手套，就让他痛不欲生”。[3]阿加莎·克里斯蒂十分害怕走下人行道步入商店，她担心服务员根本不明白她要什么。伊丽莎白·泰勒笔下的一个角色与克里斯蒂相似，在头脑中不断演练怎么跟商场服务员提出自己的要求，害怕服务员会听错，将“肥皂粉”（Rinso）拿成了“酱汁”（Bisto），为“怎么样才能显得足够随意”而担心不已。[4]

超市出现之后，引入了沉默地、匿名地浏览货架上商品的自由，使得上述的焦虑大大减轻，或至少被取代了。如今，害羞者可以在收银台自己扫描物品，更棒的是，他们可以通过网上购物，填满虚拟购物车，然后点击购买；滑动门和电梯使门卫与搬运工几乎绝迹；带有自动终止功能的锁定式喷嘴油泵已

---

① 尼克·德雷克：《暂时的记忆》，伦敦：约翰·穆雷出版社，2014年版，第353页。

② 托马斯·卡莱尔（1795—1881年），苏格兰历史学家、散文作家。他从小在严格的加尔文教派家庭中长大，却成为一位独立而敏感的理想主义者，著有《法国大革命》《论英雄、英雄崇拜和历史上的英雄业绩》。

③ 约西亚·莫斯：《恐惧的心理学和神经学分析》，马萨诸塞州伍斯特：克拉克大学出版社，1907年版，第89页。

④ 伊丽莎白·泰勒：《捉迷藏游戏》，伦敦：比拉哥出版社，2009年版，第32页。

经将所有加油站变成了孤独的自助服务的环岛。也许这正是德雷克所需要的，格伦·古尔德在这一点上是正确的：当机器的没有人情味的仁慈被用作为屏障和仲裁者时，我们就互相表现出更好的自我。或许这会如心理治疗师所说的那样，只“能够”给德雷克的害羞留出一个“维护周期”，让他得以隐退到更深的自我中去。

六

1970 年的一段时间，乔·博伊德想要撮合德雷克和他的合作伙伴——一位叫瓦什提·班扬（Vashti Bunyan）① 的年轻女人，建立起歌词创作的伙伴关系。“那个下午不是很有成就感。”她后来用温和的、英国式的低调语气说。② 她最后一次见到德雷克是在他们唱片公司的办公室里，当时他们都在等着见博伊德。他面对着墙站着，什么话也没说。

班扬的害羞不像德雷克的那样严重影响生活，但她也有失踪的习惯——像《圣经》中的瓦什提王后（Queen Vashti）③ 一样，拒绝按照国王的要求在宴会上一展自己的美貌，班扬的名字恰源于这位王后。她的失踪首次出现于她在牛津大学罗斯金绘画学院（Ruskin School of Drawing）的短暂学习期间，她

① 瓦什提·班扬（1945— ），英国女创作歌手。1970 年她推出了自己的首张专辑，但销路惨淡，在沮丧之下，她放弃了她的音乐生涯。而时隔 30 年，她被重新发现而复出，开始了她的音乐第二春。

② 罗伯·杨：《通电的伊甸园：发掘英国的梦想音乐》，伦敦：费伯出版社，2010 年版，第 41 页。

③ 瓦什提王后，犹太宗教经典中记载的波斯王后。

不去上课，却还想着将旷课变成一种行为艺术。她被滚石唱片公司（Rolling Stones）的制作人兼经理安德鲁·罗格·奥尔德姆（Andrew Loog Oldham）发现了，他认为他发掘了一个新的玛丽安娜·菲斯弗尔（Marianne Faithfull）[①]；1965年6月，班扬发行了她的首支单曲，由贾格尔（Jagger）和理查兹（Richards）创作的《有些事永记在心》。但是，当她在电视上演唱这首歌曲时，她将脸埋在她那弗朗索瓦·哈迪式的头发里，两只手都不知道往哪里放。像德雷克一样，她也是个焦虑型的表演者，面临着同样的问题，即无法让自己的细若游丝的声音在1960年代简陋的音响设备中继续下去，在演出过程中，她往往崩溃流泪，逃离舞台。这首单曲失败了。

她去了奇斯尔赫斯特（Chislehurst）附近的雷文斯本艺术学院（Ravensbourne Art College），她的男朋友罗伯特·路易斯（Robert Lewis）在那里学习，她住在帐篷中，帐篷就安放在学院后面的杜鹃花丛下。1968年5月，他们乘坐一辆马拉式的吉普赛大篷车奔向伊赛（Isay）、敏盖（Mingay）和克莱特（Clett）等小岛，这些小岛离斯凯岛（Isle of Skye）不远，刚刚被他们的朋友，民谣曲调流行歌手多诺万（Donovan）买下来，准备在那里成立一个艺术家公社。在去那里的路上，她写下了关于回家的渔夫、泥炭的味道、海鸟的声音、赫布里底岛的（Hebridean）落日的歌曲——不是传统的叙述型歌词，而是一系列的形象，如同火焰般短暂地燃烧。它们被写得几近于符咒或咒语，是忘怀他们实际旅程的非田园牧歌性质的方式；大

---

① 玛丽安娜·菲斯弗尔（1946— ），英国歌手、词曲作者、演员。她是一名国际性的明星，在美国所称的“英国入侵”文化潮流期，是其中女艺术家的领军人物。2009年，她成为世界终身成就奖的女性获奖者。

部分歌曲是在繁忙的 A5 公路上写成的，过往车辆旦的人们甚至以为他们是吉普赛人而朝他们吐口水。一年半之后，等他们到达赫布里底群岛时，发现艺术家公社早已解散，班扬于 1969 年底回到伦敦，应乔・博伊德的请求，在音响技术录音室仅用了几天就录制了她的歌曲专辑。

班扬一生都渴望有一副空灵的嗓音。儿童时代，她就沉迷于一张唱片，那是她父亲收集的 78 转虫胶唱片中的一张，是由唱诗班少年歌者欧内斯特・拉克（Ernest Lough）演唱的《要是有鸽子的翅膀该多好啊》——这是早期留声机唱片中最受喜爱的一张，表现出了处于巅峰时期的美妙的男童高音。这张唱片是 1927 年在舰队街（Fleet Street）的圣殿教堂（Temple Church）里录制的，那时电动扩音录制技术刚出现不久，拉克站在两本《圣经》上才能够得着“主人之声”牌（HMV）新式活动录音设备中的独立麦克风。“我相信没有哪个男孩的声音能像他录制得这么好，”康普顿・麦肯齐（Compton Mackenzie）在《留声机》杂志上写道，“我也同样确信，我从来没有听过如此美妙的声音。”[①] 班扬将这张唱片放了一遍又一遍，直到她的父亲因为她划伤了漆面、磨钝了唱针而训斥她为止。

对于拉克我们知之甚少，除了知道他有一副绝美的嗓音，以及（录制时）拥有一幅天使般纯真的、唱诗班男孩的脸庞——很久之后，当他的高音已经变成了中音，他的面孔出现在了新版唱片的封面上。信息的匮乏引发了奇怪的谣言：有的说他在唱“永远长眠在那儿”这一句时，挣破了一根血管，倒

---

① 特雷弗・比森：《和谐一致：教堂里的音乐家们》，诺维奇：SCM 出版社，2009 年版，第 107 页。

地而死；或者说他在踢足球时摔了一跤，摔碎了头骨；或者说他被一个敌对的唱诗班的指挥给劫持了；或者说他死于肺痨，还有说他死于车祸的。班扬的第一个目标就是成为欧内斯特·拉克——不是谣传中身上发生了这些奇奇怪怪事情的男孩（事实上他一直活到了八十多岁），而是他的声音形象。班扬觉得，留声唱片可以让一个人消失，却将他们的声音保留了下来。

班扬的高音带有点唱诗班歌手的高音的味道，特别是在《临着海湾的窗》的前奏部分，她的声音可以无伴奏地飘荡，或者如在《闪亮的一天》里，她只是唱出“啦啦啦”，听起来像是另一种乐器似的。博伊德的唱片的灌制是完美的，每一次呼吸与拨弦都在混音时得到了恰如其分的处理。班扬的嗓音，本来特别容易被过度的器乐伴奏所掩盖，通过罗伯特·柯比（Robert Kirby）对录音器、洋琴和弦的精心安排，都被美妙地释放出来了。

图5－7 在“失踪”了30年后，瓦什提·班扬的天才被发现，重新回到了舞台上。

但是，班扬的运气不好，在她开始灌制唱片的时候，仅仅拥有好嗓子已经不够了，公众需要知道这个嗓子的主人是谁。她的专辑《又是闪亮的一天》一直到1970年代末才发行，那时她已经有了一个儿子，无论她什么时候拿起吉他，孩子都会哇哇大哭，而且即使她想要去巡回演出，她也无法成行。正如她所说的，这张专辑“只是慢慢地消逝了，红着脸、慢吞吞地消逝了，被人们淡忘了”，[1]只卖出了几百张。和德雷克一样，班扬也体会到，对于一个害羞的歌手来说，被忽视比被敌视更可怕。

班扬搬回了苏格兰照顾她的家人，只有在教她儿子时，她才会重新拿起吉他。她的三个孩子在家里发现了一张专辑的录音带，他们只能偷偷地在车上听，因为他们的妈妈再也受不了听到她自己的声音。她的第二张专辑拖延了很久才问世，她使用了一个可爱的新造词作为其标题——“照看”（lookaftering），此时成了她真实生活的写照。如同许多犹豫不决的女歌手一样，养育孩子和维持家庭成为她停止表演的托辞，把她富有创造力的自我淹没于琐碎的日常生活之中。

七

班扬并不是这个时代唯一害羞的女性音乐家——依稀留下一个工作者的身影，然后彻底消失。1971年，苏格兰民歌手、曾经发行过两张专辑的希拉·麦克唐娜（Shelagh McDonald）回到北部，最终过上了一种勉强糊口的游牧生活，在苏格兰各地流浪，就睡在帐篷中。“难以置信的弦乐队”中的克里斯蒂娜·“利克瑞丝”·麦基奇尼（Christina ‘Licorice’ Mckechnie）则流浪到了加利福尼亚——传闻她之前就在那里流浪过，1990年，她从萨克拉门托（Sacramento）给她的妹妹写了一封诀别信后就消失在了沙漠中。该乐队中的另一位女性成员露丝·辛普森（Rose Simpson）也消失了，直到1994年才以阿伯里斯

① 克莱尔·沃克:《嬉皮士的回归》，载《苏格兰人报》，2000年7月19日。

特维斯市（Aberystwyth）市长夫人的身份再次出现。

诺丁汉郡（Nottinghamshire）的民歌手安妮·布里格斯（Anne Briggs）在1960年代的大部分时间里，只在酒吧里清唱一些由英国民歌改编的、质朴美妙的歌曲，驾着马车在爱尔兰游荡，住在萨福克（Suffolk）荒原上的一个大篷车里，睡在森林里。1971年，她被劝说到录音棚里录了两张专辑，她不得不听到自己的声音，并且痛恨它。她于同年五月在皇家节日音乐厅演出，对此也是深恶痛绝，因为她不会说舞台行话，而且经历了酒吧演唱后，舞台演出显得太正式了，最糟糕的是，由于她有孕在身，表演时必须要保持冷静。她的第三张专辑还没有发行时，她就和丈夫及两个年幼的孩子搬到了萨瑟兰郡（Sutherland）的一个偏远村庄，那周围数英里荒无人烟，她也没有请保姆，她的表演生涯由此画上了句号。在1990年代早期，她曾被说服进行过一些现场演出，但经过二十年的与世隔离之后，在城市中穿梭以及在伦敦的地铁系统间辗转已让她战战兢兢，她在舞台上演唱时，也因为紧张而变得束手束脚。她又一次隐退了，这次是住到了凯勒拉岛（Kerrera）的内赫布里底群岛（Inner Hebridean island）上，过着自给自足的生活，周围两英里的范围内都没有邻居。

这些音乐家都消失于一个相似的世界，地图上找不到的地方，杳无踪迹。今天，在这样一个狂热崇拜口口相传的时代里，歌迷群体也远非因特网早期年代所可匹敌，重新发现他们的时机成熟了。这正是发生在西斯托·罗德里格斯（Sixto Rodriguez）身上的故事，他是墨西哥裔美国人，1960年代后期在底特律（Detroit）烟雾缭绕的俱乐部里作为一名民歌手开始演出；他的害羞也是出了名的，因为他在表演时总是背对观众——尽管他说这是因为房间太小，他是在尽力避免扩音器中的尖厉噪音。他在毫不知情的情况下，便成为了种族隔离政策下的南非的非法唱片的明星；1997 年，他的女儿艾娃（Eva）发现了一个网站，是由开普敦（Cape Town）的一家音像制品店老板史蒂芬·西格曼（Stephen Segerman）创建的，致力于搜求她父亲的信息。让西格曼欣喜的是，罗德里格斯在舞台上纵火或射杀了自己的说法都是谣言，艾娃告诉他，她的父亲就藏身于眼皮底下的地方：在底特律从事建筑翻新工作，住在那所他已经住了 40 年的破旧不堪的房子里。

在同一年，瓦什提·班扬买了她的第一台电脑，犹豫不决地拨号，伴随着哔哔声和静电反应，她联上了前宽带时期的因特网。她用两个食指把她自己的名字输入到一个搜索引擎里，首先映入眼帘的是留言板上一封来自于萨克拉门托的邮件，询问是否有人知道瓦什提·班扬怎么样了。她发现了所谓的“掘箱者”——收集罕见的黑胶唱片的人，他们正在搜寻 1960 年代晚期和 1970 年代早期的唱片，来自于那些已经从人们视野中消失了的词作者兼歌手的作品，他们将这种类型的音乐称为“孤独的民间音乐”。《又是闪亮的一天》这张专辑现在受到了狂热崇拜，以几百镑的价格出售。班扬深受鼓舞，她说服了一家小型唱片公司去重新发行它，并开始在她弟弟的小屋里翻找她遗留在那里的老唱片样本，最重要的是，她又开始唱歌了。

她说，她感觉她的声音似乎已经“沉睡了 30 年”，① 当她站在麦克风前，她都不确定是不是还能发出声音。但是，她的嗓

① 皮特·罗斯:《瓦什提·班扬》，载《星期日先驱报》，2005年10月16日。

音听起来一如往昔，就好像一直被保存在默默无闻与受忽视的状态中一样。2003年4月，她登上了皇家节日音乐厅的舞台，这正是反复折磨过尼克·德雷克和安妮·布里格斯的舞台。即使靠近麦克风，她的声音仍然飘忽轻软，好像是不愿打扰周围的空气似的。听她唱那些久违的老歌如《闪亮的一天》和《忧郁的冬天》，有一点神经纠结，因为她的声音被怯场弄得更不稳定了，好像会中断或者没唱完一句她就会喘不过气来。观众不自觉地身体前倾，希望她唱出每个音符。

班扬发现新的录音技术可以有效克服怯场。使用数字音频软件比如 Pro Tools 和 Logic，她可以自己制作音乐。她发现没有人在旁边，她就能唱得声音更大，也更放松。作为一名不太高明的钢琴演奏者，她可以将左手和右手分开录，把它们都用右手弹，然后使用软件将其加以合成。这让她意识到她与她时代的、她母亲那一代的某类中产阶级女性之间的类似之处，她们只遵循英式的会客传统，在钢琴的伴奏下才表演。在一首新歌《母亲》中，她回忆了儿童时代透过微开的门，看到她妈妈独自跳舞和弹钢琴的情景。

根据意大利历史学家卡拉·卡萨格兰德（Carla Casagrande）的说法，西欧自12世纪开始，男性神职人员提倡将害羞作为一项女性应有的品性来培养，为了克服女人天生爱说长道短、抱怨唠叨、打情骂俏的倾向，也作为一种“天佑手段”来保护她们的美德。这些神职人员援引了圣母玛丽亚（Virgin Mary）那无与伦比的、女性贞洁的沉默，还有权威的圣徒保罗（Saint Paul）——他禁止女性布道或任教，只有当她们需要特别信息时，才可以关起门来询问她们的丈夫。一个在公共场合热衷于交谈和表演的女性太不安分，有滥交异性的可能。按照本笃会

（Benedictine）的沉默法则，只有极少数的场合里女性才必须说话，而且她们得在自己的家中、教堂或修道院的墙内安静地说话。[①]也许正是这些数世纪以来的思想习惯的残余，阻止女性在公共场合抛头露面，也使像瓦什提及她母亲那一辈的女性感到上舞台就如同赤裸裸的暴露一般。

要不是在战时的印度国家广播电台（All Radio India）也有过一次短暂的改变，尼克·德雷克的母亲莫莉（Molly）[②]只会在家中的音乐室里为家人和少数的朋友表演。她按照诺埃尔·科沃德（Noël Coward）[③]或艾佛·诺维洛（Ivor Novello）[④]的音乐剧传统创作并演唱自己的歌，但是情感更阴郁，旋律也不那么优美，有点像英国中世纪的蓝调，运用奇怪的和弦贯穿，这明显地影响了她儿子那古怪的调弦方式。她的演唱听起来犹豫不决又充满愧疚。她从来不打算让她最亲近的圈子之外的人听到这些歌，如果不是她的儿子在记录他晚会后醉醺醺的长篇大论时，铁磁录音带上也捕捉到了她的歌声，它们也许永远也不会被发现。2013年，在她去世20年后，一家纽约的小型唱片公司发行了一张她的歌曲专辑。

---

① 卡拉·卡萨格兰德:《受保护的女性》，见克里斯蒂亚娜·克拉皮什-祖伯编:《西方女性史：中世纪的沉默》，马萨诸塞州剑桥：哈佛大学出版社，1992年版，第88、100页。

② 莫莉（1915—1993年），英国诗人、音乐家，是著名歌手尼克·德雷克的母亲。她在生前从未发行过任何音乐作品，但她的音乐风格深深地影响了她的儿子。

③ 诺埃尔·科沃德（1899—1973年），英国剧作家、作曲家、歌手。以华丽、鲜明的个人演唱风格著称。

④ 艾佛·诺维洛（1893—1951年），威尔士作曲家、演员，是20世纪上半期英国最受欢迎的艺人。

像尼克·德雷克和瓦什提·班扬一样，作家兼音乐家夏洛特·格雷格（Charlotte Greig）[①]成长于20世纪50、60年代，在她的家中，女性唱歌弹琴仅仅是“作为一种居家技艺，就像插花或铺桌子一样”。[②]当她听到莫莉的专辑时，格雷格听出了声音背后的特殊背景——作为举止优雅的中产阶级女性，从传统意义上来说，是不愿抛头露面的；在莫莉的情形中，这种传统又被变动不居的殖民地生活成长经验强化了，使她缺少稳定感和社会地位所暗示的权力感。格雷格自己也不愿巡回演出和推进她的事业，因为她是一名忙碌的母亲，也因为她对自我炫耀一样反感，作为海军军官的女儿，她的童年也是漂泊不定的，因此具有同样的不安全感。她偏爱这种对自我怀疑精神加以背叛的音乐，比如像艺术家雪莉·柯林斯（Shirley Collins）[③]和瓦什提·班扬的作品，听起来就像是为她们自己歌唱一样。这看起来是莫莉·德雷克遗传给她儿子的一项品质，以低语的方式唱歌，希望他的听众们能在无意中听到就好。

八

正如害羞没有逻辑可言一样——随机地影响着你的生活的某一部分，其他部分却未受影响，怯场也是如此，以一种反复无常的方式退潮和流动着。即使是长期神经紧张的尼克·德雷

---

① 夏洛特·格雷格（1954—2014年），英国文学家、音乐家、歌手。

② 夏洛特·格雷格:《莫莉·德雷克：狂风是如何吹的》，载《新威尔士评论》，第103期（2014年春季号），第42页。

③ 雪莉·柯林斯（1935— ），英国民歌手，对1960—1970年代英国民间文化的复兴做出了贡献。

克，在普罗旺斯地区的艾克斯街头卖艺，或在剑桥五月舞会及学生俱乐部表演时，也是应付自如，他记词熟练，指法完美——这本是许多音乐家最视为畏途的事情：待在录音棚里，被一群铁石心肠、吹毛求疵的录音乐师包围着。

但是，害羞者往往是令人惊讶的、出色的表演者，或者至少能被表演的主意所吸引。这并不像乍看上去那样不合逻辑。毕竟，害羞者像任何人一样，知道生命就是一场持久的演出，当他们站在舞台上时，他们所需要做的就是用一个角色去代替另一个。精神分析学家唐纳德·卡普兰（Donald Kaplan）曾经表明，怯场最可怕的地方在于演员感到"被完全剥夺了他日常所维持的习惯姿态，而代之以一种表演的姿态"。[①] 卡普兰认为，这种恐惧来自于面对他人，他们没有那些我们所熟悉的、几乎是无形的手势和姿态，在我们的日常生活中，正是这些近乎无形的东西让我们感觉像我们自己。

害羞者之所以被吸引上舞台，也许就是因为他们没有这种日常姿态，因此他们想去发掘另一种更为有效的姿态。对害羞者来说，危机可以是比较轻松的，至少不会比日常生活带来的挑战更大。当灯光变暗，观众席上一片静寂，他们也许和其他人一样害怕。不过，就像害羞的警官或公交车售票员据说穿上制服便会振作起来一样，害羞者知道他们被赋予了另一个机会，去假扮一个完全行得通的人。

长期以来，我都觉得在公共场合发言比与陌生人交谈容易得多。思维的明晰、结构的完整让我安心，物质上的道具和可

---

① 唐纳德·卡普兰：《怯场》，见《临床表现与社会表现》，路易丝·J.卡普兰编，新泽西州诺斯维尔：J.阿伦森出版社，1995 年版，第 132 页。

视性会告诉我该怎么做。当我站在演讲台的麦克风后面时，眼前是讲稿，左边是一杯水，手里拿着遥控器，我知道我将进行一场不被打断的发言，并且我被赋予了这个权利。在这样一个世界中，我们都不得不将大部分的表演伪装成自然的，一场像这样的无需隐藏身份的表演简直就是解脱。当然，如果演讲过后还安排了提问环节，我就不得不跳出角色，被那些来自观众席的、会导致大脑冻结的新奇问题揭穿，在陷入让人难堪的沉默之前，还得费力地去组织折磨人的语法结构，回答观众的问题，这时恐惧便会再次降临。（虽然这种情况在我的真实生活当中寥寥可数，但却常常足以激起我对灾难的想象。）当稀疏的掌声落下，提问时挪动椅子的声音响起的时候，这标志着两种类型的表演的转换：一个是让人感到愉悦的虚假，一个是让人感到恐惧的真实。

但是，直到那个时刻来临，我的掩饰被吹去，我仍然能设法做到不怯场。德语中除了有一个很好的词表示怯场外，还有一个同样精彩的词去表示与其相反的感觉。那便是“Maskenfreiheit”，意即戴着面具而带来的自由。海因里希·海涅（Heinrich Heine）在他的《来自柏林的信》（1822）中使用了这个混成词，他写道，我们在假面舞会上感觉最自由、最完整，“当蜡制的面具掩藏了我们平常的肉体面具时，一句简单的致辞便可恢复相熟时那种原初的社会性，化妆斗篷掩盖了所有的做作，带来了最美好的平等和最美好的自由”。[①]

当然，这两者并不完全一样：一是站在讲台上演讲，一

① 特里·平卡德：《导言》，见海因里希·海涅：《论宗教史、德国的哲学以及其他作品》，特里·平卡德编，霍华德·波拉克-米尔盖特译，剑桥：剑桥大学出版社，2007年版，第8页。

是戴着真正的面具匿名参加晚会而没有任何人能揭掉它。但是，在舞台上，你还是虚构了一个让你感到更舒服的自我形象，亦真亦幻，一个被你增强和放大了的自然状态。你那个害羞的自我已经被你丢弃在化妆间的桶里，而另一个自我却总会下定决心使你不因恐惧而逃离舞台。

第 6 章
害羞的艺术

1910 年 3 月，一位穿着长大衣的男子走在曼彻斯特铺着红砖的阶梯状街道上，他的帽子拉得很低，压在了他的耳朵上。他身高 6 英尺 2 英寸，显得有些笨拙，他的扁平足迈出的步子稍微有点凌乱。在像朗赛特（Longsight）和休姆（Hulme）这样的贫民区，赤脚的孩子们跟着他，仿佛他是穿着花衣服的风笛手。孩子们谩骂他，模仿着他蹒跚的步态，当他扔下零钱时，他们便在鹅卵石地面上争夺起来。他在这些地区很有名，仅仅因为他是帕尔摩物业公司（Pall Mall Property Company）的收租人。他把自己看成是艺术家，但是卖出去的画作却少得可怜，甚至不足以让他购买画画的材料。

尽管他 1939 年在伦敦举办了首次个人画展，但是直到 1952 年，他的名字仍然不为更多的公众所知晓。当时他已经 65 岁了，是帕尔摩公司的总出纳，他从这家公司退休，拿到了全额的养老金。在他工作的 40 多年时间里，人们都叫他“劳瑞先生”（Mr Lowry）[①]，即使那些长期的同事也这么叫他。他

---

① “劳瑞先生”，原名 Laurence Stephen Lowry（1887—1976 年），英国画家。他的绘画主要展现英国工业区的生活场景，发展出其独特的绘画风格，其中的人物常被称为“火柴人”。

图 6–1　L. S. 劳瑞在作画。他一生中的大部分时间都是帕尔摩物业公司的一名收租人。虽然他把自己看成是艺术家，但直到退休后他才开始出名，作为艺术家获得社会的认可。2014 年苏富比为他举办作品专场拍卖会，十几幅画作共拍出了 2500 万美元的巨额数字，连他随手勾勒的一幅速写草稿都卖到上万美元。

说他太害羞了，不愿意使用自己的名字——这在现在已经是很平常的事了。退休前的最后一天，他断然地宣布，第二天他就不来了。他是在退休之后才开始出名的，他上了电视，人们给他拍照，背景便是他的画作中的风景，没有人知道这些风景就是他之前收租金的地方。他担心自己仅仅被看成是一位业余画家，他不让人知道自己的正式工作是什么，甚至在退休之后也是如此。

他的头发现在已经白了，但是他的步态仍然摇摇晃晃，身上仍然带有那种古怪的气质，仍然给追逐他的孩子们扔下多余的硬币。他的朋友——艺术评论家爱德温・穆林斯（Edwin Mullins）① 说，他看上去“像假扮戴高乐将军（General de Gaulle）的雅克・塔蒂（Jacques Tati）②”。③ 劳瑞画的斯温顿・莫斯

① 爱德温・穆林斯（1933— ），英国艺术评论家、小说家和电视节目主持人。

② 雅克・塔蒂（1908—1982 年），法国导演、演员和编剧，他作为导演尤为杰出，被一些评论家归入最伟大导演之列。

③ 雪莉・罗德：《L. S. 劳瑞的私人展览》，伦敦：柯林斯出版社，1979 年版，第 252 页。

图6-2 劳瑞的画作:《上班路上》。他画作中的人流形象总是这样的——仓促地踮着脚尖行走，耸肩弓身，陷入沉思之中。他们的脸是由颜料点成的，有时候甚至表示眼睛的两点也没有了。这些挤在一起的人们彼此间互不交谈，呈直角站立着，他们的手臂软弱无力。劳瑞说过，"我绘画中的所有这些人，他们都是孤独的，你知道，人群是所有孤独的事物中最为孤独的。每个人对其他人来说都是陌生人。"

(Swinton Moss)，原型是他的朋友哈罗德·赖利(Harold Riley)。画中的老人背身离去，穿着橡胶雨衣，戴着软毡帽，低着头，手紧扶着眼镜，恰如其分地抓住了老人的神态：怅然若失地离去，永远都遥不可及。

他画作中的人流形象同样如此——仓促地踮着脚尖行走，耸肩弓身，陷入沉思之中。他们的脸是由颜料点成的，有时候甚至表示眼睛的两点也没有了。这些挤在一起的人们彼此间互不交谈，呈直角站立着，他们的手臂软弱无力，仿佛他们是在玩音乐雕像游戏时僵立在那儿了。"我绘画中的所有这些人，他们都是孤独的，你知道，"他说，"人群是所有孤独的事物中最为孤独的。每个人对其他人来说都是陌生人。"[1] 在劳瑞的绘画中，父母背对着他们的孩子，恋爱中的男女目光越过高椅背看着对方，医院候诊室里的病人眼神茫然地凝视着远方。

1950 年代，他画作中的人群消失了，他开始画孤独的个人，常常是流浪者或者是街头避让人群的中风者和装了假肢的人。这些画作的标题反映的是人们的孤独状态，没有人际关系可以依靠，被缩减为仅有的生活中单调的行动。比如《吃三明治的男人》《喝喷泉水的男人》《在废纸篓中翻找的男人》《站在门口的男人》《透过栅栏上的洞观看的男人》。劳瑞的绘画成为了礼品店里冰箱贴和茶布上的媚俗风景，这是奇怪的，因为它们远非感伤的或安慰性的；它们跳动着恐惧和孤独的脉搏。

1963 年的夏天，劳瑞与他的一位朋友——年轻的艺术家希拉·费尔（Sheila Fell）一起去伦敦的新梅菲尔剧院，看重新上演的路伊吉·皮兰德娄（Luigi Pirandello）[2] 的剧作《六个寻找作者的剧中人》，同行者还有拉尔夫·理查德森（Ralph Richardson）[3]。这是梅菲尔酒店下面的一个小型礼堂，仅有一层，容纳 300 个座位。光秃秃的舞台两侧暴露，只有一束聚光灯的光线投下来，空间大小只适宜于用低音表演，表演者和观众间的间隔似乎消失了，劳瑞为此而着迷。当 6 个穿着黑色的维多利亚式衣服的人物直视着前方，一起慢慢地走上前台，他

---

① 阿兰·伍兹:《社区，人群，跛子》，载《剑桥季刊》，1981 年第 10 卷第 1 期，第 7 页。

② 皮兰德娄（1867—1936 年），意大利剧作家、小说家、诗人，被认为是 20 世纪戏剧界的重要人物，1934 年获得诺贝尔文学奖。

③ 拉尔夫·理查德森（1902—1983 年），英国著名演员，在 20 世纪中期声望尤其突出，被誉为那个时代最伟大的演员之一。

图 6－3　皮兰德娄的戏剧《六个寻找作者的剧中人》剧照。皮兰德娄是诺贝尔文学奖获得者。本剧是其代表作，以舞台上的虚实不分、真假难辨揭示现实生活中人格变化不定、人际关系无法确定的状况。已成为世界戏剧史上的不朽之作。

们看上去就像是劳瑞画作中沉默寡言的、冷漠的人物。劳瑞后来又和费尔一起去看了两次该剧，他一个人又去过 6 次。皮兰德娄要传达的信息是，我们在精神上都是唯我论者，语言和社会礼仪看上去似乎把我们联系在了一起，却不能跨越独立思想间的鸿沟。我们如剧作中的那个父亲所说的那样，“被囚禁在普通语汇的贸易中，以及社会规则的奴役中”。

1948 年，劳瑞移居到朗登黛尔（Longdendale）的莫特拉姆（Mottram）村，此后，他变得更自闭了。他的房子里有 17 座时钟，这是他已故母亲的收藏品，被设置成在不同的时间发出响铃，因此感觉似乎房子里住满了人。他只是在家中发生了一次失窃之后，才安装了电话，而且只有拨出功能。与他联系的最好方式是给他发电报，或者打他的邻居电话、给他留言。房子的前门没有门环。他把没有打开的信件堆在一个瓷碗里。他的会计师每隔 6 周会打开那些与金钱往来有关的信件，当其余的信件变色时，劳瑞读也不读便把它们烧掉了。朋友们知道这一点，他们在信封上用很大的字母写上自己的名字。一次，亚历克 · 莱加特（Alick Leggat）——兰开夏郡（Lancashire County）板球俱乐部的会计，拆开了一封劳瑞忽略的信，从其中取出了一张1600镑的支票。[①]

1960年的一天，劳瑞去桑德兰（Sunderland），在海滨的西伯恩酒店停顿并吃了午饭。在接下来的15年中，他定期来到这家酒店，住同一间房间——一楼的104房间，有时是一次住上几星期。他经常是一时冲动便去那里，从莫特拉姆打出租车走上135英里，有一次脚上还穿着拖鞋。由于酒店与惠特本沙滩只隔着一条路和步行区，他坐在餐厅里就可以看到北海，他总是坐在相同的座位上吃相同的食物：烤牛肉，炸薯条和肉汁，接着是拌着奶油的切片香蕉。

在这些年中，他画了一系列的海景画，是具有透纳[②]风格的（Turneresque）画作，画中大雾笼罩着的大地，和大海、天空都汇聚在一起。在有些画作中，水中有一些直立的、互相分隔的柱子，等待着波浪把它们冲倒。他把它们称作是自画像。“如果我不孤独的话，我的任何作品都不会产生。”一天傍晚，

图6–4 劳瑞的海景画。画中大雾笼罩着的大地，和大海、天空都汇聚在一起。在有些画作中，水中有一些直立的、互相分隔的柱子，等待着波浪把它们冲倒。他把它们称作是自画像。

① 艾伦·安德鲁斯：《L. S. 劳瑞的人生》，伦敦：朱庇特出版社，1977年版，第108页。

② 透纳（1775—1851年），英国风景画家，皇家学院院士。

当他的朋友爱德温·马林斯驱车送他回家时，他这样告诉朋友。①

一

没有人能确定，大约4万年前，为什么现代智人深入到相隔遥远的洞穴之中。这些洞穴分布在法国南部和西班牙，在印度尼西亚的苏拉威西（Sulawesi）岛，在澳大利亚北部的阿纳姆地（Arnhem Land）高原。现代智人在洞穴中画下了野牛、长毛象和鹿，或者是在墙上画出他们的手印。无论这动机是萨满教的、仪式性的，还是为了向他们捕获的动物表达敬意，人类历史中被称之为“创造性大爆发”的这一巨大的认知飞跃，似乎也是从社交世界中的隐退，因为这些绘画出现在洞穴中的非常偏远的位置，没有人居住在那儿。

人类往往将自身看作是至高无上的社会动物，最高级的交流者，因为他们具有交谈能力，所以居于兽类之上。但是鲸鱼、海豚和其他动物也有复杂的语言，如果我们能够破译它们的话，这些语言也许比人类的语言更为复杂。最近发现，鸟类也有其交流网络，几乎可以如网络病毒一样快速传播。在牛津附近的威萨姆森林（Wytham Woods）的山毛榉树中，牛津大学的科学家们自1947年以来就一直在研究大山雀。研究者们发现这些鸟是如何学会它们种群差不多已经做了一个世纪的事情的——啄去放在住户门口的牛奶瓶的银箔纸，喝上部的奶

① 《L. S. 劳瑞，1887—1976》，伦敦：皇家艺术学院出版社，1976年版，第36页。

油。科学家们给威萨姆森林山雀设定了一个相似的任务——将一个盒子的门滑开，然后就能获得一个粉虱作为奖励。他们发现，鸟群相互间传递这些技巧的速度令人惊讶，因为它们有一个密集的社会网络，可以激发模仿行为。作为动物，我们的独特性似乎根本不在于我们的交流能力，而在于我们的升华能力，在于将我们的交流天性转变为抽象的、辅助性的形式。我们是唯一一种可以留下记号的生物，当我们不在场的时候，这些记号可以被阅读或看到，向别人传达意义。这些意义独立于我们的存在之外，甚至可以超越我们生命的范围。

科学家兼作家坦普·葛兰汀（Temple Grandin）[①] 患有孤独症，她对现代智人的行为有自己的直觉解释：我们祖先中的内向者因为厌倦了"喋喋不休的闲扯"——男性领袖们围坐在部落篝火旁磨他们的燧石，彼此吹嘘着他们捕获的野牛数量；于是独自离开了，并创造出了最早的人类艺术。她猜想这些艺术作品和一些开创性的发明，比如石矛、轮子，都是由"坐在洞穴后部的一些孤独症患者"创造出来的。[②]

葛兰汀自己的生活和工作显示，孤独症是可以激发出创造力的。少年时代，作为一个内向的、心理不正常的人，她渴望体验被拥抱时的压迫感，但是却对与人接触畏缩不前。她拜访了她姑妈家位于亚利桑那州的牧场，在那儿看到了牛被关在拥挤的斜槽里：一种一侧带有压缩金属的围栏，当给牛接种、打烙印或阉割时，可以让牛静止和平静下来。受此启发，她设计

① 坦普·葛兰汀（1947— ），美国畜牧学教授，作家。她是最早公开分享自己孤独症经历的人之一，并提出了自己独特的治疗之道。

② 里斯·布莱克利：《我们是如何有负于孤独症孩子的》，载《泰晤士报》，2014 年 4 月 12 日。

出了一种用于人的“挤压机器”。它由两块倾斜的木板组成，以厚厚的填料垫上软垫，通过铰链连接成一个V字形的槽。当她跪在里面时，打开空气压缩机，木板就能提供轻柔的压力，仿佛是在拥抱她一样。对葛兰汀来说，这种机器提供了一个有益的过渡，为她接受别人的身体接触打下了基础。

在一个孤独症者看来，神经正常的人似乎被奇怪的社会规则操纵了，他们奇怪地接受了这些社会规则。也许，害羞者对那些社交方面很自信的人的看法也与此相似，而且更为刻板。葛兰汀不得不通过死记硬背去学习日常礼节，通过小心地收集线索去估计别人的意图。她无法辨识出韵律和节奏，她的声音听上去没有音调变化，就像火车站里广播系统的播音，起落和重音都是随意的。当她刚开始做讲座时，她背对着观众。但是她很快就发挥出了演讲天赋，或许是因为她平常的谈话方式看上去很像表演的缘故。

第一个认为孤独症或许增加了人类的创造性的，是维也纳大学儿童医院的一位儿科专家汉斯·阿斯伯格（Hans Asperger）。1943年，也就是他的同事——奥地利人利昂·卡那（Leo Kanner）列出了孤独症特征的一年之后，阿斯伯格在他的一些儿童病人身上也发现了相似的退隐倾向。与卡那不同，他认为这种倾向或许是与一些特别才能共存着的。

一些孤独症者具有令人震惊的能力，比如解决智力拼图游戏、记忆书籍内容或在城市里辨别方向等。这些能力看上去似乎部分地属于视觉技能，只是一种认出重复性的图案和分类的诀窍而已。孤独症者具有一种倾向，被称之为“中心信息整合薄弱”（weak central coherence），即往往聚焦于单个部分的信息，从而损害了对全局的把握。一个患有孤独症的艺术家可能会从某个单一细节开始画起，比如说，精细地描绘一个膝盖骨，或者一座房屋中的一块砖，由组成成分发展出他们的绘画，而不是更常见的办法，即从轮廓开始，然后往里面填充东西。有些孤独症艺术家，比如伦敦的斯蒂芬·威尔特希尔（Stephen Wiltshire）或马来西亚的叶平连（Ping Lian Yeak）①，可以根据记忆画出城市天际线的大规模远景图，复杂的建筑特征在其中得到了完美的体现。其他的孤独症艺术家则可以呈现出他们自己的错综复杂的世界，如法国艺术家吉莱·特雷安（Gilles Tréhin）② 的"雨维尔"（Urville）——一个想象中的岛城，与法国的蔚蓝海岸（Côte d'Azur）③ 遥遥相对，其中的高层建筑被画得一丝不苟，人物则像劳瑞笔下的人物一样，是树枝形的。

相似地，劳瑞也为细枝末节所吸引。他的绘画是由细节组成的混合体、累积物。他在索尔福德（Salford）、斯托克波特（Stockport）或下莱恩区的阿什顿（Ashton under Lyne）散步时，会用口袋里装的废纸画素描，然后把这些废纸收集起来，变成绘画。在他的画作中，街道上没有车，烟囱的烟波涛汹涌，路人们戴着帽子和头巾，即使是他晚期的画作看上去也像是表现了那个世纪早期的情景。对此最为常见的解释是，他迷失在战后清除了贫民窟的世界和高层建筑中，因为他

① 斯蒂芬·威尔特希尔（1974—），西印度裔的英国人，患有自闭症；叶平连（1993—），出生于马来西亚，后移居澳大利亚，缺乏良好的运动控制能力。两人都发展出特异的绘画能力。

② 吉莱·特雷安（1972—），法国艺术家、作家。这里提到的"雨维尔"，是他在同名著作中虚拟出来的一座城市。他详细描绘了这座城市的历史、地理、文化、经济状况，甚至还画了 300 多幅此城的图景。

③ 蔚蓝海岸，指法国东南角与意大利相邻的地中海沿岸，风景优美。

的心灵仍然停留在他儿童时代的、旧索尔福德的街道上。但是，实际上他毫不关心风景随着时间推移所发生的变化。他的兴趣在于北部工业区的自然景物，在于连栋住房和工厂烟囱所呈现的生硬的纵横线条。来自于湖区（Lake District）阿斯佩特里亚（Aspatria）的希拉·费尔，有一天带劳瑞去斯基多山（Skiddaw）前一起作画。那天下午晚些时候，她看到了他画作的内容——又一个工业城镇风景。

如果劳瑞喜爱一条特别的台阶，或者艾威尔河（River Irwell）的河湾，那么它会在他的画中反复出现。他的画作由线条和角度构成，而不太讲究画法，这就是为什么其中没有阴影的原因，并且他笔下的建筑似乎也没有体积。他承认，那些人群出现在画中，是后插入到构思中的。"说真的，我对人的考虑不是太多，"他说，"我不会像社会改革家所做的那样，去在乎他们。他们只是萦绕在我心头的、具有私人性的美的一部分。"①

直到1981年，阿斯伯格综合症才为英语世界所知，源于英国精神病学家洛娜·温（Lorna Wing）在《心理医学》杂志上发表的一篇关于该病的论文。劳瑞此时已经去世，但是有人注意到，他在细节上有一些类似于阿斯伯格症的表现。他还有一些其他特征也符合高功能自闭症的症状，比如对惯例的依恋，身体笨拙，面部表情和目光接触有限等。他说话风格经常突然转变，时而在社交场合退缩，时而又冷酷无情地对他人说话，仿佛他是在与一只宠物说话似的："你喜欢那幅画？你真的

① 迈克尔·霍华德:《劳瑞：一个具有远见卓识的艺术家》，索尔福德：劳瑞出版社，1999年版，第123页。

喜欢？真的很有意思。我很高兴。”①

洛娜·温没有将阿斯伯格综合症与害羞等同，在这方面她并不比葛兰汀激进。但是她确实像葛兰汀一样相信，“孤独症的范围”存在于整个人群之中，孤独症不仅是一个单独的症状，而且包含了范围相当广泛的紊乱。她坚持认为，本性“从来不会画一条直线却不弄脏它”，这里她借用了温斯顿·丘吉尔说英国人的话。②在洛娜·温看来，孤独症鲜明地彰显了人与他人关系中的普遍问题。像葛兰汀一样，她感觉到，具有一些孤独症特征可能是创造力的一个必备要素。

艺术本身是否起源于这种内向性的能力，即从社交生活中作出策略性的退隐，以理解我们经验的意义？在某种程度上，我们都具有这种品质。正如我们的大脑必须睡眠、做梦才能复原一样，我们需要经过一段时期的酝酿或休憩，才能萌生出新思想。正如卡尔·荣格（Carl Jung）③在《心理类型》一书中所指出的，内向者比外向者要花更长的时间去集中思想、处理意义，需要独处去将这些思想组织成有意义的形式。当他们与太多的人接触、接触时间太长时，他们的大脑就会受到过度刺激。处在一群喧闹的人之中，一个内向者的大脑皮层将会超负荷运转并僵硬起来，就像一台电脑的内存被用完了一样。

---

① 艾伦·安德鲁斯：《L. S. 劳瑞的人生》，伦敦：朱庇特出版社，1977 年版，第 23 页。

② 洛娜·温：《孤独症的综合症状及其非典型性发展》，见唐纳德·J. 科恩、弗雷德·R. 福克玛编：《孤独症及综合性精神发展障碍手册》，伦敦：约翰·威利出版社，1997 年版，第 160 页。

③ 卡尔·荣格（1875—1961 年），瑞士心理学家、精神病学家，曾是弗洛伊德关系最为密切的同僚，后来反对弗洛伊德以性欲为神经症病因的主张，二人决裂。他创立了分析心理学，制定了一整套心理治疗的技术。

有些孤独症者从来走不出内心的旅程，无休止地纠缠于他们指尖上的几粒盐或指纹，无法将他们的创造性向外扩展为与人的交流。患有孤独症的艺术家杰西・帕克（Jessy Park）最初绘画时，是画收音机调谐钮、里程表和电热毯的温控开关，很美地将它们呈现出来，但除了工程师，任何人都不可能对此感兴趣。在她母亲的帮助之下，她逐渐地摆脱了这种封闭的、沉迷于细节的视野，创造出了具有更广泛感染力的作品——极其细致的建筑画，比如纽约的熨斗大厦、伦敦的国会大厦，精确到排水管。它们是以淡粉色和橙黄色绘出的，上面的天空是紫黑色的，闪烁的星星都符合正确的星座位置。帕克曾想出了一个绝佳的新词来指称不善表达者——“说错话”（speako），① 指说话上的小差错，套用的是“打错字”（typo）一词。这些表现出内向思维的异质性的人，可以帮助我们所有人以新的方式去打量世界。

二

我们常常把疯狂、抑郁和其他疾病看作是艺术的刺激因素；或许我们需要以同样的方式去看待害羞。我们往往把20世纪的艺术世界与自信的波西米亚式艺术家、先锋艺术家联系在一起，比如毕加索或达利。不过，值得注意的是，有不少其他艺术家与劳瑞一起代表了中庸之道：始终如一地将自己的工作集中于表现社会环境上——使普通的资产阶级生活成为可能

① 克拉拉・克莱本・帕克:《离开极乐世界：一个孤独症女儿的生活》，伦敦：金出版社，2001年版，第129页。也可参见第126页。

的社会环境。意大利博洛尼亚画家乔吉奥·莫兰迪（Giorgio Morandi）[①] 便是这样的一个人物。1958 年，莫兰迪告诉来访的批评家爱德华·罗迪蒂（Édouard Roditi），他“很幸运能过上……一种平静无事的生活”，当时他已经 68 岁了。[②]

莫兰迪很少离开博洛尼亚，直到 66 岁，他才第一次离开意大利，仅仅是越过国界去瑞士参加了一个展览。当访客来到他位于维亚·芳达萨（via Fondazza）的小公寓时，他会礼貌地敲姐妹们的门然后暂停，直到得到她们的允许。他与姐妹们住在一起，走过她们的卧室才是他工作和睡觉的地方——一个单间，里面只放了一张床。罗迪蒂认为，莫兰迪过着“有限的社会生活，如同他的故乡城市里的大多数大学老教授和专家一样，但是却格外带着个人谦逊、害羞和禁欲主义的感觉”。[③] 当地人把莫兰迪叫做“和尚”。与劳瑞一样，他在礼貌上过于正式，以至于有些古怪。除了对他的家人和少数几个童年时代的朋友外，他对所有人说话时，都使用意大利语中没有个人色彩的代词“你”（lei）。他写的信，甚至是写给那些交往最久的朋友，都克制和冷静得可怕，结束时都只是一般性的结束语，并且署的是他的姓。

博洛尼亚以大学、美食和共产主义闻名于世，在意大利则以学术气氛、肥胖和红色著称。莫兰迪的工作恰恰相反，他不引经据典，也是禁欲的和无关政治的。他的工作时间都花在了

---

① 乔吉奥·莫兰迪（1890—1964 年），意大利油画家、铜版画家，他的绘画着迷于描绘各种静物，如花瓶、陶罐等。

② 爱德华·罗迪蒂：《关于艺术的对话》，加州圣芭芭拉：罗斯–埃里克森出版社，1980 年版，第 106 页。

③ 同上，第 105 页。

绘画上，画所谓的“静物画”——无休止地排列着相同的牛奶罐、饼干盒、拿铁咖啡碗和阿华田（Ovaltine）罐子，这些东西都是他从每周举行一次的皮亚佐拉（Piazzola）小装饰品市场上得到的。他把这些东西抹上泥土，去掉商标，在作品中将它们绘成土色，比如赭黄色和焦棕色，都是洞穴绘画中使用的颜色。不过，画作的底色是蓝色和红色，给这些柔和的土色增添了一些色调。

莫兰迪的作品令人想起另一位害羞的、孤独的艺术家皮特·蒙德里安（Piet Mondrian）[1]。蒙德里安以几何形状和网格画出的作品，用来做工厂设计图是再完美不过了，再配上基本的颜色，具有类似的安详和不可言喻的气息。蒙德里安的作品完全是抽象的，比现实世界要整齐、洁净，而莫兰迪的作品则植根于具体和个别。但是，在绝对拒绝迷惑观众、迎合观众和让资产阶级震惊方面，他们是一致的。他们的绘画是从

图6-5　静物，乔吉奥·莫兰迪作。莫兰迪花费大量时间画“静物画”——牛奶罐、饼干盒、拿铁咖啡碗和阿华田罐子，这些东西都是他从每周举行一次的小装饰品市场上买来的。他把这些东西抹上泥土，去掉商标，在作品中将它们绘成土色，比如赭黄色和焦棕色，都是洞穴绘画中使用的颜色。

① 皮特·蒙德里安（1872—1944年），荷兰画家。他的风格是基于直线、直角、三原色和三非原色之间最简单的协调组合，以纯粹客观的眼光来看待现实。

相似的生活中产生的，二者很难割裂开来。他们在艺术中剔除了他们的害羞。

必须说，莫兰迪的同胞——意大利人并不以害羞著称。英语中“隐私”（privacy）一词在意大利语中并没有对等的词汇，意大利人的性情通常被认为是充满活力的、爱用手势的。在意大利的许多艺术形式中，似乎有明显的反害羞倾向：意大利歌剧中的情节剧，未来主义运动中对暴力和速度的喜爱，象征主义的颓废者对自我中心主义的背弃，以及墨索里尼的独裁仪式，比如以捶胸顿足和恐吓的方式发表阳台演说——意大利人将此称作为“领导者作风”（protagonismo），这是墨索里尼从意大利领袖加布里埃尔·邓南遮（Gabriele D’Annunzio）那里偷学到的。

不过，在许多意大利作家和艺术家身上却存在着害羞和离群索居倾向，特别是那些在法西斯主义的阴影下创作的人。比如埃乌杰尼奥·蒙塔莱（Eugenio Montale）[①] 的那些特点鲜明的、内敛的诗歌，抒发的是对一些微小事物如雪茄烟圈或墨鱼骨的感受，而且有意识地避免意大利语中夸张的声调和呆板的修辞。约瑟夫·布罗茨基（Joseph Brodsky）指出，蒙塔莱的诗歌是“一个男人对着他自己说话的声音——经常是喃喃自语”。[②] 在意大利，最著名的现代诗歌是由朱塞佩·翁加雷

---

① 埃乌杰尼奥·蒙塔莱（1896—1981 年），意大利诗人、散文作家、翻译家，1975 年诺贝尔文学奖的获得者，其抒情诗成就尤高。

② 约瑟夫·布罗茨基：《在但丁的阴影下》，见《小于一：文选》，伦敦：企鹅出版社，2011 年版，第 101 页。

蒂（Giuseppe Ungaretti）[①] 创作的，这位隐逸派（Ermetismo）[②] 诗人是蒙塔莱的朋友。这首诗歌只有两个词，在空白页面上留下几个声音的碎片："我照亮自己 / 以无限。"（M'illumino / d'immenso）

在这一时期的许多意大利小说家中，比如伊塔洛·斯韦沃（Italo Svevo）、切萨雷·帕维泽（Cesare Pavese）、朱塞佩·迪·兰佩杜萨（Giuseppe di Lampedusa），相似的害羞培育出了相似的风格，即对于轻率和夸张风格的怀疑。帕维泽在为自己的杰作《与卢克的对话》写作前言时，可能想到了莫兰迪，他宣称："我与实验主义者、冒险者，与那些在陌生地区旅行的人没有共同点。激起我们好奇感的最确定、最快速的方式，便是无畏地盯着一个物体看。"[③] 兰佩杜萨 [④] 直到 59 岁才完成他的第一部也是唯一一部小说《豹》。它在他死后才出版，其中展现了对于人类喜剧的完美洞察，显然是作家一生细心观察的结果。作为一个极其矜持的西西里岛贵族，兰佩杜萨自豪地宣称自己具

---

① 朱塞佩·翁加雷蒂（1888—1970年），意大利文学家，诗歌方面尤其优秀。他对 20 世纪的意大利文学做出了卓越的贡献。

② 隐逸派，20世纪30年代在意大利等西欧国家盛行的一种诗歌流派，受法国象征主义的影响，以主观唯心主义为理论基础，主张艺术家避开严酷的现实，逃遁到个人情感的世界里去。题材主要是描写片断的自然场景，抒发人的瞬间的感受、幻想和隐藏在内心的微妙情绪，表现人生的孤独、忧郁和生活的邪恶。

③ 切萨雷·帕维泽:《与卢克的对话》，威廉·阿罗史密斯、D. S. 卡恩·罗斯译，伦敦：彼德·欧文出版社，1965 年版，"前言"第 12 页。

④ 朱塞佩·迪·兰佩杜萨（1896—1957 年），意大利作家，生于西西里岛一个没落贵族的家庭，本人是世袭的兰佩杜萨亲王。《豹》是他唯一的一部长篇小说，获得意大利斯特雷加文学奖，被誉为意大利文学史上承前启后的杰作，后又被拍成电影并获得戛纳电影节金棕榈奖。

有英国人的性情。虽然他多次去英国访问，但他害羞得不敢说英语，尽管他的英语很好。1927 年 8 月，他从伦敦写信回家时说："与英国人打交道总是愉快的，他们是谦恭、敏捷的，他们明显的愚蠢之处，仅仅在于他们极其害羞，而且无力控制它。" ①

当然，在墨索里尼当权期间，许多意大利作家有充足的理由保持矜持。他们采用隐晦的表达方式去掩藏观点，以躲避检查。有些作家比如帕维泽，选择保持沉默，而不是让他们的作品受到扼杀。同时，犹太人不被允许出版书籍，甚至名字也不能列到电话目录上。意大利籍犹太作家普里莫·利瓦伊（Primo Levi）告诉菲利普·罗斯（Philip Roth）："我从来没有认真分析过我的害羞，但是墨索里尼的种族政策无疑在其中起了重要作用。" ② 害羞的存在有许多地方性的原因和特别的原因，但是它是每个地方的作家和艺术都能理解的一种"语言"。无论他们是被别人查禁，还是因自己的恐惧和神经官能症而噤声，他们的作品都是他们发出自己声音的方式。

三

莫兰迪的巨大灵感不是来自于他的同胞，而是来自于法国

① 朱塞佩·托马西·迪·兰佩杜萨：《发自伦敦和欧洲的通信（1925—1930）》，乔阿基诺·兰扎·托马西、萨尔瓦多·西尔瓦诺·尼格罗编，J. G. 尼克尔斯译，伦敦：阿尔玛书屋，2010 年版，第 63 页。

② 菲利普·罗斯：《与普里莫·利瓦伊在都灵的谈话》，见《三句话不离本行：一位作家和他的同事以及他们的作品》，伦敦：温特吉出版社，2002 年版，第 6 页。

人保罗·塞尚（Paul Cézanne）[①]。塞尚终其一生都牢记着司汤达《意大利绘画史》（1817）中的一个片段，司汤达在其中写到，忧郁艺术家“只以迂回曲折的方式达成其目标”，“如果他进入一个房间，他紧挨着墙壁。充满激情的害羞是伟大艺术家的才能中最清晰的一个标志”。[②] 塞尚的害羞当然是充满激情的。他的敏感性格似乎源于他童年时代即具有的、对于被触碰的恐惧，根据他自己的叙述，当时他正从楼梯扶手上滑下来，而另一个男孩踢到了他的后背。当他在野外画画时，如果有人靠近他，他会很快地收拾起颜料和画架，匆忙离开。

让塞尚的妻子霍藤斯（Hortense）长期苦不堪言的事，是她不得不经常给塞尚当模特，因为他在其他模特面前很害羞，而且他担心埃克斯（Aix）那些守旧的邻居们反对。他画的裸体浴者大多是照格列柯（El Greco）、鲁本斯（Rubens）[③] 的画作和他自己的想象画的。结果，他画的一系列人物如他的平静生活一般呆板，却充满了生命。他有一个著名的承诺——“用一个苹果震惊巴黎”，这显示出他是多么渴望被认同，当然是以他自己的方式。他的画作中摇摆不定的线条和不加掩饰的润色痕迹，反映出了他的犹豫不决态度。但是，正如莫兰迪也喜欢把线条和边界弄得模糊不清一样，塞尚在狭小的画面上追求完美展现了他的自信。我们需要一个健康的自我，如同他们一样忘我，才能在我们的生活中采取一种孤注一掷的态度。

---

① 保罗·塞尚（1839—1906 年），法国画家，现代绘画的奠基人之一。

② 亚历克斯·丹切夫:《保罗·塞尚的人生》，伦敦：轮廓出版社，2012 年版，第 225 页。

③ 鲁本斯（1577—1640 年），佛兰德斯画家，17 世纪巴洛克艺术最杰出的代表，擅长绘制宗教、历史、肖像及风景画。

莫兰迪的谦逊是尖刻的。他很少允许买他画作的人去选择，他自己决定要卖出哪幅画。[①] 当他完成一幅画时，他会把它与其他画一起按顺序挂到他床边的墙壁上。经过适时的考虑之后，他会在画框上写下幸运的新主人的名字。但是他还会把它一直挂在墙上，直到准备好交出它为止。他的画作定价很低，作出了很大优惠，但是，如果他知道拥有者为了谋利转让了他的画作，他会很生气，因为他把卖画看作是割掉他自己的一部分身体。在他死去了 13 年之后，他画作的分类目录出版了，他的控制癖也最后呈现在世人面前。他给人的印象是，他一年只完成大约 12 幅画，但是此时一切都清楚了：他极其多产，一生创作了 1400 余幅的油画和数不清的素描。

像劳瑞先生一样，莫兰迪先生也是一位“行者”——既是在宽泛的意义上，也是在字面的意义上。他是一个习惯的囚徒，长期地致力于乏味、孤独的劳作之中，一生中在走路上花了不少时间。他身高 6 英尺 4 英寸，是个大块头，在小镇上很

图 6－6　正如劳瑞一样，莫兰迪的害羞让他喜欢独自行走，喜欢观察，这些自然渗透到了他的作品之中。他画作中的泥红和赭色在任何一个博洛尼亚的街道上都可见到，其微妙的明暗对照法也是穿过城市无穷无尽的门廊时常常能看到的。

① 珍妮特·阿布拉莫维奇：《乔吉奥·莫兰迪：沉默的艺术》，康涅狄格州纽黑文：耶鲁大学出版社，2004 年版，第 216 页。

是显眼——那里的大多数男人都比他矮一英尺，他也是博洛尼亚周边的一道熟悉风景。他总是抽重口味的纳齐奥那利牌（Nazionali）香烟，穿着同一件深灰色西装，戴着黑色领带。每个工作日，他走到商店里去买咖啡和新鲜的鱼，去城市里的美术学院——他在那里教蚀刻版画和版画，喜欢讲授技术而不是“艺术”。他一周去几次圣玛丽亚教堂，这个朴素的、带门廊的教堂是城市贫民们做礼拜的地方。

按照艺术评论家利奥·朗基尼斯（Leo Longanesi）1928 年的说法，莫兰迪的步态和劳瑞的一样古怪。“当他行走时，他看上去像一个旧帆船，首先看到的是船头；他的软毡帽戴在头上像一个完美的上桅，高耸入云，”朗基尼斯写道，“他磨磨蹭蹭，经常扫到墙壁，拖着脚，那神态就像是第一次穿上长裤子的人。”① 正如劳瑞一样，莫兰迪的害羞让他喜欢独自行走，喜欢观察，这些自然渗透到了他的作品之中。他画作中的泥红和赭色在任何一个博洛尼亚的街道上都可见到，其微妙的明暗对照法也是穿过城市无穷无尽的门廊时所能看到的。安伯托·艾柯（Umberto Eco）1993 年在博洛尼亚莫兰迪美术馆发表谈话时说，莫兰迪的作品“只有当你穿过这个城市的街道和拱廊，理解了表面上相同的红色在每个房屋、每个街道都会有所不同之后，才能够真正被理解”。②

---

① 卡伦·威尔金：《乔吉奥·莫兰迪：工作、写作与采访》，巴塞罗那：埃迪西奥内斯·保利格兰法出版社，2007 年版，第 39 页。

② 同上，第 128 页。

四

1950 年代晚期，当劳瑞和莫兰迪还在各自城市的街道上流连时，另一位孤独的艺术家则正在进行更长的、更有系统性的孤独行走。他比他们要难以被发现，因为他的行走区域是英格兰湖区最荒凉的乡下山地，在那些用来分隔农田和山坡的围墙的上方。如果有路过的行人试图与他打招呼，他会藏到一块岩石之后，假装在方便。如果他们认出了他，他会摇摇头，指着远处一个正在远去的黑点说，"那是你要找的人"。他把自己比作洛比 · 拉德（Lobby Lud）——《新闻纪事报》上一位使用假名的员工，会走访海滨胜地，如果有读者根据报纸上的描述认出了他，他会给 5 英镑作为奖励；不同之处在于，阿尔弗雷德 · 温赖特（Alfred Wainwright）① 从来不承认他是谁，也从不施舍奖励。最好的办法是通过一副双筒望远镜，认出他那熟悉的、结实的身形。

作为一个在布莱克本（Blackburn）长大的年轻人，温赖特异常的害羞。他以自己的浓密红发为耻，这头红毛让他得到了一个羞辱性的绰号——"红萝卜"。他的母亲也帮不了他，因为她也以他的红发为耻。当邻居来访时，她会把这个带着奇怪颜色的儿子藏起来，以防他们质疑他的亲生父亲是谁。当他进入中年时，他的害羞变得冥顽不化了。"他们说，要一直与别人同行，"他在他的回忆录《山地漫游者》中写道，"这对那些缺乏进取心的人或者明显愚笨的人来说，是极好的建议；对那些完

① 阿尔弗雷德 · 温赖特（1907~1991），英国旅行家、旅行指南写作者和插图画家，著有多部经典性的旅行指南书籍。

全在山地上行走的人，则不应如此建议，应该进一步建议他们投入到大型晚会之中，让他们被别人冒汗的身体包围起来。”①

实际上，他有时确实与别人同行，只要他们能保持静默，称呼他为“AW”或者“温赖特先生”就好。当一位同行的朋友韦弗·欧文（Weaver Owen）——劳埃德银行（Lloyds bank）肯德尔（Kendal）支行的经理，在一封信中冒险称呼他为“阿尔弗雷德”时，他在回信的开头写道：“亲爱的欧文先生（或者韦弗，如果你更喜欢这个称呼的话，尽管就个人而言我并不喜欢……）。”温赖特在坎布里亚郡（Cumbria）的收养家庭里时，他是快乐的，那里羊的数量是人的4倍，那里的人对于“外来者”——当地人对来此地定居的外乡人的称呼，也是明显害羞的。正如湖地（Lakeland）谚语所说的，“他们对你像夏天，他们对你像冬天，他们对你又像夏天了，然后他们可能会说出‘你好’”。② 因此，温赖特在这里并不显得与众不同，特别是当他待在男人们中间，表现出他们所称之为的“愣神”时——盯着远方，沉浸在自己的内心冥想和神游之中。

温赖特白天的工作是在肯德尔市政厅当区财务主管，这对于一个吝于言辞的人来说是合适的。那时的办公室尚处于前电脑化时代，主要的输出信息是词语和数字，体现为备忘录和资产负债表。会议很少，没有复印机或饮水机可供人们逗留、闲谈。温赖特的主要谈话是向打字员和秘书口述。他于1967年退休，也正是在那时，市政厅财务部门开始废除他所喜爱的手写

① A. 温赖特：《山地漫游者：旅行指南背后的故事》，肯德尔：威斯特摩兰报出版社，1966年版，该书无页码标记。

② 亨特·戴维斯：《温赖特传》，伦敦：奥里翁出版社，2002年版，第125、111页。

账簿。在计算机的新世界里，他感到如此茫然，以至于他再未去过那个办公室，尽管他住得只有一英里远。

他的妻子露丝（Ruth）也害羞，他们的婚姻是沉默寡言的，彼此都觉得痛苦。在他们迁居肯德尔之后，他还常常坐火车去看布莱克本流浪者队的比赛。和 3 万个其他冒汗的身体挤在埃伍德公园球场（Ewood Park）里，似乎并没有让他觉得烦扰。有时候，露丝会瞒着他坐到同一班火车的不同包厢里，去看比赛，她在另一个看台观看比赛，在终场哨吹响之前便离开，这样她就能赶在他之前回到家中。①

1952 年的一天，温赖特坐到自己的桌前，将湖地的 214 块山地划分为 7 个地区。在接下来的 13 年中的周末，他带上自己的照相机、笔记本和三明治，坐早上 8:30 的汽车去安布尔塞德（Ambleside）或者凯斯威克（Keswick），爬那些山地，然后在书稿中写下它们的情形，他用手写并且被每一个细节所吸引。他希望他的著作能如他的手稿那样被精确地复制，不被打印机搞乱布局和样式。在他位于肯德尔·格林（Kendal Green）的家中，他在客厅里工作，而他的妻子和儿子静默地坐着。他的花园就像劳瑞的花园一样，变得一片荒芜；他的婚姻也在让人束手无策的沉默中结束了。

温赖特此时把他独自劳作的才能投入到了他真正在意的事情上。他关于湖地的著作，是对他所钟爱的山地的一种复式记账式记录，"资产负债表"此时迸发出了爱与生命。温赖特用一支绘图笔配上最好的墨水，以漂亮手写体去描述每一块山地的地形。通过用力压扁笔尖，他让字体变粗；通过倾斜笔尖，他

① 亨特·戴维斯：《球迷》，载《新政治家》，2006年3月13日，第59页。

写出斜体字。被文本所包围着的是地图和素描，其中一丝不苟地绘出了上山的路线轮廓，以及通向另一块山地的山脊路线，而且它们被很巧妙地设计成了三维的，山中的湖泊是平躺着的，围墙是转弯的，以极细致的笔法画出了石南属丛生植物和圆石的阴影。像设计了伦敦地铁线路图的哈里·贝克（Harry Beck）一样，温赖特为了方便读者识别，也抛弃了严格的地理上的精确性，把凌乱的现实情形转变成了人们可以立刻领会的东西，符合人们认知事物的习惯模式。他把每块山地分割开，像一个大厨一样把它切成片，扭曲上坡的线路，改变立面图以清晰地显示细节，使整个地形图为人所理解。他把它称为“以薄纸搭建出山脉”。①

随着湖地系列著作的出版，温赖特获得了忠诚的读者群，他变得放松了，也更爱说话了。如同中世纪的僧侣抄写员感到无聊或想做恶作剧时，会在彩绘写本的边缘草草写下评论

图6－7 阿尔弗雷德·温赖特。他日常的工作是在肯德尔市政厅当区财务主管，十几年中的每个周末，他都会带上自己的照相机、笔记本和三明治，坐早上8:30的汽车远赴山区，在书稿中记录它们的各种细节，最后创作出了登山者心目中的经典指南。

① 理查德·凯利：《躲避追随者的向导》，载《卫报》，1982年12月18日。

和涂鸦一样，温赖特也会放下防备，写下一些戏谑的旁注。图上的羊会忽然张口说话，冒出一个对话框，或者他会即兴强调：爬山者最重要的装备是“一双结实的橡胶底鞋子”，下坡的时候，它们“能提供珍贵的摩擦力，可以极好地抵抗重力的拖拉”。①

但是，温赖特此时也很少努力去掩饰他厌恶人群、厌恶女性的倾向，他开始更尖锐地抱怨周末充斥于湖区的“邋遢的男女懒人们”。② 他声称，受欢迎的山地顶峰已经被周日午后驾车旅行者的鞋子磨平了，被女人们的高跟鞋弄得坑坑洼洼。在一些美丽的景点，比如“小鬼门关”（Little Hell Gate）和“罗塞特溪谷”（Rossett Gill），步行者不仅高声喧闹——“无能者的一个共同特征”，③ 而且他们的靴子也发出噪音，把草皮连根带起，让石头偏离了原先的位置。相反，好的步行者会轻柔地走动，不留下痕迹，靴子静静地踏在现成的路径上，让道路的痕迹更加明显。

五

温赖特一直宣称，他的书始于自娱自乐，是“在多年崇拜

① A. 温赖特：《西部山地》，肯德尔：威斯特摩兰报出版社，1966 年版，“叶巴洛山第 7 页”。

② A. 温赖特：《南部山地》，肯德尔：威斯特摩兰报出版社，1960 年版，“一些总结性的个人笔记”。

③ A. 温赖特：《山地漫游者：旅行指南背后的故事》，肯德尔：威斯特摩兰报出版社，1966 年版，该书无页码标记。

这些圣地却未说出口之后”，[1] 写给坎布里亚群山（Cumbrian hills）的一封情书；仅仅是为了当他老了、虚弱得爬不动山时，留给他自己坐在壁炉边阅读的。他计划用整整 13 年的时间去完成七卷本的系列著作。1965 年 9 月，他爬完了最后一座山峰斯塔林·多德峰（Starling Dodd），比原定计划提前了一个星期。也恰恰在这一年夏天结束之前，这些山峰从汽车时刻表上消失了。他回到了自己的桌旁，完成了最后一本著作《西部山地》的收尾工作。

他对他的手写本的外观相当迷恋，在行的末尾从不以连字符分割单词，看上去确实表现出自闭症者的艺术作品的某些自我激励特征。这是一种内在的卖弄形式，意味着满足他自己对于正确和完整的要求。他为第一本书《东部山地》劳作了 8 个月，之后，他竟然扔掉了已经完成的一百多页书稿，又从头开始。因为他没有把文本右边的字行对齐，他不喜欢这个样子。

页面布局对温赖特来说也是重要的事，就如同拐杖对于走小路时的重要性一样：对于字体和字形的关注，显示了他在乎的是他的行动怎样以不可言传的方式影响了他人。或许没有人会注意到他的文本是靠右对齐的，但是在无意识的层面上，格外整洁的页面可能增加了他们的审美愉悦。温赖特相信，老的交流协议是重要的，它们构成了缓慢积累的、为人所共享的文化的一部分，就像山上的那些小路一样。

“人们为什么要爬山？”他在第四卷著作《南部山地》中大声发问道，“越来越多的人开始去爬山；他们在这些荒野之地发

---

① A. 温赖特：《东部山地》，肯德尔：威斯特摩兰报出版社，1955 年版，“引言”。

现了一些东西，是在别处发现不了的。”他觉得，这个东西就是“从日常生活的喧嚣和骚动之中逃离……在山峰的孤独和寂静之中，麻木的神经获得了安慰”。[①] 并不是每个人都像温赖特那样，觉得湖区亲切、友好。丹尼尔·笛福（Daniel Defoe）[②] 在其《穿越大不列颠全岛的旅行》（1722）一书中认为，坎伯兰郡（Cumberland）和威斯特摩兰郡（Westmorland）的群山“高大而且令人敬畏”，“其中带有一种不友好的恐怖”。甚至是热爱这些山地的华兹华斯（Wordsworth）[③]，也在长诗《序曲》中写道：“巨大而强有力的形式，却不是活的。”对于笛福和华兹华斯来说，这些山峰是崇高的——就哲学家如伊曼努尔·康德和埃德蒙·伯克所使用的这个词的意义而言：它们以一种将人拒之门外的美，将审美上的敬畏与恐惧感结合了起来。

害羞者经常被吸引到自然界之中，因为它似乎比人更容易接近。但是，他们某些时候必须要面对自然界的无法消除的差异，即它对他们没有兴趣，也拒绝给予他们以任何回报。正如害羞、易怒的 A. E. 豪斯曼（A. E. Housman）[④] 在《告诉我不在这里，不言自明》一诗中写道：“无情的，无知的自然，/ 既不在乎我，也不懂我。”自然不会寻求与我们建立联系，这一事实对于害羞者来说既是令人安慰的，也不十分令人安慰，因为它不会减轻他们的孤独感。

---

① A. 温赖特：《南部山地》，肯德尔：威斯特摩兰报出版社，1960 年版，“斯科费尔峰第 24 页”。

② 丹尼尔·笛福（1660—1731 年），英国作家、商人，《鲁滨逊漂流记》的作者。

③ 华兹华斯（1770—1850 年），英国诗人，其作品主题常是人与大自然的关系。他是英国浪漫主义运动的中心人物。

④ A. E. 豪斯曼（1859—1936 年），英国学者和诗人，曾任剑桥大学教授。

温赖特坚持认为，山是“和蔼可亲的巨人”，[①] 当他与它们进行无声的交融时，这是他最快乐的时光。但是，我想他是过于确信了。从他的书中，可以看到一些暗示和线索：他确实在乎别人的想法，他孤独地行走于山峰入口处的围墙之上，为的是他可以回来告诉别人具体的情形。在不太迷人的北部山地，他在数月的行走中只见过三个人，他感觉自己像是“在准备一部根本没有读者的著作，一部既没有表演者也没有观众的剧本”。[②] 温赖特像通常神经过敏的作者一样，为他的所有孤独劳作能否得到受众的回报而烦恼。

甚至当他独自行走在这些山地之上时，温赖特的兴趣也不在于将它们看作是地质变迁的产物，而是将它们看作是人类的集体创造。他将他的书献给了那些未被赞颂的人们，比如“地形测量局里的人们”或者“建造了石墙的人们”，正是他们使得享受这些山地成为可能。他最鄙视那些毁坏石堆纪念碑的人，因为他们没有按照惯例往石堆上添加石头，并且亵渎了这些即兴搭建的顶级圣殿；最鄙视不按道路行走的步行者，因为这些道路是由无数无名者的足迹共同创造出来的艺术作品。他的著作不仅是写给这些山地的情书，也是写给在这些山地上付出过劳动的人们的情书，是写给他的读者的情书。不过，这些读者是有条件限定的，是指沉默寡言的、主要是男性的读者，穿高跟鞋者是绝对不在此列的。在书中，温赖特一点点地透露自己的个人信息，以此来逗弄读者——关于他的狗辛

---

① A. 温赖特：《山地漫游者：旅行指南背后的故事》，肯德尔：威斯特摩兰报出版社，1966 年版，该书无页码标记。

② A. 温赖特：《北部山地》，肯德尔：威斯特摩兰报出版社，1962 年版，“一些总结性的个人笔记”。

迪（Cindy）或者他自己与一头年老雄鹿的相似之处。在每一卷著作中，他都收入了自己的一幅照片，作为“对读者的一个特别优待”。[①] 在照片中，他通常是坐在一块岩石上，观看着风景，面部模糊，嘴里叼着烟斗，戴着一顶帽子，把自己隐藏得更深了。

他想出了与读者联系的其他方式。在最后一本关于湖地的著作中，他宣称自己在兰克·里格峰（Lank Rigg）峰顶靠近奥德纳斯圆柱（Ordnance column）的一块平坦石头下，留了一枚两先令的硬币，“表现出了一种非典型性的慷慨作风，后来他一直对此感到后悔”。[②] 书出版后的第二天，一位读者就找到了硬币，这可以作为读者对温赖特日渐增长的狂热崇拜的一个证据。在 1968 年出版的《奔宁山脉道路指南》一书的结尾，他作出承诺：在山路的法定终点——柯克·耶色姆（Kirk

A PICTORIAL GUIDE

图 6－8　温赖特所著《奔宁山脉道路指南》。在其第一版中承诺任何登山者只要向指定旅馆的老板提起他的名字，都能得到一本免费书，而老板会定期把账单寄给他，到他逝世时，他总共支付了 15000 镑。通过他的书很多人成为了登山爱好者。

① A. 温赖特:《中部山地》，肯德尔：威斯特摩兰报出版社，1958 年版，“雷文峭壁第 4 页”。

② A. 温赖特:《西部山地》，肯德尔：威斯特摩兰报出版社，1955 年版，“兰克·里格峰第 7 页”。

Yetholm）的边界旅馆（Border Hotel）里，任何人只要向房东提及他的名字，都能得到一本免费书（颇似洛比·拉德的遗风）。房东定期地把账单送给他，到他死时，他总共支付了15000镑。

温赖特运用了一个非直接交流的漫长传统，这种传统是在离散社会中由漫步者和步行者创造出来的。1854年，达特姆尔高原（Dartmoor）上的一位向导——詹姆斯·佩罗特（James Perrott），在偏远的克兰米尔池（Cranmere Pool）建造了一个小的石堆纪念碑，并在那儿放了一个玻璃坛子，里面放着他的名片。发现佩罗特名片的步行者又向坛中增添了他们自己的名片，到了1888年，坛子被升级成了一个大锡铁盒子。1905年，两位步行者在其中增加了一本游客留言簿。其他人则在其中放入了带有邮票和自己地址的明信片，等待下一位游客寄出。这个习俗植根于古代人的实践：人们在乡间小路的某些特定地点放上信件，等待其他步行者将它们带到下一个地点。这种"流动信箱"的实践传遍了全世界，仅仅在达特姆尔高原现在就有几千个信箱，在材质上，从地形调查局地图上标示出的石体结构到特百惠塑料盒子不等。这种信箱相当于放在陆地上的漂流瓶，却比海上的漂流瓶容易发现一些。这是温赖特喜欢的那种虚拟人际关系：一种非强制性的、不同的问候方式，除了确认接收之外，什么也不需要。

他的第一本关于湖地的著作出版之后，读者的信件纷至沓来，先是涓涓细流，很快就成千上万了。有些信件来自于卧床不起的残疾人或者在海外服役的军人，他们感谢他用生动的笔触唤醒了那些山地——他们不能亲眼看到的山地。他自己的桌上积累了一堆等待回复的信件，当他回复了一些，信堆消失了，然后又积累成堆。与劳瑞不同，他有信必回，有些通信常常持续数年。即使是私人信件，他也会誊写两遍，因此寄出的版本很干净，没有涂改的痕迹。

温赖特的友善让人感动，因为它明显是只讲付出，而不期待任何的回报，也掩藏在他极其火爆的坏脾气的表象之后。“是的，我不爱交际，随着我的岁数变大，这种情形变得越来越严重，”他在参加 BBC 广播四台的“荒岛唱片”节目时，在苏・罗莉（Sue Lawley）没有问他这个问题之前就告诉她说，“刚开始时是害羞。现在不是害羞了。我现在可以面对任何人了，并不觉得比他们低等。但是我还是更愿意独处。”[①] 他说，他很难选择 8 张唱片带着去荒岛生活——因为他更喜欢寂静。

1980 年代，当他最终同意上电视时，他和采访者埃里克・罗伯森（Eric Robson）一起走在山地上。但是他拒绝近距离地面对镜头，而这是电视节目所必需的：常常是以回答问题作为遁词，问一些采访者和被采访者都已经知道答案的问题。工作人员担心他们没有什么内容可播的。然而，在拍摄快结束时，他变得更健谈了，重复了他的著名愿望——将他的骨灰撒在他最喜欢的山峰“大草堆”（Haystacks）之上。有几位读者曾给他写信说，他们要步他的后尘，也将自己的骨灰撒到那里。“因此，我将有人陪伴了，”他柔声地说。在死亡这件事上，他似乎也不介意与别人分享这些山地。

① “荒岛唱片”节目，BBC 广播四台，1989 年 3 月 26 日。

六

温赖特是典型的英国北方男人，看上去似乎满足于并乐于过沉默寡言的生活。他是个不太称职的被采访者，不仅仅是因为他害羞，也因为他是一个满足于字面意义的人，他认为寻求言外之意充其量不过是误导别人，在最坏的情况下则是鲁莽的行为。他坚持说，他是为自己消遣而写书的。他独自行走，因为他喜欢与自己做伴。他说话很少，因为他没什么可说的。以此类推，他的每个答案都暗示着：在他这里，你什么也看不到。

他对言外之意的解码大师西格蒙德·弗洛伊德应该没有什么兴趣。弗洛伊德把艺术和写作看作是失败的补偿，所谓的失败即是无法以更为直接方式去与人交流，无法按照我们的欲望去行事。对弗洛伊德来说，写作“在其本源上是一个缺席者的声音”。[①] 写作允许我们在纸上留下记号，表达原本存在的、代表我们肉体的自我，让我们超越了不假思索讲话的缺点。但是在弗洛伊德那里，写作只是自发交流的一个低级替代物。当弗洛伊德认为言语的魔力在于“让另一个人心花怒放或者让他绝望”时，[②] 他指的是口语——教师用来传授知识或者演说家用来迷惑听众的那些珍贵的新词。

建立在“谈心疗法”基础之上的训练往往重视谈话，并把不擅长谈话的人归为病态，这或许是不足为奇的。严格的弗洛

① 西格蒙德·弗洛伊德：《文明及其缺憾》，见《文明、社会与宗教》，詹姆斯·斯特雷奇译，阿尔伯特·迪克森编，伦敦：企鹅出版社，1985 年版，第 279 页。

② 西格蒙德·弗洛伊德：《精神分析引论》，詹姆斯·斯特雷奇译，詹姆斯·斯特雷奇、安吉拉·理查兹编，伦敦：企鹅出版社，1991 年版，第 41 页。

伊德主义者把害羞看成是转移了的攻击性或者自恋，是退缩到最初的安慰之中，但最终并不能以内心生活来补偿无法与他人相处的痛苦。“害羞的个体似乎表现得像个无力的孩子，希望得到强有力的成人群体（父亲们）的承认，同时又害怕自己的地位太过低下，恐惧因自己的冒昧愿望而受到冷落，”希尔德·莱温斯基（Hilde Lewinsky）在 1941 年的《英国心理学杂志》中写道，“这种对被冷落的恐惧在比喻的意义上象征着阉割恐惧。”① 弗洛伊德主义者认为，害羞者压抑了他们的至关重要的本能，因太害怕他人的敌意而不能完全意识到人类的存在。

因此，1958 年 9 月 4 日，当为害羞而烦恼的新西兰作家珍妮特·法兰姆（Janet Frame）② 走进位于伦敦丹麦山（Denmark Hill）的莫兹利精神病医院（Maudsley Psychiatric Hospital）的一间小诊疗室，与罗伯特·考利（Robert Cawley）医生进行第一次约谈时，她是真正得小心翼翼。弗洛伊德主义主宰了战后的精神医学，它认为与他人亲密接触对于精神健康是至关重要的，而害羞阻止我们获得这种亲密接触，害羞来源于自我中心主义和不安全感。

这次见面是在仓促之中安排的，是在法兰姆从滑铁卢桥（Waterloo Bridge）附近的一个电话亭给医院打电话，告诉他们她要跳河自杀之后。法兰姆对考利的第一印象是：清楚的英国口音，令人生畏的黑边眼镜，漂亮熨贴的西装和擦得锃亮的

---

① 希尔德·莱温斯基：《害羞的本质》，载《英国心理学杂志》，1941 年第 32 卷第 2 期，第 112 页。

② 珍妮特·法兰姆（1924—2004 年），新西兰小说家、诗人。她童年生活困苦，长大后成为一位教师。她曾经几次进出精神病医院，勉强逃过一次前额叶切断手术，回忆录被拍摄成电影。

鞋子。她想，这又是一位冷淡、自信的专业人士，将要把她界定为一个疯狂者。但是，她很快就被他的温和态度和自我保护式的微笑折服了，她开始看出他与她一样害羞——“一个聪明的、迟疑不决的男人，在我们会谈之中，他唯一的成果便是精确地记录下了谈话的内容”。[①] 她回答他的问题，声音勉强能听清，微带着嘲弄式的怀疑主义和回避。她喜欢玩语言游戏，很享受词语的声音与形式，而不顾其意义，考利将此诊断为对于交谈的一种矛盾态度：既有交谈的欲望，又厌恶交谈。他慢慢地拼凑出了她的故事。

法兰姆孩童时代天生害羞，她为自己的红色卷发感到尴尬，她的牙齿严重腐烂，以至于她说话时得遮住自己的嘴巴，这些都加重了她的害羞。1943 年，她 19 岁时进入了新西兰南岛（South Island）达尼丁（Dunedin）市的教师培训学院学习。她寄宿在她的姑妈爱希（Isy）家中，她的姑父乔治（George）躺在楼上的一个房间里缓慢地等待死亡。法兰姆太过害羞，不愿与她的姑妈坐在一起用餐。她告诉姑妈，她更愿意坐在洗碗间的长凳上吃块点心，因为她的胃口很小，并且喜欢边吃东西边学习。这意味着她长期处于饥饿状态，为了缓解饥饿，她在自己的房间里吃每块一先令的卡拉梅洛（Caramello）牌巧克力，趁姑妈看不见的时候，从姑妈的脏碟子里偷拿一点炖牛肉中的软骨吃。

在学院的女洗手间里，她也害羞得不敢从小隔间里踏过那些有回声的瓷砖，走到垃圾焚烧炉那里去扔用过的卫生巾。因

---

① 珍妮特·法兰姆:《来自镜子之城的使者：自传（三）》，伦敦：弗拉明戈出版社，1993 年版，第 127 页。

此，在整整两年中，她都把用脏了的卫生巾带回家，趁她姑妈外出时丢到垃圾筒里，或者把它们藏到附近公墓的墓碑中间。她后来听说，她这一代的其他年轻女性也被相似的害羞逼得发疯。她们绕道去城市周边的原始林区，去处理用过的卫生巾。她听说，她的另一个同龄人在学生公寓里的第一周是在黑暗中度过的，因为她害羞得不敢要求更换灯泡。

在她两年培训的尾声，一位检查员来听她讲课，她害怕得说不出话来，走出了教室，再也没有回去。这件事发生后不久，她试图服用过量的阿司匹林自杀，她在医生面前的态度神秘莫测，这使得她被诊断为精神分裂症。她在精神病机构中度过了七年时间，在不加麻醉的情况下经历过 200 次的电休克疗法。如果不是一个医生发现她的第一本书《环礁湖》获过奖，取消了她的预约，她可能就被做了脑前额叶切除手术。她逃到了伊比莎岛（Ibiza），然后是伦敦。在伦敦莫兹利医院里，一位精神病医生告诉她，她根本就不是精神分裂症。她无法界定自己了，感到丧失了一切。此后不久，她就以跳进泰晤士河来威胁医生了。

自从一位老师在班上其他同学面前指出她害羞以来，她就把害羞当作了一项赋予了她魅力的品质，一项艺术家和诗人才有的特别天赋。她开始把一切都投入到了写作之中，退缩到了一个与现实世界平行的世界里，她把这个世界称为“镜子之城”（Mirror City）。它看上去似乎比现实世界更为丰富，她在其中飘过，像一个沉默、羞怯的幽灵。因为担心失去它的魔力，她舍不得去讲述她在镜子之城中的生活——这对真实世界的生活是有价值的。坐在开往英国的船上时，她甚至没向陌生人泄露她著作的题目。因为她对自己的作品有种她称之为的“原始的害羞”，她“不愿将写作的力量简化或凝缩为口语”。[①]

七

所有的作家在他们的文学自我和真实自我之间都有这种分裂感。对法兰姆而言，这种对照界定了她的生活。“在谈话中，我感到困扰，”她在1955年写道，“在写作中，天使将会造访我。”[②]她很沉默，拙于言辞，这意味着有很多人把她当作是低能者。她把她性格中所有聪明、清醒的部分都灌注到了自我之中，独自坐在桌边写作，等待天使的现身。对作家来说，使用笔名是相当普遍的事。但是，法兰姆相当罕见地以她的真名出版作品，却以假名生活。1958年5月，在法兰姆遇见考利的几个月前，她将自己的名

图6－9　新西兰女作家珍妮特·法兰姆自传封面上的本人肖像。她在精神病院中呆过七年时间，在不加麻醉的情况下经历过200次的电休克疗法。如果不是一个医生发现她的第一本书《环礁湖》获过奖，取消了她的预约，她可能已被做了脑前额叶切除手术。

① 珍妮特·法兰姆:《来自镜子之城的使者：自传（三）》，伦敦：弗拉明戈出版社，1993年版，第173页。

② 珍妮特·法兰姆:《一份声明》，见丹尼斯·哈罗德、帕梅拉·高登编:《珍妮特·法兰姆：自述》，新西兰罗斯代尔：企鹅出版社，2011年版，第50页。

字改成了珍妮特·克鲁萨（Janet Clutha，取自但尼丁的河流名称），并继续以“珍妮特·法兰姆”的名字写作。

如果考利是一位严格的弗洛伊德主义者，他会在法兰姆身上发现丰富的印证。但是他不是，相反，他得出了一个非同寻常的诊断结果。法兰姆终其一生都被激励从自己的壳中走出来，去接触更多的人。考利的疗程则是，她应该独居和写作。他给她开出的第一剂药物，是建议她写写她在精神病医院里的生活。法兰姆按照医生的要求做了，写出了小说《水中的脸》。它讲述了沉默寡言的、孤独的伊斯提娜（Istina）的故事，她被误诊为疯子，被迫住进了医疗机构，那里的日常生活对于害羞的她而言几乎就是惩罚，全是羞辱性的公共生活。病人们不得不在护士的监督之下使用无门厕所，被迫穿上了晚会礼服，将围巾系成蝴蝶结状戴在头上，以遮盖他们那剃光了头发的、施行过脑额叶切除手术的头颅。法兰姆在考利允许她出院的 9 个月后，像一个婴儿一样把手稿送给了考利。“书写得不够精彩，”他告诉她，“但是它会精彩起来的。”①

当考利建议法兰姆仅仅应该学着与她的害羞共处时，他无视了精神病学的共识，并且是在一个想自杀的病人身上冒险。他的特立独行想法是从他的个性中自然发展而来的，这一点法兰姆已经猜到了。当他们见面时，他和她一样也是 34 岁，但是还只是一名实习医生。在他接受教育阶段，一场几乎致命的贫血症和其他青春期的严重疾病让他浪费了几年时间，随后的侮辱则击垮了他的自信心，比如赤裸地站在几名医生面前，他们

① 珍妮特·法兰姆：《来自镜子之城的使者：自传（三）》，伦敦：弗拉明戈出版社，1993 年版，第 133 页。

图 6－10　电影《坐在我桌边的天使》海报。这部大获赞誉的电影取材于法兰姆的真实经历，获第 15 届多伦多国际电影节影评人奖，第 47 届威尼斯电影节小金狮奖。

蹒跚地在他四周走动，呼出的气息中有威士忌酒的味道，得出的结论是他不适合服兵役。当他第一次与法兰姆见面时，他正处于部分胃切除手术的康复阶段，身体虚弱。在简・坎皮恩（Jane Campion）[①] 拍摄的关于法兰姆人生的电影《坐在我桌边的天使》中，扮演考利的演员将其表现为一位信奉兰恩[②] 疗法（Laingian）的存在主义的精神病学家，留着时髦的胡子，假发披到了肩上，行为举止无忧无虑。但是，R. D. 兰恩（R. D. Laing）的反传统精神病学运动此时已经过时了，而且考利也不是精神病学的颠覆分子。他所拥有的便是固执己见，这在害羞者中是非常常见的。

精神病学家安东尼・斯托尔（Anthony Storr）发现了心理

① 简・坎皮恩（1954— ），新西兰电影导演。她的电影《钢琴课》受到国际影坛的广泛赞誉。

② 兰恩（1927—1989 年），英国精神病学家。兰恩疗法是在反对传统精神病学诊疗观的基础上提出的独特的存在精神病学的心理治疗方法。在精神疾病的诊断上，兰恩主张从存在主义—现象学的视角来理解精神疾病，要从一个人的环境或背景中来理解他的行为。在精神疾病的心理治疗上，兰恩强调通过改变患者的生存环境来促进其自我恢复。

治疗师所具有的一个特征，在考利身上也是适用的：一个“警惕的、过度焦虑的孩子”，他可以成为“一个听众. 别人求助于他，但是他并不会作出对等的、相互的自我表露，与别人形成互惠关系”。[①] 一个害羞的治疗师和一个害羞的病人在一起时，他们之间的分析关系格外富有成效，因为诊疗室给他们提供了一个空间和结构，他们可以彼此交谈和倾听。

像考利一样，斯托尔童年时代害羞，没有朋友，遭受了几乎致命的疾病（哮喘和败血症）的折磨。他也符合自己对心理治疗师特征的描述。他在威斯敏斯特教堂（Westminster Abbey）长大，他的父亲在那儿当副助理主教。他在音乐中找到了慰藉，晚上拿着他的留声机爬上管风琴阁楼，放他最喜爱的巴赫和亨德尔的乐曲。像考利一样，斯托尔感觉孤独自有其用途，灵魂的救赎并不总是寄托于别人身上。弗洛伊德认为创造性艺术是性冲动的较好的替代物，与弗洛伊德不同，斯托尔相信，富有想象力的生活本身就是我们进化遗传特性的一部分。天生的孤独者可以通过发挥这种遗传性，找到他们生活的意义，而不是像弗洛伊德提倡的那样，试图以冰冷的理性去治愈虚伪。

法兰姆让考利认识到，我们永远也无法完全了解别人，完全治愈病人常常是很难的。尽管弗洛伊德渴望将心理分析转变为一门精确的科学，但是对考利来说，心理治疗只是跟随直觉，去倾听并讲述故事，从而帮助人们理解他们生命的意义。他后来写道，法兰姆让他认识到“知识与想象、艺术与科学之间的

① 安东尼·斯托尔:《孤独》，伦敦：哈珀·柯林斯出版社，1997年版，第115页。

武断划分是靠不住的"。[①] 她终其一生都对他保持着类似的感激，相信他确实拯救了她，正如那位曾经取消了她的脑前额叶切除手术的精神病医生一样。

八

1963 年 2 月，20 世纪英国最糟糕的冬天中最糟糕的一个月份，也被证明是压死西尔维亚·普拉斯（Sylvia Plath）[②] 的最后一根稻草，让报春花山（Primrose Hill）大伦敦地区的人们几乎都足不出户。一个星期五，法兰姆来到了靠近曼彻斯特的斯托克波特郊区的希顿·摩尔（Heaton Moor）。她受《卫报》作家杰弗里·穆尔豪斯（Geoffrey Moorhouse）的邀请，去那里度周末，穆尔豪斯和他的新西兰妻子及两个小孩住在那里。几个月前，法兰姆首次接受新闻采访，采访者即是穆尔豪斯。这次采访经验对她来说是痛苦的，在接下来的 41 年的生活中，她很少再接受采访。穆尔豪斯这样描述她："一个稍嫌矮小的女人，姜黄色的卷发散发出伟大的光环，说话时很安静，她笑得很多，以填补说话间可能令人不安的停顿。" [③]

法兰姆的小说《走向另一个夏天》直到她死后才出版，却是这次周末之后立即就写出来的，其中带有少许虚构。格雷

---

① 罗伯特·休·考利：《珍妮特·法兰姆对精神病医师教育的贡献》，见伊丽莎白·阿利编：《内心的太阳：庆祝珍妮特·法兰姆的人生与事业》，悉尼：艾伦及昂温出版社，1994 年版，第 11 页。

② 西尔维亚·普拉斯（1932—1963 年），美国女诗人，8 岁就出版了第一部诗集。她的作品常充满孤寂、死亡、自戕式的忏悔。

③ 杰弗里·穆尔豪斯：《冰冷的安慰》，载《卫报》，2008 年 7 月 5 日。

丝·克利夫（Grace Cleave）是一位因为害羞而极其痛苦的作家，心理脆弱，长着浓密的、难以驯服的头发；她草率地接受了菲利普·瑟凯特尔（Philip Thirkettle）的邀请，去他位于威切利（Winchley）的家中和他的妻子安妮（Anne）以及他们的两个孩子共度周末。格雷丝发现这个周末变成了折磨。尽管菲利普是一位热心的主人，但是她被他的尖锐问题以及穷追不舍的追问弄得惊惶失措。当他等她回答时，她被期望的重压压得喘不过气来，她的话“匆匆忙忙，前言不搭后语”。[①]

格雷丝发现，当有人听她说话时，她无法说出条理分明的句子和谓语。因此，她在脑子里预备一些陈词滥调——“我确实喜欢烤面包加奶酪”、“我好喜欢你做的饭菜”、“是的，我喜欢威切利这个地方”，并找时机把这些话说出来。还有一些她知道她要被问到的问题，比如她是否打算回新西兰，她也准备好了答案来应付。她感觉被软禁了，尽快逃到了冰冷的卧室中，哭着睡着了。她期望回到她在伦敦的卧室兼起居室之中，坐到她的奥莉维蒂（Olivetti）牌打字机旁，温暖的灯光照耀着键盘，“向她发出嘈杂的嗡鸣”。[②]

法兰姆喜爱她的打字机，没有了它，她感觉自己就像是孤儿，正如今天的青少年被迫与他们的智能手机分开时一样。打字机是将她与世界联系起来的“假肢”。“我是如此地缺乏自信……一旦离开我的桌子和打字机，”她在给一位经纪人的信中

---

① 珍妮特·法兰姆：《走向另一个夏天》，伦敦：比拉哥出版社，2009 年版，第 88 页。

② 同上，第 14、41 页。

写道。[①] 她在新西兰的精神病医院里时被允许使用打字机，这是一项来之不易的特权，也为她赢得了难以伺候的名声。她喜欢打字时的感官享受：当她放入纸张时，棘轮发出咔嗒声；回车键铃发出“呼呼”声；当她拉出纸张时，打字机发出最后的嘶嘶声。

法兰姆用两个手指打字，这没有什么可害羞的。新西兰作家弗兰克·萨吉森（Frank Sargeson）曾把他花园中的小屋借给她写作，无意中听到她的打字机键盘那喋喋不休的声音，就像是一支卡拉什尼科夫冲锋枪（Kalashnikov），他把它称作“为可爱的生命而打字”。[②] 这赋予了她一种勤勉感，仿佛她真的是在制造作品一样，就像织布一样可触可感。1963 年春天，当她打出《走向另一个夏天》的手稿时，她写信告诉一个朋友：“我的打字机快坏了；键盘变得相当差了——它们会卡住纸张……小小的‘o’、‘a’和‘n’的键盘模版此刻就躺在我的桌子上。”[③]

张口结舌的人在他们的白日梦里总是雄辩的。在《走向另一个夏天》中，格雷丝在脑海中想象了一个镜子之城，在其中她说话自由流畅，富有洞见，让别人“快乐得脸红”。但是，她丰富的内在生命从来找不到一个出口。在一个杰出的段落里，菲利普和格雷丝去城里观光，他带她看了威切利高架桥——原型可能是斯托克波特高架桥，这个铁路时代的巨构由

① 迈克尔·金：《与天使搏斗：珍妮特·法兰姆的人生》，伦敦：斗牛士出版社，2001 年版，第 438 页。

② 《与天使搏斗》，彼德·贝尔导演，2004年。在线观看：http://www.nzon-screen.com/title/wrestling-with-the-angel-2004。

③ 同①，第 248 页。

一千万块砖建成，它也曾让劳瑞大为着迷，经常出现在他的画作中。格雷丝为了照顾菲利普的感受，意味深长地盯着高架桥看，似乎它已经让她震憾了。她清了清嗓子，打算发表一大串对于建筑的即兴意见："人类肉体和精神的表露，玉米，癌症，幸运石……叹息，陈述，拒绝"，平凡人靠勇气创造的奇迹，这些人受到了时间和自然环境的反复冲击，却仍然能够在房屋之外创造出这些巨构。但是从她嘴里说出来的却只是："是的。我明白你的意思，就此而论它是最好的"。①

法国哲学家雅克·德里达（Jacques Derrida）提出，西方思想的整个传统，一直追溯至柏拉图的《理想国》，都存在着一个知识偏见，他称之为"语音中心主义"（phonocentrism）。"语音中心主义"认为，我们靠本能学会的说话相比于写作，是一种更自然的表达形式，后者是我们曲折地学会的。法兰姆小说中的另一个自我是害羞的、不善表达的，陷入在这样一个语音中心主义的世界之中不能自拔。这个世界把写作看作是一种贫乏的、不纯粹的说话形式，同时它又都相信相反的一面：口语词嘈杂、唠叨，从来不能与写作的深刻、微妙相提并论。在法兰姆 1963 年的小说《盲者的馨香花园》中，薇拉·格兰丝（Vera Glace）有一个女儿叫阿琳（Erlene），阿琳希望自己是个哑巴，能够独自坐在寂静和黑暗之中。"说话有什么用处？"阿琳反思道，"连续不断地说，却什么内容也没有，用陈腐的、用来讨价还价的词语，尽说些廉价的鸡毛蒜皮之事，掩饰贫瘠的思想。"她想，人们害怕她的沉默，因为"这是显而易见的；

① 珍妮特·法兰姆：《走向另一个夏天》，伦敦：比拉哥出版社，2009 年版，第 119~121 页。

就像清水显露出水底的障碍……无用的词语和思想顺势渗透进来，弄浑了清水”。[①]

自从童年时代起，法兰姆就喜欢灯塔。她的父亲常开着丽齐·福特牌（Lizzie Ford）汽车，带他们到南方的怀帕帕角（Waipapa Point）海滩去。他去钓鱼，家里的其他人则在能看见灯塔的地方野餐。在《盲者的馨香花园》中，年轻的薇拉·格拉丝也和她的家人一起去怀帕帕角度假，那里有一位独居的灯塔看守员。冬季时，给他供应燃料和食物的船经常延迟几星期才到，因此他与世界仅有的接触便是路过船只的临时闪光信号。一天，薇拉正在沙滩上野餐，她发现了一只小船正从灯塔离开。两个男人正在制服那个大喊大叫的看守员——他已经疯了。

在法兰姆的小说中，灯塔及其看守员代表了人与人联系意图的脆弱性。就像灯柱为过往船只照亮了水平面，我们必须向别人伸出援助之手。即使当将我们联系在一起的语言很难懂、不足以帮助我们完成这个任务时，我们也应该如此。“没有什么东西可以让我们沉默，”薇拉反思道，“我们必须互相召唤……穿过大海和沙漠，用闪光的言语，而不是镜子和灯光。”阿琳同意言语就像是灯塔的说法，“灯塔的灯柱在大海上漫步，海面的视野开阔了，它也警告船只提防危险的潮汐、逆流和即将来临的暴风雨”。[②] 但是，正如我们在小说的结局看到的，阿琳并不存在，她只存在于薇拉的意念之中，薇拉这个 60 岁的老处女已经 30 年没有开口说话了。她像怀帕帕角那个灯塔

① 珍妮特·法兰姆:《盲者的馨香花园》，伦敦：女性出版社，1982 年版，第 12、87 页。

② 同上，第 106、180~181 页。

看守员一样遥不可及。

1980 年代，法兰姆的自传给她带来了更大的名声，她开始不情愿地参加新西兰的一些艺术节。每一个人看到她都说着相同的话：尽管她心神不宁，矮小，模样平凡——她此时戴上了假牙，她的头发变白了、驯服了，但是她一出现就气氛火爆。1986 年 3 月，当她在惠灵顿国际艺术节上朗诵时，2000 个座位座无虚席，晚来的人没有座位，沿着墙壁和过道排成了行。古怪的是，作为一个一辈子张口结舌的人，她却以声音俘获了人们。她的声音听上去像孩子一般，有着银铃般的清脆，既传达了力量，也传达了无助。她受到了观众们的起身欢呼，她看上去真的对此感到困惑。

在这段短暂的跻身于超级巨星的生活之后，法兰姆退出了公共生活，帮助她做到这一点的是一项新科技产品——电话答录机，她一反常态地对这项科技表现出了热情。她更加急切地将现实拒之门外了。她经常搬家，为的是躲避他人的喧嚣，她无法忍受摩托车发动机的声音、周末“自己动手做’（DIY）的狂热信徒们以及但尼丁郊区的“阳物般的电动割草机”的噪音。① 她用毛毯盖住窗户，以减少噪音。尽管她此时几乎不接待访客，但是新西兰舞蹈艺术家道格拉斯·赖特（Douglas Wright）在 1980 年代晚期却与她交上了朋友。她频繁地搬家，赖特认为，她像是“一场永无休止的刑事审判中的主要证人，她的证词是如此有价值和确凿，以至于她必须处于完全的

① 迈克尔·金：《与天使搏斗：珍妮特·法兰姆的人生》，伦敦：斗牛士出版社，2001 年版，第 367 页。

保护之下，从一个庇护所转移到另一个庇护所”。[1] 她听人谈话时很专心，时而发出微小的低语鼓励对方。这是一种罕见的专注天赋，他觉得这只能被那些知情者领受，而被其他人完全忽视。

与往常一样，她的键盘将她与世界脆弱地联系起来。她继续在她信赖的打字机上写作，熟悉了键盘的感觉。但是在她生命的最后几年，她成为了当时所有新出现的笔记本电脑的早期使用者，她浏览萌芽期的因特网，给成千上万的人——那些把这个不爱交际的女人称作朋友的人，发送最早的电子邮件，她的脸在显示屏光芒的照耀下容光焕发。

九

或许，灯塔有一些吸引内向者的东西。内向者需要经常从社交世界中退出，但还要与它保持着一种联系。灯塔是我们共同人性的一个具体表达。它们的信号灯永远旋转、闪烁，象征着我们与他人的关系：我们关心那些我们可能永远也不会遇见的人们，那些我们在黑暗中最多只会为他们闪闪手电光的人们。芬兰作家兼艺术家托芙·扬松（Tove Jansson）[2] 与珍妮特·法兰姆一样，对灯塔的这一特性大为着迷。在她的著作中，灯塔成为了孤独艺术家的象征，他们选择远离个体性的

---

① 道格拉斯·赖特：《幽灵舞步》，新西兰奥克兰：企鹅出版社，2004年版，第140~141页。

② 托芙·扬松（1914—2001年），芬兰作家、画家。因她在儿童文学方面的卓越贡献，于1966年获得“汉斯·克里斯蒂安·安徒生奖”，这一奖项被认为是儿童文学的诺贝尔奖。

图 6–11 芬兰女作家托芙·扬松。在她著名的森林小人系列著作中，充满了自谦型的神经官能症患者，他们依赖他人去弥补他们的不足感。扬松仅仅通过最细微的笔触——或许是瞳孔的细微扩大，眉毛的下移，或者是鞋底小心地踏在雪地上，就传达出了森林小人们的害羞和恐惧。

人，但是却抓住了将我们与未知者联系起来的细线。

1947 年夏天，扬松 33 岁时，她在布莱斯卡岛（Bredskär）上建了一个小木屋。这个岛是佩林基（Pellinki）群岛中的一个，与芬兰海湾相对，自打她小时候起，她就和家人在此度夏。尽管她的小木屋建在海边最远的岩石上，但对她来说还是离文明太近了。她在孕育着另一个计划——与她的弟弟拉塞（Lasse）移居到汤加（Tonga）的波利尼西亚岛（Polynesian island），还有一个计划是在西班牙基普斯科瓦省（Guipúzcoa）的巴斯克（Basque）乡村，或者是在靠近摩洛哥丹吉尔市（Tangier）的带有空中花园的空别墅里，找一处艺术家的聚居地。1964 年，她仅仅是挪得靠海更近了一些，在佩林基群岛上的一个极小的、荒芜的克洛夫哈伦岛（Klovharun）上建造了一间小屋，和她的人生伴侣、艺术家图里基·比尔蒂拉（Tuulikki Pietilä）一起在那儿住了半年。不过这依然不够偏远。她期望生活在库美尔斯卡岛（Kummelskär）上，这个岩石岛是一系列石岛中最远的一个，既没有港口也没有淡水。

她年轻的时候，就迷恋库美尔斯卡岛上的两个小灯塔。她梦想着在那儿建造一个巨大的灯塔，光线能够覆盖整个芬兰海湾。但是，当她成人时，她发现：没有木材建造一个小屋，她就无法在那个岛上生活；没有拿到建筑许可，她无法买木材。当地渔民协会否决了她的建屋要求，因为他们担心她的出现会扰乱鱼群的活动。到了晚年，当她已经虚弱得甚至无法在克洛夫哈伦岛生活时，她才放弃了在库美尔斯卡岛生活的打算。

图 6－12 《海上的姆咪爸爸》，第一版封面。这本书是扬松关于森林小人（Moomin）的著作中最阴郁的一部，表达了她的梦想：在偏僻的岛屿上生活，守望着灯塔。在她的著作中，灯塔成为了孤独艺术家的象征，他们选择远离个体性的人，但是却抓住了将我们与未知者联系起来的细线。

扬松梦想着在偏僻的岛屿上生活，守望着灯塔，她的关于森林小人（Moomin）的著作中最阴郁的一部——《海上的姆咪爸爸》的灵感即来源于此。姆咪爸爸怀着无法解释的悲观厌世情绪，带着家人踏上了海上的旅程，来到了一个岩石岛上的灯塔之中。这个岛屿是如此狭小和偏僻，在地图上看上去就像是一粒灰尘。当他们抵达时，发现灯塔很荒凉，里面住着一个精神紧张的渔民，渔民对他们的问话仅仅回以嘟哝声。森林小人们离群索居。姆咪爸爸爱生闷气，喜欢把自己藏到云雾之中。姆咪妈妈在灯塔的白墙上画画，画出了她向往已久的姆咪山谷中的植物群落。他们的儿子姆咪小怪（Moomintroll）

期望与沉默的海马交流。那个沉默的渔民最终被证明是灯塔的前任看守者，被孤独给逼疯了。

扬松非常敬佩精神分析学家卡伦·霍妮（Karen Horney）[①]的著作《神经症与人的成长：向着自我实现奋进》，该书于1953年被翻译成了瑞典语。根据霍妮的说法，不安全感或缺乏爱的感觉在神经机能上有三种“解决之道”：扩张法、屈从法和自谦法。扩张型的神经官能症患者希望驾驭他人；屈从者力争独立和自立；自谦者则恐惧冲突，在别人批评他们之前他们就已进行自我批评了。

森林小人系列著作充满了自谦型的神经官能症患者，他们依赖他人去弥补他们的不足感，但是他们在自卑之中又带有一种变态的骄傲。扬松仅仅通过最细微的笔触——或许是瞳孔的细微扩大，眉毛的下移，或者是鞋底小心地踏在雪地上，就传达出了森林小人们的害羞和恐惧。她描摹的人物掐图力透纸背，仿佛他们正小心地走出阴郁。他们抱着臂膀，一副自我保护的模样，惊恐地睁大了眼睛或者不安地将目光转向一旁。泼妇般的人物则藏在水槽或桌子下面，或者在世界漫游寻找地平线，从来不说一句话。一个小女孩被照顾她的女人吓得隐身了，在森林小人的照看下才又慢慢现身，当她用牙齿咬住姆咪爸爸的尾巴，她的脸才最后出现了。扬松警示我们，只有当我们让别人知道我们存在时，我们才真正地存在。

扬松说她曾经收到过一个小男孩的信，男孩说他感受不到别人的关爱，对一切都感到恐惧。作为回应，她写作了《谁来

---

① 卡伦·霍妮（1885—1952年），生于德国的美籍精神分析学家，她摒弃了弗洛伊德的一些原则，强调应帮助病人找到并正视造成焦虑状态的具体原因，而不是着重于儿童时期的创伤。著有《当代的神经质人格》。

安慰托弗尔？》(1960)，讲述了一个害羞、恐惧的小怪物感到孤独，直到他遇到了一个担惊受怕的、需要安慰的女孩米弗尔（Miffle）为止。儿童心理治疗师经常用这本书作为教学辅助，鼓励害羞的孩子去交朋友。“如果我的故事是写给特定读者的，”扬松告诉一个采访者说，“那么他或许是米弗尔式的人。我是说那些在任何地方都有适应困难的人，那些局外人和边缘人。”她说，她收到了很多米弗尔式的孩子们的信，他们“羞怯、焦虑和孤独”。[①]

但是，如果这让扬松听上去像是一个更让人心动的苏斯博士（Dr Seuss）[②]，那就大错特错了。她的著作是意志坚强的、令人振奋的，与感伤背道而驰。森林小人们极其内向，他们的祖先即生活在壁炉后面。他们喜欢在森林里独自地、无目的地游荡，享受森林的沉默和寂静，只有远处传来的斧头回声或树枝上陈积的雪块落下的声音才会打破这寂静。他们喜欢冬眠，当他们钻到温暖、私密的空间里时，他们感到安全。在最后一本关于森林小人的书——《十一月的姆咪山谷》中，森林小人们从森林中搬走了，没有与任何人道别，只留下那些有依赖性的、患有神经官能症的依附者——孤儿托夫特（Toft）、强迫性神经症患者菲丽琼克（Fillyjonk）以及具有便秘型人格的赫木伦（Hemulen），渴望着他们回归。

扬松留给人们的教训，不是害羞者应该从他们的壳中走出

---

① 图拉·卡佳来宁:《托芙·扬松：事业与爱情》，大卫·麦克达夫译，伦敦：特别书屋，2014年版，第125~126页。

② 苏斯博士是Theodor Seuss Geisel（1904—1991年）的笔名。他是美国作家、卡通画家。他最为人们熟知的，是以笔名苏斯博士所出版的那些童书，销量达6亿册，被翻译成20多种语言，是全世界许多儿童童年的记忆。

来，而是他们应该学会成为非神经官能症的内向者。森林小人可以短暂地生气和躲藏起来，但是大多数时候，他们既不依赖别人，也不是神经官能症患者。面对问题时，他们的反应是深入思考，然后做一些事情——建一间小屋、画一幅画、写一首诗、用树皮雕刻出一艘船，以在一个令人恐惧的世界中创造意义。

十

按照霍妮的分类，扬松是要做一个屈从型的神经官能症者，把她的独处天赋集中到创造性的工作之中。但是她终其一生，与其他艺术家在一起时仍然害羞，对她的绘画缺乏信心，因为她的写作超过了她的绘画的地位。此外，她是一个彻头彻尾的内向者，一想到不得不在公共场合说话，就会犯失调性的胃痛而卧病在床。她需要定期地逃避到克洛夫哈伦岛上，然后才能再次进入世界，这是典型的内向者行为。她写道，岛屿是“创造性孤独的一个象征……有时候人们不得不逃避，以便能够带着愉悦的心情、自愿地回归”。[①] 随着年岁的增长，她变得更加喜欢独处了，她说自己已经创作足够多的森林小人了，只想把自己关起来，画画静物画。“我会因姆咪怪物而呕吐的，”她写道。[②]

扬松后来的故事是写给成人的，但表达了同样的观念：所有的交流最后都注定要失败，独处是快乐的、积极向上的。在《轻装上阵》中，无名的叙述者想结束生命，登上了一艘船，当

① 博埃尔・威斯汀:《托芙・扬松的生活、艺术与言论：授权传记》，西尔维斯特・马扎雷拉译，伦敦：分类书籍出版社，2006 年版，第 431 页。

② 同上，第 283 页。

船远离码头，任何人的呼唤都听不见了时，他感到如释重负。他想要独处，“无视周遭世界那无法抑制的、倾诉烦恼的习俗，一点也不妥协”。[①] 在《松鼠》中，一个女人独自生活在一个岛上，她与人类的仅有接触便是通过她的对讲机，听路过船只间的对话。她与一只松鼠建立了一种奇怪的、无言的亲密关系，松鼠最终坐女人的船扬帆远去，又留下她快乐地独处了。

在《倾听者》中，吉尔达（Gerda）姑妈特别爱给人写信，她记得许多人的生日，是出了名的伟大倾听者，部分原因在于她难以表达自己的感情。她倾听时，“整个大而平的脸一动不动，微微前倾”，基本上“除了沉默什么也不做”。[②] 后来，她写信频率突然变慢了，信的内容也变得没有人情味了。她忘记了人们的名字和模样，完全不听别人诉说了，只去听雨声或她公寓里电梯上下的声音。此时，她把自己的生命倾注到制作一幅人际关系图上，包括她认识的所有人以及他们的关系——浪漫关系用粉红色表示，离婚关系用紫色，厌恶关系用深红色，几笔便勾画出了人们之间的关系。但是，这项任务是不可能完成的：人们之间的关系是不断变化的，即使最大的纸张也不足以将所有的修正容纳进去。如果这个故事是个寓言的话，那么它的寓意并不清楚。是说人际关系不能仅仅存在于纸上，而必须在真正乱糟糟的生活中才能蓬勃发展吗？还是说真实生活中的这些关系是令人萎靡不振的，而不是滋养人

---

① 托芙·扬松:《轻装上阵》，见托芙·扬松:《冬之书：故事选》，西尔维斯特·马扎雷拉、大卫·麦克达夫、金斯利·哈特译，伦敦：分类书籍出版社，2006 年版，第 185 页。

② 托芙·扬松:《倾听者》，见《倾听者》，托马斯·蒂尔译，伦敦：分类书籍出版社，2014 年版，第 13~14 页。

的，好的倾听者可能会在别人需求的重压之下崩溃？

不过，有一点是清楚的：在所有这些故事中，扬松写出了她自己的愿望——与世界隔着一段可以控制的范围。在她位于赫尔辛基的工作室里，她把她的信件分门别类地堆在楼梯上，诸如“有需要的”“要求答案的”和“可以缓缓的”。她对妄自署上“先行感谢”的信件特别厌恶。[①] 她在后期的作品中，整理出了一些这种粘人的、半含敌意的通信语。比如：我的猫死了。马上写吧。关于在厕纸上以柔和的色彩印上森林小人主题画，我们期待尽快地收到您宝贵的答复。我会过去，坐到你的脚边去理解你。[②]

她认为，保护一位作家的准则应与保护筑巢的鸟类的准则相似，即在禁猎期他们应该有独处的机会。[③] 一位学校教师曾让整个班 40 名小学生给扬松写信，事后，扬松告诉一位采访者说：“我确实讨厌那些孩子们，我希望我可以用橡皮筋把他们勒死。”[④] 事实上，她是一位尽职尽责的通信者，她没有求助于秘书，亲自答复过成千上万封书信，还经常以优雅的绘画填充书信边缘的空白。不过，她学会了如何巧妙地终结一场令人腻烦

---

① 博埃尔·威斯汀：《托芙·扬松的生活、艺术与言论：授权传记》，西尔维斯特·马扎雷拉译，伦敦：分类书籍出版社，2006 年版，第 495、306 页。

② 托芙·扬松：《信息》，见托芙·扬松：《冬之书：故事选》，西尔维斯特·马扎雷拉、大卫·麦克达夫、金斯利·哈特译，伦敦：分类书籍出版社，2006 年版，第 164、167-168 页。

③ 图拉·卡佳来宁：《托芙·扬松：事业与爱情》，大卫·麦克达夫译，伦敦：特别书屋，2014 年版，第 270 页。

④ 亚德里安·米切尔：《怪物们的山谷》，载《星期日泰晤士报》，1992 年 12 月 6 日。

的通信，方法是在最后一封回信中写上“致以担忧的问候”。[①]

十一

如此多的作家和艺术家在晚年把未读的信件堆积起来，或多或少地进行回复，这似乎是聪明的做法。毕竟，害羞者把他们的艺术品或著作投寄出去，便是默认并开始了一种类似的不对称的交流活动，无法保证他们总能收到答复。艺术赖以产生的一个推动力便是：我们感觉到其他的对话方式失败了，我们需要让自己缺席；如果我们无论如何都要去交流，我们需要另觅它法。艺术和害羞都是“事后诸葛亮”（l'esprit de l'escalier）的方式，别人走了之后，我们才在自己的脑海里展开交谈。

这种交流方式是一种赌博。它可能需要多年的、自愿承受的孤独。打算治愈害羞或者应对害羞，只会加重害羞。害羞的艺术家无法承受现实交流中潜在的尴尬，却冒着更大的风险，孤注一掷地进行一种替代性的活动，如果他们幸运的话，经过长期的延搁，他们会在将来某个时候获得成功。即使他们成功了，他们的结局可能也像劳瑞一样，孤独地走在惠特本（Whitburn）的沙滩上，用他的手杖在沙滩上画画，眺望大海，想知道孤独地献身于艺术是否是一种好的生活方式，或者如他所说的，只是“打发时间”的一种方式罢了。[②]

但是，如果我们能很容易让别人理解自己，如果我们能像

① 博埃尔·威斯汀：《托芙·扬松的生活、艺术与言论：授权传记》，西尔维斯特·马扎雷拉译，伦敦：分类书籍出版社，2006年版，第496页。

② 法兰克·科默德：《劳瑞做了什么》，载《听众》，1979年9月27日，第418页。

圣奥古斯丁的天使，或者《星际迷航》中融合了人脑与电脑的伏尔甘星人（Vulcans）那样交流，只需要把我们脑中的内容插入别人的脑中就可以了，我们将无需再去画画、创造音乐或写作了。人类交流中的最成功的一些方式，是当所有其他尝试都失败时，隔着一段距离而实现的那些交流。我们人类是最重感情的，当我们无法把意思说清楚时，我们就不得不转而通过秘密方式或遁词来与他人联系。害羞的艺术家们知道如何利用这些失败——我们面对他人时都能感觉到的怀疑和犹豫，去与人联系。

第 7 章

向害羞开战

1959年1月22日，21岁的足球运动员博比·查尔顿（Bobby Charlton）[①] 在英国独立电视台参加智力竞答节目《过关钱翻倍》。该节目的形式是参赛者以一个1英镑的问题开始，每答对一题钱数翻倍，选手可以选择继续答题或退出，如果他们正确回答所有的问题，最后他们会赢取1000英镑。从节目的娱乐性和主持人休吉·格林（Hughie Green）善于恭维的角度来看，邀请内向的查尔顿参加节目是有些奇怪的。距演播厅仅仅300码之遥的温布利（Wembley）大球场，是查尔顿冷静地为英格兰队奋战的地方。但是在演播厅里，他却非常害怕，随着他答对了前两题，他的恐惧变得更深了。当他进入隔音间答题时，他开始颤抖，几乎戴不上耳机。

但是他很善于答题，答对了前面的每一道题，来到了500英镑这一关。此时，他只需再正确回答一题即可赢得头奖，但

---

① 博比·查尔顿（1937— ），英格兰足坛历史上最伟大的球员之一，司职中场，是1966年英格兰队赢得世界杯的一名关键球员。除了球技外，他还拥有完美的球品和风度，是一位不折不扣的足球绅士。

是他丧失了勇气，不愿再进入隔音间。一年前，他在慕尼黑机场遭遇过飞机失事——当时有 23 名乘客遇难，其中包括他的 8 名队友，此后他的幽闭恐惧症就加重了。制片人在经过一些慌乱之后，通融查尔顿可以坐在舞台上答题，而且他赢得了最后的大奖。他用奖金为他的父亲——一名经常需要赶时间的诺森伯兰郡（Northumberland）矿工，买了一辆奥斯丁（Austin）牌汽车。

1953 年，查尔顿作为一名 15 岁的学员来到了曼联队。他与生俱来的害羞让他罹患了怀乡病，再加上当地人听不懂他的诺森伯兰郡口音，他因而更加烦恼了。大约就在他参加《过关钱翻倍》节目前后，记者亚瑟·霍普克拉夫特（Arthur Hopcraft）在查尔顿住处的门前台阶上采访了他。查尔顿手抓着门把手，面红耳赤，想要很亲切地回答问题，但是却只留下一些断断续续的词句在空中回荡。慕尼黑空难加重了他那天生的矜持。在此之前，他在训练场上时会哼唱弗兰克·辛纳特拉（Frank Sinatra）的歌曲，这是众人皆知的；在此之后，他再未唱过。

1961 年 7 月，曼联队又来了一位天才少年球员乔治·贝斯特（George Best）①，他来自于贝尔法斯特（Belfast）克莱高（Cregagh）的一个工人阶级的新教徒家庭。贝斯特也是个害羞的人，是那种店主少找了钱他也从来不吭声的人。他 18 岁时接受过霍普克拉夫特的采访，他声音颤抖，差不多都要破音了，而且他咬着下嘴唇，看着采访者的胸前口袋或者头顶

① 乔治·贝斯特（1946—2005 年），曼联队历史上最杰出的球员之一，出生于北爱尔兰。

上方。当他从位于乔尔顿（Chorlton）的房东太太的房子里出来，坐车去训练基地时，他需要确认自己已经备好了零钱，因为他与查尔顿面临相同的问题——售票员听不懂他的口音。

有一次，住在附近的曼联队教练马特·巴斯比（Matt Busby）①，开着捷豹在贝斯特等车的地方停下了，捎他去训练场。巴斯比是一个具有超凡魅力的老板，大多时候是温和慈祥的，但是却只能收到贝斯特的一声叹息或者泛着钢铁般光芒的凝视。亚瑟·霍普克拉夫特曾经问巴斯比，他的球员是否怕他，他显然没有意识到自己的魅力，承认学员们“刚加入到俱乐部时，经常感到紧张，说不出话来”。② 贝斯特坐到巴斯比的车中时就张口结舌，自那次以后，如果他看到公交车来了，他就会躲到排队的人群中。巴斯比注意到了贝斯特的狼狈，也设法不与他碰面。

尽管如此，查尔顿和贝斯特一跨进球场，就会把害羞抛之脑后，出色地执行巴斯比的足球理念——一项充满激情与优雅的运动。查尔顿后来说，年轻球员们如此害怕他们的教练，以至于他们在球场上只敢间接地跟他说话。“他一出现，似乎就让我们所有人振奋，”他回忆说，“我们像狮子一样投入比赛之中。在一定程度上，这是我们与他交流的唯一方式。”③ 查尔顿在中场拦截，在30码之外轰门。贝斯特是一个斗牛士，以他那

① 马特·巴斯比（1909—1994年），足球经理人，从1940—1970年代，他长期管理着曼联队，在25年中，为曼联赢得了13座奖杯，被广泛认为是一名伟大的经理。

② 亚瑟·霍普克拉夫特:《足球人：足球运动中的人物与激情》，伦敦：柯林斯出版社，1968年版，第127页。也可参见第86、12页。

③ 高登·伯恩:《贝斯特和爱德华兹：足球、名望和遗忘》，伦敦：费伯出版社，2006年版，第223页。

强悍的摇晃过人和急转急停本领折磨着对方笨重的中后卫。他孩童时代的英雄是佐罗，一个将自己的真实身份藏在黑色面具后面，让他的对手摸不着头脑的西班牙贵族。贝斯特会吸引后卫的防守，不惧他们的拦截，一次甚至掉下了一只球靴，穿着袜子过了后卫。一回到更衣室之中，他就脱掉了自己的“佐罗面具”，再次变成温文尔雅、说话含糊不清的人了。

图 7－1 查尔顿（金发）和贝斯特的合影。两个人都很害羞，但只要一跨进球场，他们就会把害羞抛之脑后，出色地执行教练巴斯比的足球理念——一项充满激情与优雅的运动，充分地泼洒足球天分。这些害羞的“巴斯比宝贝”创造了曼联队梦幻般的辉煌年代。

二

在英国工人阶级的文化中，人们容忍甚至于尊重害羞。历史学家德波拉·科恩（Deborah Cohen）认为，在20世纪早期，地位上升的工人阶级开始珍视维多利亚时代中产阶级的一种品质——沉默寡言，以此将自身与那些社会地位低下、莽撞和叛逆的人分开。[①] 这种对害羞的偏爱，部分地与广为流行的歌舞

① 德波拉·科恩:《家庭秘密: 容忍羞耻，从维多利亚时代到现在》，伦敦: 维京出版社，2013 年版，“前言”第 18 页。

剧角色有关，如老乔治·福姆比（George Formby Sr）[①]所塑造的天真惧内者“傻瓜约翰·威利”（Silly John Willie），以及杰克·普莱森茨（Jack Pleasants）——演员表里把他称做“害羞的极限”，他的成名曲是《我害羞，玛丽·艾伦，我害羞》。小乔治·福姆比[②]在电影中基本上是重复他父亲演过的角色，讲的是一个笨拙的、笑起来很神经质的兰开夏郡小伙子，羞怯地追求一个上层阶级女主人公的故事，小伙子唱的便是《我害羞》和《为什么女人不喜欢我？》之类的歌。害羞的工人阶级男人聊以慰藉灵魂的是一些孤独的爱好，比如养鸽子、钓鱼、经管小园子、在工具房里悠闲地混日子等。

根据“大众观察”组织的调查，此时非语言类的活动会受到欢迎，比如在舞厅跳舞、像兰贝斯走步舞（Lambeth Walk）那样的喧闹的集体舞蹈，以及踢腿歌舞（hokey-cokey）等。这些活动甚至不要求跳舞者从其中获得舞蹈的乐趣，它们只是为了打破“害羞和奇怪的感觉”。[③]“大众观察”组织的共同创立者汤姆·哈里森（Tom Harrisson），在1938年研究了博尔顿（Bolton）一家舞厅中的礼仪。该舞厅的顾客大多是年轻矿工，他注意到，年轻男人邀请女人共舞时，仅仅是碰碰她的肘部，等待她投入到自己的怀抱。这样组合起来的一对男女可能跳上一整晚舞，相互之间什么话也不说，然后各奔东西，男

---

① 老乔治·福姆比（1875—1921年），一名很受欢迎的英国喜剧演员、歌手。“傻瓜约翰·威利”是他塑造的一个著名形象：典型的傻小子，惧内，但生活中总能冒险过关。

② 小乔治·福姆比(1904—1961年)，英国演员、歌手，老乔治·福姆比之子。他的演艺事业也很成功，曾是英国最受欢迎和收入最高的艺人之一。

③ 汤姆·哈里森、查尔斯·马奇:《“大众观察”组织看到的英国》，伦敦:克雷瑟特图书馆出版社，1986年版，第183页。

人甚至不会把女伴护送出舞厅。夜生活结束时，男女们在舞厅门口又重新组合成他们原来的小群体。仅仅是为了确保这些约束能够保留下来，舞厅里不准卖酒，接吻也经常是禁止的。哈里森注意到，有些人甚至觉得这些步骤也是令人生畏的，为此，舞蹈学校“培养了一种特别的陪舞者，他们可以保护那些害羞、安静、笨拙、讨厌人多或有自卑感的顾客。陪舞者不断练习，因此善于与异性接触和陪舞。他们不挑选舞伴，也不会成为整个舞厅里的公共展览品”。①

十年之后，二战此时也已结束了。1948 年 5 月，在一份题为《尴尬的时刻》的报告中，“大众观察”组织重提原先问过的那个问题：“让你尴尬的主要事情有哪些？”它收到了五花八门的答案：到一个陌生的房子里去拜访别人，第一下拉绳时却没能让厕所冲出水来；有人在几步之遥外背诵诗歌；照镜子被别人看见了；发现家中的苍蝇没除干净；被别人说“你早上胡子没刮干净”；出入公厕时被熟人看见了；当一只狗出现在照片上，看照片的人们发出惊叹声；你的同伴在公共汽车上说话声音太大；无意中听到黄色笑话；别人说“加油”“干杯”或“太棒了”时。② 战争时期强制性的团结似乎很少破除人们的害羞和陌生感；尴尬仍然深深地渗透在英国的社交生活中。

本杰明·西伯·朗特里（Benjamin Seebohm Rowntree）和莱弗斯（G. R. Lavers）于 1947 和 1948 年对英国的文化生活和精神生活作了一项社会学调查，他们发现了一些因害羞而引起的、令人心碎的事例。R 先生，一位 19 岁的公司职员，除了

① 汤姆·哈里森：《工作的时候吹吹口哨》，载约翰·莱曼编：《新写作（新系列 1）》，1938 年秋季号，伦敦：霍迦斯出版社，1938 年版，第 51 页。

② “大众观察”组织：《尴尬的时刻》，第 3002 号档案报告，1948 年 5 月。

在圣诞晚会上之外，几乎从不与女孩子说话。他喜欢足球，但却从未踢过，因为他的父母觉得男孩子踢足球太平庸了；他去看电影，仅仅是因为他“喜欢电影院的黑暗环境，这样人们就不会看他了”。F女士，一位50岁的寡妇，为邻居做过不少小的善事，但是一做完善事，她就“急忙又逃回到自己寂寞的寓所中”；她不再上教堂，因为她无法忍受被许多人看见。另一位R先生，一位40岁的单身汉，曾两次订婚，但两次都是未婚妻悔婚，她们都是“被男方的害羞吓跑的，她们误以为那是冷漠”。[①] 根据朗特里和莱弗斯的描述，英国人先天的矜持中又注入了维多利亚时代后期的清教主义，它在异教徒式的、孤独的麻醉中找到了新的避难所，比如赌博、喝酒、看电影和赌球等。

1940年代后期，剧作家阿兰·本奈特（Alan Bennett）[②] 还是一位少年时，他从母亲那里获得了一种观念——害羞代表敏感和文雅。在他的母亲看来，害羞是一种稳重的美德，你或许不想拥有这种美德，但是它至少能够让你置身于“平庸”之外，因为“平庸”是害羞的对立面，“一定程度上是无法让你进步的”。[③] 本奈特一家人去度假时，尽管才将住处从旅馆升级成了酒店，他们仍然觉得酒店是“屈辱的剧院”，觉得在公共场合吃饭“从头到尾都充满了风险和羞耻，就像是要脱掉衣服一

① B. 西伯·朗特里、G. R. 莱弗斯:《英国人的生活与休闲：一种社会学的研究》，伦敦：朗曼出版社，1951年版，第119、74、80页。

② 阿兰·本奈特（1934— ），英国剧作家、电影编剧和演员。他扮演的许多角色都是不幸的、受压迫的，他对人物常有很精彩的诠释。

③ 阿兰·本奈特:《身体烙印》，见《不为人知的故事》，伦敦：费伯/轮廓出版社，2005年版，第148页。

样”。[1] 这给本奈特逐渐灌输了一种感觉——生活是一片充满社交尴尬的沼泽，这让他后来成为了欧文·戈夫曼的热心追随者。

图 7－2 剧作家阿兰·本奈特。当他还是一位少年时，他从母亲那里获得了一种观念——害羞代表敏感和文雅。在他的母亲看来，害羞是一种稳重的美德，它至少能够让你置身于“平庸”之外。

实际上，本奈特好奇地发现，当他少年时代辗转于酒店之间时，戈夫曼是在安斯特岛鲍尔塔桑德的一家很相似的旅游酒店里。戈夫曼在开展博士论文田野调查的同时，在该酒店里找了份洗碗的工作，并逐渐发展出了他的社交尴尬理论。酒店对待岛外来的游客保持着一种文雅的虚饰，这使得它像一处舞台布景。女侍者们从厨房的窗户观察新来的客人，由于室内外光线强弱的不同，她们是隐身的，很像是演员透过舞台的幕布去偷看黑压压的观众。在酒店厨房里，餐具仅仅是擦掉汤迹，用过的黄油被修整过后重新使用，脏玻璃杯仅仅是仓促擦拭一下就循环使用了。

戈夫曼在鲍尔塔桑德度过的时光，促生了他的第一本著作《日常生活中的自我呈现》(1959)。他在书中将社会生活划分为两个领域：在“前台区域”，人们维持着行动的恒定性，而

① 阿兰·本奈特：《正午的晚餐》，见《书写家乡》，伦敦：费伯出版社，1994 年版，第 32 页。也可参见第 34 页。

在“后台区域”，那些彼此熟悉的人脱下他们的社会面具，“陷入易怒、沉闷、烦躁的交感情绪之中”。[1] 对于本奈特的家人来说，酒店是前台区域，他们要求别人有完美的表现，不仅要求酒店工作人员如此，也要求客人们如此。在他父亲尴尬地付给行李搬运工小费之后，他们进了属于自己的房间，如释重负地叹了一口气，仿佛虚张声势地进入了敌人的营地似的。

二

人类学家杰弗里·戈勒（Geoffrey Gorer）在其 1955 年的著作《英国人性格探索》中认为，人们普遍地相信“大多数英国人是害羞的、害怕陌生人的，因此非常孤独”，这是值得怀疑的。根据戈勒的调查，仅有超过一半的英国人觉得自己“格外地害羞”。[2] 但是，仅仅有 1/4 的人认为害羞是件好事，而且 4/5 的人表示自己不像从前那样害羞了，这或许是英国人态度转变的标志。这是二战后特别是当 1960 年代走近尾声时，英国人开始讲述他们自己的故事。阶级分界变得模糊了，人们面对比自己地位高的人时不太畏缩了，最严重的社会拘束消除了，英国式矜持的冰冷表情融化了。

1960 年代中期，乔治·贝斯特和博比·查尔顿之间的个性鸿沟似乎显示了这种转变，尽管两人仅相差九岁。当查尔顿在曼联队成为一名资深职业球员时，他的队友将他的害羞理解

---

① 欧文·戈夫曼:《日常生活中的自我呈现》，伦敦：企鹅出版社，1971 年版，第 133 页。也可参见第 120 页。

② 杰弗里·戈勒:《英国人性格探索》，纽约：标准图书出版社，1955 年版，第 18、77 页。

为高傲，他们之中很少有人注意到，他在中场休息抽烟时，他的手在颤抖。贝斯特的性格发展恰恰相反。他穿着修身的西装和尖头皮鞋，头发长及衣领，成为了英国足球队中的头号流行偶像。他代言了福尔（Fore）须后水、西班牙的橙子、斯泰罗（Stylo）足球鞋以及倍儿乐（Playtex）胸罩。他喜欢看到自己的名字出现在报纸上。他无比体贴，如果摄影师要求的话，他甚至乐意拿大顶。1966 年，他在曼彻斯特开了第一家时装精品店，他把它叫做"外向男人的摩登商店"。①

1960 年代那些具有阳刚气概的、工人阶级出身的新型明星，比如泰伦斯·史坦普（Terence Stamp）、迈克尔·凯恩（Michael Caine）、大卫·贝利（David Bailey）、乔治·贝斯特和披头士，都是敢于冒险、善于交际的小伙子。1960 年代人们膜拜的是年轻而又肆无忌惮的人，很少有时间再去周旋于矜持的英国人所擅长的兜圈子和委婉说辞了。正如乔纳森·艾特肯（Jonathan Aitken）在 1967 年的《年轻的流星》一书中所指出的，"公众关注变成了现代的鞭刑"。②

实际上，乔治·贝斯特尽管看上去似乎已经摆脱了害羞，变成了他那个时代最出名的浪荡子，但是他此时依靠的是心理学家所说的"流动的外向性格"。当他冷静时，他仍然非常害羞，不敢给餐馆打电话订座位；宁愿穿过马路，也不愿意经过公交车站排队的人群。他养成了一个新习惯——逃避训练或重大比赛，坐飞机去随便什么地方。有一次，他错过了火

① 邓肯·汉密尔顿:《不朽: 乔治·贝斯特本人认可的传记》，伦敦: 世纪出版社，2013 年版，第 115 页。也可参见第 58、118、11 页。

② 乔纳森·艾特肯:《年轻的流星》，伦敦: 塞克和沃伯格出版社，1967 年版，第 299 页。

车，未去与切尔西队比赛，媒体发现他躲到了演员西妮德·库萨克（Sinéad Cusack）位于伊斯灵顿（Islington）的公寓里；另一次，他拒绝从他的位于布拉姆霍尔（Bramhall）住房的卧室里走出来。1972 年 5 月，他未去北爱尔兰队报到，逃到了马贝拉（Marbella）的一家酒店里，在那里告诉记者说他退役了。他后来又为曼联队和其他俱乐部披挂上阵了，但是同样的玩失踪情形也时有发生。问题不仅仅出在喝酒上；而在于无论是什么酒，他都一醉方休。多年之后，贝斯特在他的自传中写道："我从未真正克服我的害羞。"①

1960 年代是个活跃的时代，想要扫除一切虚饰——如阶级性的势利、性别虚伪以及中年人的自满，但是害羞与这些事物一样，是具有复原能力的。剧作家特伦斯·拉蒂根（Terence Rattigan）② 在整个职业生涯中，志在探索英国人的性格——沉默寡言，清心寡欲地独处，出于好意的逃避。到 1970 年代，他已经花了 20 年时间去营造一种兼具情感强度和社会义愤的戏剧气氛，并将自己的兴趣集中到探讨礼节及过时的压抑上。即使是站在 1960 年代有活力的一面，他也没有改变他对英国人的看法，与乔纳森·艾特肯及其"年轻的流星"们所想的一样。在他 1973 年的剧作《爱的赞歌》中，塞巴斯蒂安·克鲁特威尔（Sebastian Cruttwell）问道："你知道英国人恶习的真正所在吗？不是鞭笞，不是鸡奸——不管法国人是怎么想的。是我们拒绝承认我们的情感。"

---

① 乔治·贝斯特：《神佑：自传》，伦敦：伊伯里出版社，2002年版，第 54 页。

② 特伦斯·拉蒂根（1911—1977 年），英国剧作家。有多部剧作被拍成电影。

阿兰·本奈特 1988 年为 BBC 制作了一部纪录片，是关于哈罗盖特（Harrogate）的皇冠酒店（Crown Hotel）的。他在其中也思考了英国人害羞性格永不消逝这一奇怪现象。他年轻时休工作假或短期休假时，并未发现多少害羞的案例。因为休假者已经被美国消费者的开放态度所改变，也带着撒切尔主义的自由市场对旧式势利的厌恶。“阶级不再是原来的样子了；或者说，现在人们的害羞被用在了不同的地方，”他对着镜头沉思道。可是，本奈特的写作，就像菲利普·拉金（Philip Larkin）[①]1963 年开始写作的那些关于性交的诗歌一样，泄露了他的难以摆脱的感觉——尽管世界已经改变了，人性却是恒定的。本奈特说，他的父母认为，教育可以让人从容地生活在社会上，尽管他们并没有受过这种教育；但是他们没有看到，“他们欠缺的是性情，正如我也欠缺一样，尽管我在教育上已经达到上限了。让我们裹足不前的是害羞”。[②]

本奈特自己因为害怕窘迫，1963 年在纽约时，他错过了同《穿越边缘》剧组其他演员一起与肯尼迪夫人（Jackie Kennedy）及阿德莱·史蒂文森（Adlai Stevenson）[③]共进晚餐的机会，也错过了与他心目中的英雄西里尔·康奈利（Cyril Connolly）共进午餐的机会——他假装没有收到邀请卡片。40 年之后，本奈特写道：“长久以来，我都坚信害羞是一种美德，而不是一种令

① 菲利普·拉金（1922—1985 年），英国诗人，毕业于牛津大学，著有多部诗集。

② 阿兰·本奈特：《正午的晚餐》，见《书写家乡》，伦敦：费伯出版社，1994 年版，第 46、42 页。

③ 阿德莱·史蒂文森（1900—1965 年），美国政治家、外交家，曾任伊利诺伊州州长，并两次代表民主党竞选总统。

人厌烦的东西——我明白得太晚了，没有看出其谬误之处。”[1]

害羞也持续存在于本奈特的人物身上，无论他们是《糖中的薯条》中的格雷厄姆·惠特克（Graham Whittaker）——一个尚与母亲住在一起的、孤独的中年单身汉，还是《继续下去》中年轻的安迪（Andy）——一位十几岁的处女，她的父亲错误地以为她活在“锅碗瓢盆和廉价友情的迷雾之中”。生活无法容纳他们的恐惧与犹豫，将他们抛在了后面。在这样的一个新时代中，人们以为害羞已经消亡了，而且遭受害羞之苦的人们迈进了新时代。害羞不再像本奈特的母亲所曾经认为的那样，是一种意义含糊的美德；也不像维多利亚时代的人们所说的“体质性的害羞”那样，是一种永恒的状况了。

三

在向害羞开战的历史中，第一次真正的小规模的“战争”发生在纽约的布朗斯通（brownstone），离中央公园一个半街区的地方。1965年，心理医师阿尔伯特·埃利斯（Albert Ellis）[2]在那里开始了每周五傍晚举行的免费工作坊，那儿也是他新成立的“理性生活研究所”的所在地。每次工作坊，他会使用一种他称之为“争论”的疗法，公开地对两或三位志愿者进行分析。这显著地颠覆了心理治疗的传统——沉默的心理分析医师

---

① 阿兰·本奈特:《2007年我所未做的事》，载《伦敦书评》，2008年1月3日，第4页。

② 阿尔伯特·埃利斯（1913—2007年），美国心理学专家，合理情绪行为疗法的创立者。心理学界评选出的有史以来最有影响力的心理学家中，弗洛伊德位居第三，而他居于第二位。

与躺在沙发上的病人交谈的方式。面对观众，埃利斯带着鼻音大声地告诉他的病人不要再这么不理性了。他告诉他们，弗洛伊德的观念“从头到尾都是胡说”，大多数人都是“他妈的没用心思”。①

作为一个在纽约市布朗克斯（Bronx）长大的年轻人，埃利斯曾经极其害羞。他曾试图治疗自己的苦恼，每天去植物园，并给自己制定任务，去和那些独自坐在石椅上吃盒装午餐的女人交谈。过了一个月，他宣布这项训练成功了，原因在于：尽管在他接近的 130 个女性中，有 30 个什么也没说就走开了，而且和他约定再见面的一个女人爽约了，但是“没有人呕吐并跑开”。② 他发现，社交排斥心理——对害羞的巨大恐惧，是可以克服的。

埃利斯为他的病人开出了药方——“挑战羞耻训练”。这种方法与他成长过程中曾经读过的古代斯多葛派和犬儒派哲学家的策略是相似的，那些哲学家曾试图羞辱自己的学生，然后说服他们：他们没有理由感到羞耻。挑战羞耻训练是一种古怪的方法，它让你自己尴尬，但对别人却是无害的，比如在一家百货公司大声地宣布时间（“上午 10:30，一切都好！”）；在街上拦住一位陌生人说，“我刚从疯人院出来，请问现在是几月份？”；在一条繁忙的街道上，拉着一根香蕉散步；或者是在一家药店里，要求以批发价买几包避孕套。埃利斯的工作构成了认知行为治疗的基础，其根据在于：我们的消极反应不是因

---

① 朱尔斯·埃文思：《阿尔伯特·埃利斯》，载《展望》，2007年8月，第56页。

② 丹·赫尔利：《来自列尼·布鲁斯的疗法：克服它！停止抱怨！》，载《纽约时报》，2004 年 5 月 4 日。

事情而起，而是因为我们对事情的信念而起。如果我们能够避免社会情境，不再去培养我们的害羞反应，我们就会意识到我们的焦虑用错了地方。

像埃利斯一样，菲利普·津巴多（Philip Zimbardo）[①] 也在布朗克斯长大，是一个来自于西西里岛的大家庭中的第一个孩子。1939 年，津巴多 5 岁时感染了双侧肺炎和百日咳，当时药物和抗生素治疗尚未普及，他不得不在威拉德·帕克（Willard Parker）感染病医院儿童病房里住了 6 个月。[②] 在阴冷、灰暗的病房里，四周是开阔的钢铁床架和硬木地板，散发出消毒液的气味。孩子们不允许接触或亲吻任何人，以免传染。年轻的菲利普看到过许多病友死亡。在这段地狱般的经历中，他学会了去取悦护士，以从她们那里得到一点额外的黄油或糖；他与其他孩子们一起做有趣的游戏，比如把他们的床想象成哈德逊河（Hudson）上的木筏子。他是在教自己学习社交放松的能力。

津巴多有一个弟弟叫乔治（George），幼儿时期得了小儿麻痹症，腿上戴着矫正支架。自那之后，他就患上了长期的害羞病。[③] 当有人敲他们家的门时，他就会清点是否所有家庭成员都在家。如果家人都在，他会跑向两个躲藏的地点中的一个：他的床下或者洗手间的门背后。他第一天去学校的时候不断地哭喊，害怕得紧紧拉着他母亲的裙子。津巴多夫人然后想

---

① 菲利普·津巴多（1933— ），美国心理学家，组织了1971年斯坦福监狱实验，2012 年获得美国心理学协会授予的终身成就奖。

② 克里斯蒂娜·马斯拉奇:《边缘的皇帝》，载《今日心理学》，2000年第 33 卷第 5 期，第 35 页。

③ 菲利普·G. 津巴多:《害羞：它是什么，该如何对待它》，马萨诸塞州雷丁：阿迪森 – 韦斯利出版社，1977 年版，第 10~11 页。

到了一个主意，即让他假装成一个蒙面人，像他的英雄独行侠（Lone Ranger）一样。他们用棕色纸袋做了一个带头罩的面具，在眼睛、鼻子和嘴巴处挖出小洞，并涂上了颜色，老师告诉班上学生别揭开这个新来男生的面具。他戴着那个面具，一直戴到那一年的年底，那时他已经不再害羞了。这是一个救赎式的美国故事：害羞可以通过坚持不懈、创造性和母爱而被征服。

1971 年，津巴多作为一名年轻的心理学教授，进行了著名的“斯坦福监狱实验”。在斯坦福大学心理学楼地下室的一个假扮的监狱里，学生志愿者们扮演囚犯和警卫的角色。警卫开始残忍地对待囚犯，许多同狱犯人则将自己的从属地位内化，胆怯地遵从摧残者的命令。实验变得极其恐怖，以至于研究不得不提前一周中止。第二年，在一节心理学课上讨论监狱研究时，津巴多突然想到：害羞者可能也是将自己禁闭在一座沉默的监狱里，他们在其中扮演着自己的警卫，设定了一些他们自愿接受的、关于说话和行为的约束，只不过他们感觉不到罢了。他开创了“斯坦福害羞调查中心”，开始是在他自己的学生中作调查，然后扩大到了几千人。80% 的被采访者说，他们在生活中有些时候会害羞；40% 的人说他们经常害羞；4% 的人说他们一直害羞，几乎和谁在一起时都是如此。[①] 津巴多通过将害羞扩展为自我定位的问题，扩大了害羞的界定。他向人们表明，害羞在不同的情境中会发生变化，甚至那些最自信的社交人士也会受到害羞的折磨。

---

① 菲利普 · G. 津巴多：《害羞：它是什么，该如何对待它》，马萨诸塞州雷丁：阿迪森 – 韦斯利出版社，1977 年版，第 13~14 页。

津巴多是在布朗克斯亲密的邻里关系及生机勃勃的街头文化中长大的，因此，他将害羞看成是一种现代所特有的问题。他周末在加利福尼亚的购物大厦里看到过一些孩子，当他们的母亲在购物时，他们就无聊地坐在喷泉边吃麦当劳巨无霸或者披萨饼，四周回荡着休闲音乐，直到母亲们开车把他们带回郊区的家中。他为这些孩子感到悲哀。[①] 1977 年，他成立了“斯坦福害羞诊所”，免费向青少年和成人开放。有些人觉得，诊所只是凑巧设在了硅谷，在那里的男性电脑科学家之中，可能有相当高比例的科技隐居者，待在只有发光的显示器的房间里，以电脑代码交谈。

四

与此同时，牛津大学也开辟了向害羞开战的第二前线。迈克尔·阿盖尔（Michael Argyle）[②] 是英国社会心理学领域的开拓者，他的这个兴趣可以追溯到他上学时对一位朋友的关心上，朋友的害羞曾让他很痛苦。1950 年，他在剑桥大学应用心理学部门开始了他的研究，当时研究运动技能的人很多，他想搞清楚社交技能是否与运动技能相似。因为二者都依赖于反馈，无论是与机器互动，还是看着别人、倾听他们的谈话。他突发奇想，社交技能可能是可以教的，可以成为第二天性，就像击打高尔夫球或者开车时换档一样。

---

① 菲利普·G.津巴多:《害羞：它是什么，该如何对待它》，马萨诸塞州雷丁：阿迪森－韦斯利出版社，1977 年版，第 50 页。

② 迈克尔·阿盖尔（1925—2002 年），20世纪英国最著名的社会心理学家之一。

阿盖尔开始研究人际互动中那些不成文的规则，他将其称为“非语言交际”。他的社交技能研究小组成立于 1963 年，隶属于牛津大学实验心理学研究所。该小组开始设置一些实验来考查眼球运动和点头等细节问题，一个叫亚当·肯顿（Adam Kendon）的年轻研究者，是一名业余的电影摄影师，后来则成为了手势研究领域的一名重要权威，他开始拍摄研究所里实验志愿者之间的交谈。拍成录像后，两人交谈时，他们的非语言线索也可以被清晰地看到，呈现为一种手势的华尔兹舞。

在 1965 年发表的一篇广为援引的文章《眼光接触、距离和从属关系》中，阿盖尔认为，身体上的亲近、眼光接触与亲密关系的其他标志之间存在着一个均衡。如果这些方面中有一个发生了改变，其他方面也随之改变，以作出补偿。因此两个人站得越近，他们的眼光接触就越少；如果人们闭着眼睛的话，他们可以靠得更近。眼光接触是如此的至关重要，以至于戴个面具甚至一副墨镜就足以破坏谈话。不过，当双方都看不见时，这就不是个问题，或许是因为电话让人们习惯了这种情景。① 阿盖尔和他的团队在另一项研究中，将敌意的、友好的、中性色彩的语言信息分别与敌意的、友好的、中性色彩的非语言方式搭配成不同的组合，看它们会对听众产生怎样的效果。他们得到了一个有趣的统计数值——在传达意义方面，非语言交流比语言强 12.5 倍。②

---

① 迈克尔·阿盖尔、珍妮特·迪恩:《眼光接触、距离和从属关系》，载《计量社会学》，1965 年第 28 卷第 3 期，第 289~304 页。

② 迈克尔·阿盖尔、弗罗里斯·奥克玛、罗宾·吉尔摩:《通过语言、非语言信号进行的友好和敌意态度的交流》，载《欧洲社会心理学杂志》，1971 年第 1 卷第 3 期，第 385~402 页。

1966年，由阿盖尔参与创建的《英国社会心理学和临床心理学杂志》发表了一篇文章，引起了英国媒体的广泛报道。文章的作者是佛罗里达大学心理学教授西德尼·乔拉德（Sidney Jourard），他在实地调查了不同城市中夫妻一起坐在咖啡厅中的情形后发现，在波多黎各首都圣胡安（San Juan），夫妻通过牵手、抚摸背部、爱抚头发或拍膝盖等方式，每小时接触对方的身体180次。在巴黎是每小时110次；在佛罗里达的盖恩斯维尔（Gainesville）是每小时两次；在伦敦是从来没有。①

在另一个实验中，乔拉德给了他的几百名学生一张图表，上面画的是人体的概图，以22个数字标出了不同的部位——头、手、臀等等。乔拉德让他们标出他们被家人、朋友看见过哪些身体裸露部位，哪些部位又被家人、朋友接触过，以及他们看到过哪些人的这些裸露部位、接触过其中的哪些部位。随着比基尼和洗澡内裤使用的普及，看过哪些裸露人体部位这个问题的答案就不是十分有趣了。较为引人注意的发现是，大多数人接触别人的身体只限于手、胳膊和肩膀的短暂接触，除非他们是情人关系。相反，在波多黎各，男人们互相挽着手臂走在街上是相当普遍的，女人们也是如此。

乔拉德得出的结论是，美国和英国是“不触碰式社会”。在美国，这种“触碰禁忌”甚至扩展到了理发厅，理发师使用电动头皮按摩器，将其捆绑在手上，这样他们就不会碰到顾客的头了。不过，乔拉德看到，在美国和英国一些城市里的大多数按摩院里，大多身体接触都超出了正常的界限。许多美国的汽

---

① 西德尼·M.乔拉德:《关于身体接触的一项探索性研究》，载《英国社会心理学和临床心理学杂志》，1966年第5卷第3期，第221~222页。

车旅馆里配备了“魔术手指”——一种取得了专利的设备，只要投进一枚 25 美分的硬币，就会让床轻柔地振动 15 分钟。乔拉德由此得出结论，“这种机器取代了人的另一种功能——充满爱意和抚慰的抚摸”。[①]

1960 年代晚期，加利福尼亚出现了新式疗法和交心治疗小组。它们采用公开表达情感、大量的拥抱和瑞典式按摩等方式，以治愈西方社会这种不健康的、不互相触碰身体的痼疾。在加利福尼亚大苏尔温泉（Big Sur Hot Springs）的伊莎兰研究所（Esalen Institute），伯纳德·甘特（Bernard Gunther）传授全身和从手指到头部的按摩技术，作为“唤醒知觉”的途径。甘特那些超出常规的方法，其中有一些未能流传开来，比如互相洗头发、“甘特式英雄三明治”（全小组的成员间互相搂抱）。但是，按摩疗法大概的确让英国和美国变成了更注重触觉的社会，这也是为什么到了 1980 年代，“魔术手指”大部分从美国汽车旅馆的房间里消失了（另一个原因是，机器很容易被弄开，里面的硬币被偷走）。

阿盖尔穿戴整洁，定时上教堂，没有人会把他错认为是一个加利福尼亚的嬉皮士。但是，他同样是 1960 年代那场生机勃勃的革命的产儿，不过是以一种更为安静的方式表现出来罢了。阿盖尔在英国科学进展协会的一次会议上引用了乔拉德的研究成果，他对我们的“非触碰式文化”感到失望。[②] 但是这些文化差异强化了他的认识，即社交技巧是可学可教的。阿盖尔的新社会心理学认为，人们的个性并不是在童年时代或青春

① 西德尼·乔拉德:《不接触：身体禁忌》，载《新社会》，1976 年 7 月 6 日，第 660 页。

② 《喝茶时的身体触碰矜持》，载《每日镜报》，1966 年 9 月 2 日。

期就定型了，而是可以改变的。他在畅销书《人际行为心理学》（1967）中指出，许多精神问题并不是如弗洛伊德学派的人所认为的那样，源于童年时代早期的精神病理原因，而是由于缺乏社交技巧。

1968年，阿盖尔在靠近牛津大学的利特摩尔精神病医院（Littlemore Psychiatric Hospital）设立了一个社交技能训练项目，开创性地使用了与病人进行小组会谈的方式，而不是传统的办法——在四周包有软垫的监禁室里，用紧身衣将病人约束起来。阿盖尔想要将这种开明的方法继续下去。他相信，精神病人的一个共同特征是他们不能交朋友，原因在于他们对别人产生不了任何兴趣，或者不能明白别人的观点。因此，他们"对别人的回报程度很低"。①

他针对这些病人设置了训练方法，以纠正他们的姿态，让他们的表达和手势生动起来。他们学习"配合情绪的"声调、表达以及理解谈话对象的身体语言。如果他们的声音是单调的——这在害羞者或意气消沉者身上是常见的弱点，他们就会被教着去改变音调。由于害羞者的声调中最难改变的往往是降调，病人们会被配备一个音键——一种声音记录器，当麦克风达到一定音量水平时，它就会被触发。如果你获得足够多的大声说话"次数"，你会得到一份奖励。对于这些病人来说，最困难却又不得不做的事情是看他们自己的录像——他们看上去对别人的愠怒、厌烦或敌意都会在其中被呈现出来。然后，他们不得不将这些本能的姿态和表达拆解开，重新组合成更令人愉

---

① 迈克尔·阿盖尔、彼德·特罗尔、布里奇特·布莱恩特:《通过社交技巧训练治疗人格障碍和神经症的探索》，载《英国医学心理学杂志》，1974年第47卷第1期，第71页。

快的姿态和表达，就像状态不佳的高尔夫球手重新调整他们的挥拍动作一样。[①]

阿盖尔的方法流行开来，并被运用到许多生活领域。精神分裂症患者被教授社交技能，以克服他们对他人的疏离感。暴力犯罪者被示范如何礼貌地处理可能会导致冲突的情境。除了这些阿盖尔称为“社交能力不足”的人之外，部门经理、医生、教师、服务人员以及在工作中涉及到与人或公众打交道的任何人，也都必须学习社交技能。现在，每个工作培训似乎都包含了角色扮演训练和视频辅助教学环节，内容都是关于如何与他人交谈的。

阿盖尔成为了苏格兰乡村舞蹈的支持者，他每周三都跳，坚持了许多年。他将这种舞蹈推荐为治疗害羞的一种通用疗法。罗伯特·彭斯（Robert Burns）[②]曾说，跳苏格兰舞“对我的礼仪进行了一次梳理”。同样地，阿盖尔觉得苏格兰舞的编排细致地展现了社交的渐进模式，它可以教会人们社交技能。一连串的舞蹈编排比如“三人旋转”和“大循环”，都是微型的辅导课，让舞者明白礼貌和轮流的重要性。这些再配以接触和凝视，颇像婴儿以一连串的微笑和凝视很享受地配合着母亲。苏格兰舞欢迎新加入者，很少有冲突或小团体，由于其规则相当清晰，很少会引起失败的恐惧或怯场。它也带有一种浪漫暗示，但却没有风险，不需要参与者说话或做出承诺。

在针对害羞的战役中，阿盖尔像他的美国战友一样，怀着

---

① 彼德·特罗尔、布里奇特·布莱恩特、迈克尔·阿盖尔：《社交技巧与精神健康》，伦敦：梅休因出版社，1978 年版，第 218 页。

② 罗伯特·彭斯（1759—1796 年），苏格兰民族诗人。他出身贫寒，整理和创作了数百首苏格兰传统风格的歌曲，如《友谊地久天长》。

传教士般的传道精神，而不是出于同病相怜。他性格外向，笑声爽朗，参加晚会时戴着一个可以旋转的、闪闪发光的粉红色蝴蝶结；他知道外向者更快乐，因为他们期望与人相处，而且他们的确这样做了。他说："快乐的人受欢迎的程度比他们自以为的要小很多；抑郁者则并不是那么不受欢迎。但是整体上来说，抑郁者通常离真相要更近一些。"① 他看到有人毫无理由地就害羞和孤僻，并且令他感到困惑的是，一些聪明人并不愿意去学习社交技能，让他们自己变得更快乐些。1967年，当他在牛津大学举办首次"非语言交流"会议时，他感到困惑的是，"世界上最伟大的一些社会行为研究专家却令人吃惊地无能，在社交行为上很不称职。尽管对此有很多的讨论，但尚无令人满意的解释"。②

五

1978年12月，一个星期六的深夜，一个19岁的无业少年史蒂夫·莫里西（Steve Morrissey）③ 既未待在酒吧里，也未像大多同龄人那样在观看《每日赛事》节目。他的这种性格，在迈克尔·阿盖尔那里被称之为"对他人无动于衷"。他独自坐在客厅里，看独立电视台播放的新一季的阿兰·本奈特戏剧的

① 朱莉安·查普林：《快乐的秘密》，载《每日邮报》，1993年6月7日。

② 迈克尔·阿盖尔：《我为什么研究社交技巧》，载《心理学家》，1999年第12卷第3期，第143页。

③ 史蒂夫·莫里西（1959—），英国歌手、词曲作者。他作为主唱的摇滚乐队"史密斯兄弟"在1980年代风靡一时。在他单飞后，他又多次进入英国流行歌曲排行榜的前十位。

第一集，他父母的这所简易住房位于靠近曼彻斯特的斯特雷特福德（Stretford）的国王路（King's Road）上。这一集题为《我，我害怕弗吉尼亚·伍尔芙》，讲的是特雷弗·霍普金斯（Trevor Hopkins）的故事。他是北部一所理工院校的英语讲师，坐公共汽车时手里从来都是拿着书，倒不是因为他喜欢读书，而是因为书让他视线有地方可放；他的害羞的膀胱让他苦不堪言，在公共厕所里，如果里面还有别人在的话，他就尿不出来。莫里西第一次感到，该节目激发了他自己对于害羞——拉蒂根所说的“英国人的恶习”（le vice Anglais）的幽默感。

1992年，莫里西此时已经30来岁了，他把一盘CD放进了他的近邻阿兰·本奈特位于卡姆登镇（Camden Town）格洛斯特·克雷森特（Gloucester Crescent）住宅的信箱中，并附上了一个便条邀请他喝茶。本奈特接受了邀请，两个男人成为了朋友。本奈特在称呼莫里西的姓时有点尴尬——讽刺的是，本奈特年轻时正是英国人从称呼姓到称呼名字的过渡时期，称呼名字标志着一种来之不易的亲密关系。因此，他最终既不喊莫里西的名也不喊他的姓。

尽管20世纪六、七十年代是莫里西文化品味的形成期，但是他的文化品味却常常超越了这一时期的流行文化。他向前追溯，找到了一些旧的行为榜样，培养出了一种害羞、沉默的性格。他喜爱豪斯曼（A. E. Housman）及其短诗，歌颂那种几十年中未说出口、也不改初衷的爱情，这在那时已经过时了。他梦想成为德克·博加德（Dirk Bogarde）那样的人，一个人住在切尔西一所大厦的公寓里，上街时藏到一顶布帽子下面，这样就不必和任何人说话了。最打动他的是乔治·福姆比，尤其是那首《为什么女人不喜欢我？》，在“史密斯兄弟”（Smiths）

的音乐会上，他曾将其作为幕间休息音乐演唱过。此外，他对吉米·克利瑟罗（Jimmy Clitheroe）[①]特别着迷，这位广播喜剧演员曾在布莱克浦（Blackpool）隐居，1973年在他母亲葬礼的那一天因服用过量的安眠药而离世。

莫里西的害羞是在一所严厉的现代中学里形成的，学校的体育老师让他们班级绕着体育馆跑步，同时拿健身实心球对着他们乱砸。一位在同一时期上学的校友回忆说，莫里西不跑，心无旁骛地看着一些东西，仿佛“他身体四周有一面盾牌”。[②] 他至少有时候是戴着他所讨厌的眼镜的。他的眼镜是标准配置的524型外形，有着粗重的黑色镜框。自从1948年英国建立国民医疗保健制度（National Health Service）以后，数百万副这种眼镜便架在了英国人的鼻子上。1972年，当13岁的莫里西被迫戴上眼镜时，大多数人是买商业镜框，来搭配国民医疗保健部门配的镜片。戴524型镜框意味着你是一个“戴眼镜的四只眼”，而且你的家庭很穷，买不起别的镜框。1975年，他没有获得文凭便离开了学校，之后在斯特雷特福德技术学院报名参加了时长为一年的中学突击课程。他在那里时不再戴眼镜了，没有眼镜，他看不清几英尺之外的东西，因此他获得了“怠慢者”的名声，这加重了他的害羞。在接下来的几年里，用他自己的话来说，他变成了一个“密室里的受难者”。[③]

在我们的人生之中，当我们经历珍妮特·法兰姆称之为

① 吉米·克利瑟罗（1921—1973年），英国喜剧艺人。他在BBC电台中的有关栏目非常受欢迎。

② 托尼·弗莱彻:《永不熄灭的光:“史密斯兄弟”的不朽传奇》，伦敦:海尼曼出版社，2012年版，第77页。

③ 同上，第154页。

“青春期自我的无家可归”的时期，[①] 我们表现得害羞是再自然不过的事了。青少年时期，我们的未来尚不确定，身份认同上也会经历一些挫折；因为荷尔蒙的缘故，情绪变得不稳定，身体形态上和社会形象上也都变得难看了。青少年经常沉浸于自我之中（这成为了莫里西走上舞台的一个特别原因，也许并不是巧合），因为他们无法在身体上去表达感情，而且不知道如何去表达情感。他们被吸引到错位的交流形式上——发短信、给笔友写信、写日记并锁到抽屉里、在练习本上胡乱地写下情感表现非常夸张的诗歌，这些都是回避脸红、沉浸于自我之中的方式。

但是，青少年的害羞与孤独也是一种现代的发明，是战后青少年可支配零钱上升以及住房格局变化的一个产物。大多数年轻人拥有自己的卧室和隐私只是相当晚近的事。1950 年代晚期，第一批英国青少年不再和家人一起看电视，他们躲到自己的房间里，在便携式的丹赛特（Dansette）牌电唱机上播放每分钟 45 转的单曲，或者是将他们的晶体管收音机调到卢森堡电台（Radio Luxembourg）。卢森堡电台的电波信号只有在天黑后才能接收到，才能克服地球的曲度，穿过电离层，反射到英国。由于它在深夜才能播放，青少年们会把收音机放到枕头下面去收听，这增强了其作为一种新型青年文化的形式感——以亲密的、秘密的形式进行。

英国流行音乐的历史是与这种青少年卧室的出现紧密联系在一起的。卧室成为了青年人可以排解郁积情绪、呵护个人

① 珍妮特·法兰姆：《走向“对”之岛》，伦敦：弗拉明戈出版社，1993 年版，第 136 页。

爱恋的地方，这一切都受到了门上“非请莫入”指示牌的保护。莫里西只是这种躲进自己空间的行为的一个极端例子，这在他身上持续了很多年，一直到他二十出头的时候。他把自己小盒子一样的卧室的窗玻璃涂成了黑色，拉上窗帘，把世界关在了外面，只希望“那些微小的呲啦声伴随着唱片而来”。① 他经常足不出户地在房屋里呆一个月。

他有时候出门去赖曼商店（Ryman's）买他喜爱的文具，去寄信，因为他已经开始给音乐媒体写信，信的内容刻薄，与他在真实生活中的自我形象颇为不同。“先去看看它们吧，然后你才可以厚颜无耻地反驳我，你们这些愚蠢的荡妇，”他在看到《新音乐快递》杂志理由很不充分地赞赏嗡嗡鸡乐团（Buzzcocks）后，给其写信道。② 他斥责《天籁》杂志上的一位批评家愚蠢至极，不能欣赏他所喜爱的“纽约娃娃”（New York Dolls）乐队，“如果这些摇滚经典不能给你带来生命快乐的震颤，那么我建议你跟随‘性手枪’（Sex Pistols）乐队，它的幼稚手法和毫无特色的音乐无疑适合你的智力水平”。③

在这样一个前互联网时代，莫里西像英国许多其他的害羞青少年一样，依靠皇家邮政奇迹般的组织水平以及其二等邮资的廉价，与远方的同类保持着联系。④ 他后来以其标志性

---

① 西蒙·戈达德:《莫里西和“史密斯兄弟”百科全书》，伦敦：伊伯里出版社，2012 年版，第 512 页。

② 帕特·朗:《〈新音乐快递〉的历史：世界上最著名音乐杂志中的巅峰时刻和底层人物》，伦敦：门廊书屋，2012 年版，第 160 页。

③ 强尼·罗根:《莫里西和玛尔：断裂的联盟》，伦敦：选集出版社，1993 年版，第 84 页。

④ 西蒙·戈达德:《“史密斯兄弟”：拯救你生命的歌曲》，伦敦：雷诺兹及赫恩出版社，2002 年版，第 201 页。

的、混合着鲁莽和严肃的口吻说到，他青春期的最深刻危机来自于邮票价格上涨了一便士。“史密斯兄弟”的歌曲《问》似乎可以引诱一些人走出害羞，也许也包括年轻时的莫里西在内，它让莫里西回想起了他青少年时期那段写信的生活。当他开始给《唱片之镜》杂志写那些古怪的音乐评论时，莫里西起了个笔名叫“谢里丹·怀特赛德”（Sheridan Whiteside），这个名字来自于电影《赴宴的男人》中的一个人物。这个人物坐在轮椅里，经常能冒出一些尖刻、机智的话，也是以批评家亚历山大·沃尔科特（Alexander Woollcott）为原型，并由蒙蒂·伍利（Monty Woolley）扮演的。对于一个害羞、并幻想着产生影响力和复仇的青少年来说，笔名是一个恰当的面具。这种混合着害羞与野蛮的性格成为了莫里西的名片。

六

当莫里西 23 岁时，一位名叫强尼·玛尔（Johnny Marr）的年轻音乐家敲响了他在斯特雷特福德住房的家门，问他是否愿意组建一支乐队。玛尔是害羞者的完美拯救者：酷、喋喋不休而且完全不会害羞，尽管如此，他很崇拜那些忧郁的、与他不同的人。“史密斯兄弟”的乐手们都是不太放纵的。贝斯手安迪·鲁尔克（Andy Rourke）住得离莫里西很近，他们在乐队训练完后一起沉默地搭乘公共汽车回家。鲁尔克回忆说，这时莫里西就“开始数路灯杆”。[①] 他和乐队的鼓手迈克·乔伊斯

① 托尼·弗莱彻：《永不熄灭的光：“史密斯兄弟”的不朽传奇》，伦敦：海尼曼出版社，2012 年版，第 230 页。

图 7－3 成为当红偶像后西装笔挺的莫里西，仍然不会中规中矩。莫里西的害羞是在一所严厉的中学里形成的。1972 年，当 13 岁的莫里西被迫戴上眼镜时，他戴的是廉价镜框，这意味着——除了是一个“戴眼镜的四眼”之外，而且他的家庭很穷，买不起别的镜框。1975 年，他没有获得文凭便离开了学校……这个生活坎坷的少年养成了一种混合着害羞与野蛮的性格，可以说这成了莫里西的名片。

（Mike Joyce）看法一样——他们的新主唱莫里西非常不适合当明星。

但是莫里西选择当明星时，他是幸运的。1980 年，一小群贴着独立标签的音乐人发起了独立排行榜，每周在《新音乐快递》上发表。独立乐队往往把传统的促销方式看成是“出卖”，与此相反，他们选择通过前卫的爱好者杂志，宣传他们的小型音乐会，然后，逐渐获得人气，并在音乐媒体中发声。1980 年代的主流时尚是威严的西装、垫肩、设计者的标签以及充满活力的身体，作为对这种时尚的反应，独立音乐人的打扮是乐施会（Oxfam）① 爷爷辈的那种别致款式，穿着无领衬衫，开襟羊毛衫敞开着，身体看上去营养不良，脸色苍白。

独立乐队很少在专辑封面上印自己的照片，他们摆姿势供

① 乐施会是一个国际性的慈善组织，专注于减轻全球贫困，最早建立于二战期间。

媒体拍照时也不笑，面无表情地撅着嘴，这是公认的表示真挚承诺的表情。他们在公开场合露面时很害羞，还经常伴随着乖戾的举止。这些乐队在广播或电视上接受采访时，说话含糊不清是常事，他们也几乎不说舞台上的行话。苏格兰后朋克（post-punk）乐队约瑟夫·K（Josef K）的主唱保罗·海格（Paul Haig）愿意录制歌曲介绍，供广播上播放演唱会时使用，而不愿对着观众说话。

当然，在学校里被视为异类而放逐的年轻人，长久以来即以成立乐队来作为回避害羞的一种方式。他们做着明星梦，希望有一天能向那些认为他们能力欠缺的人复仇。但是，独立文化的追求比这些诉求要广阔多了：害羞在其中被当成了一种个人哲学和政治哲学，一种对撒切尔夫人执政时期英国生活粗俗化的反应。那十年中屡见不鲜的场面是：城市男孩的叫喊声穿过交易大厅，戴着红色牙箍的雅皮士在酒吧里夸夸其谈地说着房价，公关主管们对着砖头大的手机大喊大叫。在那十年中“被拒绝的移民”看来，这些似乎都是一种新自吹自擂式的、令人痛苦的国民生活的症候。撒切尔主义与独立文化时尚是针锋相对的，它拥护保守派思想家雪莉·罗宾·莱特温（Shirley Robin Letwin）所说的“强有力的美德”——能量、雄心和独立，反对谦逊、谦虚或沉默寡言等“柔弱的美德”。[①] 撒切尔主义将自身置于典型的英国文化——即那种带着羞怯的轻蔑态度的对立面，而在后者看来，撒切尔主义则太过热切、太有雄心壮志，以至于粗鲁了。

---

① 雪莉·罗宾·莱特温:《撒切尔主义剖析》，伦敦：丰塔纳出版社，1992 年版，第 33、39~40 页。

害羞与幽默一样，在玛格丽特·撒切尔（Margaret Thatcher）看来只是一个概念，是她从未考虑过的。几乎关于她的一切，从她那语气一成不变的健谈，到她那果决的步态——胸前是紧握的手袋，就像是一个方向盘，这些都暗示了她这个人很少会表现出英国式的矜持。从荣格著名的性格类型学说来看，她是一个典型的外向者："所有的自我交谈让[他们]厌恶。潜存的危险最好被淹没在说话声之中。"① 她怀疑犹豫不决的人和优柔寡断的人，当人们谈到细微差别和微妙之处时，她将其仅仅看作是胡说和逃避。她的大臣兼外交部长杰弗里·豪（Geoffrey Howe）便是一个与她共事的不幸者，他那板着面孔的矜持，一开始她是容忍的，最终让她觉得恼怒。另一个不幸者是奥利弗·诺克斯，他曾经在布莱切利公园大厦里做过密码破译工作，伊丽莎白·泰勒在1930年代早期当过他的家庭教师。此时他在政策研究中心（Centre for Policy Studies）担任自由市场政策的智囊团成员。撒切尔夫人喜欢直率地提出建议，就像直率地与他们共事一样，她不喜欢奥利弗带有防备的交往方式，给他取了个"汇率机制先生"（Mr Erm）的外号。②

当然，撒切尔夫人真正痛恨的害羞者是那些不想工作的人（work-shy）。这不仅仅是一个双关语：1980年代，居高不下的失业率看上去很棘手，这意味着有为数几百万的不情愿的失业者；与此同时还有一种小众的、不想工作的亚文化，它是由那些羞怯的、爱做白日梦的艺术家和音乐家发展出来的，他们把与唱片公司签约看作是苦乐参半的。撒切尔夫人的所有修辞都

---

① C. G. 荣格:《心理类型》，伦敦：劳特利奇及基根·保罗出版社，1971年版，第550页。

② 《奥利弗·诺克斯的讣告》，载《每日电讯报》，2002年7月19日。

是支持工作者而反对懒人的，直到她下台之后，政府才开始认真地削减和改革福利。因此，在她当首相期间，失业率某种程度上刺激了创造性劳动的迅速增长，新组建的乐队靠领救济金和租房补贴生存了下来，尽管当局希望他们解散。贾维斯·考科尔（Jarvis Cocker）①——一位害羞的少年，成立了“低俗”（Pulp）乐队，希望靠名气来弥补他在社会上的无力感。但是1980 年代的大部分时间里，他都忙于签约，当他最后在 1994年出名时，他把那段时光称为“失业救济文化的黄金时代”。②

其他一些生气勃勃的人物也共享并推进了“独立”的标签，比如“工厂记录”（Factory Records）唱片公司的托尼·威尔逊（Tony Wilson）、“创造”（Creation）唱片公司的阿兰·麦克吉（Alan McGee）。但是有一些唱片公司则是由内向者运营的，比如“粗野性伴侣”（Rough Trade）唱片公司那位苦行僧般的、说话轻柔的杰夫·特拉维斯（Geoff Travis），以及“4AD”唱片公司的伊沃·瓦茨－拉塞尔（Ivo Watts-Russell）——他非常害羞，以至于他自己的宣传照拍的是他的后脑勺。瓦茨－拉塞尔感兴趣的是那些神秘的、属于黑暗浪潮③的音乐人，像“双生鸟”（Cocteau Twins）乐队、“鲍豪斯”（Bauhaus）乐队和“苍白圣徒”（Pale Saints）乐队。“4AD”公司的“死者能舞”（Dead Can Dance）乐队的布兰登·佩

---

① 贾维斯·考科尔（1963— ），英国音乐家、歌手、演员，组织过“低俗”乐队。在单飞后，他的独唱事业也有不错的成绩。

② 米兰达·索耶：《一个荒诞派的英国人》，载《观察家》，1994年12月18日。

③ 黑暗浪潮，现代西方音乐的一种风格，以低调颓废为生命本能，黑暗浪潮的音乐世界里充满了阴森、黑暗、孤独、沉郁的低调余响。

里（Brendan Perry）说，瓦茨－拉塞尔能“吸引那种充满能量的、相当害羞的人，好像他是在寻找潜藏的音乐人，创造这种脆弱的音乐”。[①]

在一支独立乐队的发展过程中，期待已久的突破便是上约翰·皮尔（John Peel）[②]的广播节目。皮尔在广播一台工作，自这个时代起他就回避同事们那充满欢乐的闲聊，将他的害羞藏到了他言简意赅的表象背后。他的音乐品味是：他支持带有讽刺意味的、风格轻描淡写的英国音乐，反对音乐电视，反对乐队在大体育场中演出，他将这些看作是华而不实、没有灵魂的“美国风格”。他更喜欢低调的行为，对那些太过张扬的举动没有兴趣，比如签约一家大的唱片公司或者一曲成名。

独立音乐的一个关键特征在于，它能经得起孤独的、内省式的倾听。当“史密斯兄弟”进录音棚时，强尼·玛尔总是问自己，他的音乐在歌迷的卧室里听起来会是什么样子。[③] 1980年代是“viny1”式唱片及其感官享受的最后辉煌时代：仔细地把唱片从套子里拿出来，以大拇指扣住中间的孔，精心地把唱针放到唱片上，听到唱针顺着凹槽滑动的呲啦声和爆破声，然后一边听音乐，一边盯着唱片套上的说明文字及背后的歌词。像大多独立乐队一样，“史密斯兄弟”讨厌压缩光盘那闪亮的空白。莫里西无望地保卫着“viny1”式唱片，他在“史密

---

① 马丁·阿斯顿：《另择它途：4AD公司的故事》，伦敦：星期五计划出版社，2013年版，第144页。

② 约翰·皮尔（1939—2004年），英国电台节目主持人。他是BBC电台的DJ任职时间最长的一位，达几十年之久。

③ 托尼·弗莱彻：《永不熄灭的光：“史密斯兄弟”的不朽传奇》，伦敦：海尼曼出版社，2012年版，第350页。

斯兄弟”唱片的最后部分加入一些神秘信息，语带嘲弄地问他的歌迷：你今晚令人讨厌吗？你会为了一块饼干去冒险吗？我不知道有谁是快乐的，你呢？

1984 年 6 月，“史密斯兄弟”在“流行之巅”音乐节目上表演了《天知道我现在是痛苦的》。莫里西在演唱时，眼睛看着极远方，仿佛是要将他自己从周围的粘滞事物中游离出来——录音棚里通常放置的气球、闪光灯以及迪斯科灯，都不幸地和歌曲错搭在一起；他最后避开观众，不向观众鞠躬致谢便离开了。他戴着一副助听器，他其实并不需要它；他没有戴他通常需要的隐形眼镜，而是他少年时期就拒绝的、国民医疗保健部门配的镜框。国民医疗保健部门配的眼镜象征着国家对于视力不好的穷人的支援：在“史密斯兄弟”这次上“流行之巅”节目的一年之后，这种眼镜被废除了，代之以代金券制度。此时，那种厚重的复古镜框成为了以紧身西装为标志的“极客”时尚（geek chic）的一部分，它对于“呆子”文化狂热的最初兴起具有标志性的意义，这一点很容易被忽略掉。《卫报》的一位音乐批评家写道：“‘史密斯兄弟’的主唱莫里西，是美国高中学生称之为‘呆子’的那种人。‘呆子’是瘦长的大个子，学习很好，但在所有社交场合都是尴尬的，而且注定会浪漫地失败。”①

在一个可以回溯到 20 世纪早期唯美主义者如罗纳尔德・费尔班克和斯蒂芬・坦南特的英国传统中，莫里西将他的害羞转变为一种表象人格，在其中现实与伪装是难以区分的。他的那种矜持，在独立流行界被称为“盯鞋自赏派”（shoegazing）。该

① 玛丽・哈伦：《“史密斯兄弟”》，载《卫报》，1984 年 2 月 14 日。

派乐队在现场演出时，会盯着舞台地板上的幕布边缘，因为他们要么是羞怯的，不敢面对人群；要么忙着关注他们脚下的音乐踏板。相反，当莫里西从他所说的“我生活中的挤成一团的害羞”中走出来时，他成为了一个演出主持人，这令“史密斯兄弟”乐队伴奏们惊讶不已。①

正如玛尔说话时很尴尬，却能以强劲的旋律和短小的乐句带来激动人心的音乐一样，莫里西以野性的假声弥补其音域上的限制，他用真假声交替演唱，同时在头顶上舞动着唐菖蒲，挥动手臂或者拍手引导观众，把五彩纸屑扔向空中；他脱去上衣，在地板上翻滚。“史密斯兄弟”的音乐会就像是歌迷们的宗教复兴活动，这些歌迷之前都是独自聆听“史密斯兄弟”的音乐的，此时则希望与他人分享这种奇怪的、压抑的欢乐。莫里西帮助他们越过保安警戒线，走上舞台，与他们拥抱，仿佛是通过圣疗术来治疗他们的害羞一样。

图 7-4 80 年代中期的 Smiths 乐队。这支伟大的乐队后来甚至被其拥趸称誉为“永不熄灭的光”。

七

1986 年，我在鲁什尔姆（Rusholme）高中开始读六年级。这是曼彻斯特市中心的一块杂乱无章的地方，因“史密斯兄弟”

① 林恩·巴伯:《芒刺在背的男人》，载《观察家》，2002 年 9 月 15 日。

的歌曲《鲁什尔姆的流氓》而永载史册。当时这个乐队刚刚解散，令我的许多新同学哀叹不已。后工业时期的曼彻斯特经过了一些年的城市重建，当从蒙着水蒸气的公共汽车窗户向外看时，透过曼彻斯特式的细雨丝，可以看到城市里笼罩在煤烟之下的仓库和砖砌的露台，一切似乎都沉浸在忧郁之中。莫里西与他的乐队伙伴们曾在这些背景中摆姿势拍过照片。我开始明白，他是要将他年轻时的风景变成一个巨大的情感寄托，一种存在主义式孤独的镜像。

学校里有男生模仿莫里西的行为，穿过时的克龙比式（Crombie）外套，孤独地四处踱步，在卧室里写诗歌，等待着一个话多的主吉他手来敲门，把他们拯救出去。每周在《城市生活》杂志——《暂停时间》杂志的曼彻斯特版本上，都会看到孤独心灵的表白，在其中，苍白、有趣的年轻男人自如地引用莫里西的歌词，暗示他们的害羞也如他的一样有趣。

曾经支撑了莫里西生活的书信关系，现在开始围绕着他形成了。青少年崇拜者在他们的狭小卧室里，用剪刀、胶棒和专门画插图的纸收集乐迷杂志上有关他的信息，志趣相投者给他们寄来信件，用胶带粘上硬币，以补足邮费。这些歌迷爱好者杂志，起着如《真正的“史密斯兄弟”》《这个有魅力的男人》这样的名字，孕育了笔友间的交往和生动的书信。在电子邮件和博客圈没有出现之前，皇家邮政公司行使了这些功能，拯救了这些害羞者和不善言谈者。

莫里西向害羞者指明了一条出路，即将他们人生中那些失败的、非决定性的遭遇戏剧化。在一本由“史密斯兄弟”的歌迷们所写的书中，一位年轻人写道:“去年秋天，我坐在一辆由利兹去伦敦的城际列车上，一位 40 岁左右的迷人的女人看了我一眼，亲切地笑了。那时，我的随身听里正在播放的是《珍妮》。她立即变成了‘珍妮’，仿佛我在脑海里正在给她唱这首歌。可悲的是，她在下一站唐卡斯特（Doncaster）就下车了，我们没有交谈。”[①] 超级理性的阿尔伯特·埃利斯认为，害羞和浪漫爱情在形式上是很相似的，都是一种神经过敏的幻想生活。他一定对所有这些莫里西的歌迷们将自身的、没有回报的感情自我神化感到绝望。

为什么没有回报的爱情如此折磨害羞者？ 1960 年代中期，美国康涅狄格州布里奇波特大学（University of Bridgeport）心理学教授桃乐茜·藤诺（Dorothy Tennov）开始对这一问题产生了兴趣。她第一次注意到这种现象，是当她发现平时举止正常的、认真的学生突然分心了，作业拖延，而且他们会在她的办公室里因情绪失控而落泪，结果证明，他们是暗恋上同学或家庭教师了。在对这类人进行过多次的访谈之后，她发明了一个新词——“盲目迷恋”（limerence），以更好地描述这种我们通常称为“迷恋”或“坠入爱河”的现象。“盲目迷恋”是一种不由自主的状态，在不同性别、文化和性格类型的人身上都会出现，表现为“扰乱性的和强迫性的思想、感情和行为，从欣快症到绝望不等”。藤诺不赞同弗洛伊德的著名断言——坠入爱河仅仅是由我们的性冲动造成的，她注意到盲目迷恋与性的关系并不大，更多的是与对别人或赞同或拒绝的态度的敏锐感觉相关。

藤诺指出，当面对爱恋对象时，盲目迷恋会让人产生“有

① 汤姆·加拉格尔、迈克尔·坎贝尔、默多·吉利斯编:《“史密斯兄弟”: 所有的男人都有秘密》, 伦敦: 维京出版社, 1995 年版, 第 102 页。

时无能为力，但总是令人不安的害羞感觉”，甚至有其他人在场时也是如此。[①] 它的症状与深度尴尬相似：心悸，颤抖，脸红，胃里翻江倒海，笨拙，口吃，还会出现晕厥这种比较罕见的情形。盲目迷恋者的一切强烈焦虑在于感情能否得到回报；悖论的是，对得不到回报的恐惧感觉既是痛苦的，也增强了他们对于爱恋对象的欲望。盲目迷恋者需要得到许多有说服力的证据之后，才会接受这样的事实——他们的爱永远也得不到回报，特别是当他们的嘴巴因为害羞而冰封了，压根没让爱恋对象知道他们的感情时。黛安娜·阿西尔（Diana Athill）[②] 认为，“消灭所有希望”的方法最利于治愈盲目迷恋者破碎的心灵，也是最快速、最可靠的，[③] 但是盲目迷恋者的害羞会阻碍这种方法的实施。

相思病与麻痹性的害羞之间的关联，在最早留存下来的一些诗歌片段中也可以得到证明。在萨福（Sappho）[④] 大约写于公元前 600 年的一首诗歌中，她表达了自己看到所爱的女人时的感觉：“噢，布鲁切奥，我看到你了 / 我说不出话来，/ 舌头碎了，/ 我的皮肤闪耀着微妙的 / 火焰……”爱情与害羞之间的联系在理想的“温文尔雅的爱情”中得到了巩固，这种爱情出现于 12 世纪普罗旺斯的宫廷之中，在克雷蒂安·德·特罗亚

---

① 桃乐茜·藤诺：《爱情与盲目迷恋：陷入爱河的经验》，纽约：斯泰因和戴伊出版社，1979 年版，第 16、24 页。

② 黛安娜·阿西尔（1917— ），英国著名编辑，曾做过约翰·厄普代克、西蒙娜·德·波伏瓦和 VS. 奈保尔等作家的编辑，获得科斯塔传记奖。

③ 黛安娜·阿西尔：《不必删除：一位编辑的人生》，伦敦：格兰塔出版社，2011 年版，第 85 页。

④ 萨福（约前 630— 前 570 年），古希腊女诗人，女同性恋者。

（Chrétien de Troyes）[①] 和安德里亚斯·卡佩拉勒斯（Andreas Capellanus）[②] 的作品中有所表现，并被行吟诗人带到了法国乡村。这种理想爱情的根基是基督教清洁派（Catharism）的思想——一种新摩尼教的（neo-Manichean）异端邪说，它将精神和物质看成是对立的，认为人的精神被囚禁在肉体的黑暗欲望之中。卡佩拉勒斯在他的《温文尔雅爱情的艺术》（公元 1184-1186 年）中写道："看到爱人时，每个情人都变得苍白。情人总是害羞的。"

温文尔雅的爱情爱上的是作为理念的爱，喜爱未完成的、未说出口的欲望胜过完成了的欲望。它表达了甜蜜的、自我提升的渴望，这主宰了西方的浪漫观念。根据菲利普·西德尼爵士（Sir Philip Sidney）[③] 在《天文爱好者与星星》（1691）中的说法，情人总是张口结舌的，是"哑了的天鹅，而非喋喋不休的人"。司汤达（Stendhal）在《论爱情》（1822）一文中写到，一个情人在面对所爱的人时，由于"缺乏机智或胆量"而责怪自己；实际上，"表现出勇气的唯一方法是爱她少一点"。

对于害羞的情人来说，抒情诗是自然的抒发方式：当在平静中回想起情感时，与所爱的人隔着一段安全的距离，在抒情诗这种经典的文学形式中，人们的尴尬变成了永恒。克里斯多弗·里克斯（Christopher Ricks）在其著作《济慈和尴尬》中

---

① 克雷蒂安·德·特罗亚，12 世纪晚期法国的一位诗人，作品描写亚瑟王故事和圆桌骑士的爱情传奇。

② 安德里亚斯·卡佩拉勒斯，被认为是 12 世纪法国的一位牧师，有关于爱情的论文传世。

③ 菲利普·西德尼爵士（1554—1586 年），英国诗人、学者、官员。他是女王伊丽莎白一世时代的一位著名人物。

认为，诗歌可以将强烈的私人情感公开表达出来，它具有伟大的慰藉作用，其中之一便是帮助我们表达出尴尬，并将其化为创造，让我们感觉不那么孤独和疏远。他认为，济慈是一位与尴尬特别合拍、并对尴尬富有洞见的诗人。让济慈感到尴尬的事情有：他缺乏正规教育；他学做药剂师的过程相对比较慢；他的诗歌得到了较差的评价；他身高只有 5 英尺；他对芬妮·勃劳恩（Fanny Brawne）的过度的爱，有时是不求回报的。根据里克斯的说法，济慈与大自然交融时的狂喜，源于“在那些健全、坚实和慰藉的力量中，[自然的] 力量不会让我们尴尬，尴尬变成了难以想象的事”。①

里克斯指出，济慈希望在诗歌和其他作品中直接面对尴尬对象，这使得他将尴尬转变为“一种个人的胜利”。他敢于认同那段时期的生活——不善交际的青春期，这也是我们最害羞、尴尬的时期，这一时期我们也最易于因这些情感而产生洞察力。在济慈看来，年轻时的天真烂漫和生涩“不仅仅是情有可原的错误，而且是优势”。里克斯将济慈与拜伦作了对照，拜伦将济慈的作品看成是“意淫”而不屑一顾，他自己则展现了一种不同类型的冷淡伪装，“作为对抗传染性的尴尬的封锁线”。②

里克斯说，济慈对自身的尴尬持开放的态度，从这一点上来看，莫里西显然是济慈式的人。他的许多歌曲，比如《半个人》和《没有人永远不能》，都是关于孤独和不求回报的感情的——爬进空床，感觉很糟糕、没人要。但是当他喜欢时，他

① 克里斯多弗·里克斯：《济慈与尴尬》，牛津：克莱登出版社，1974 年版，第 38 页。

② 同上，第 77、12、85、83 页。

图7－5 这是济慈去世时翻制的面模，时年仅26岁。济慈是一位与尴尬特别合拍、并对尴尬富有洞见的诗人。让济慈感到尴尬的事情有：他缺乏正规教育；他学做药剂师的过程相对比较慢；他的诗歌获得了差评；他身高只有5英尺；他对情人芬妮的过度的爱，有时是不求回报的。

也能成为拜伦式的人，袒露他的内心，如他所说的“把我的日记启动为音乐模式”，[①] 然后在情形没有变得太过尴尬之前收手。他的歌词在第一人称和第二人称之间转换，戏谑之中混合着诚挚和逃避，其中辛辣的幽默感使得他机敏地绕过了某个意思，而不必过于拘泥于字面意思。

偶尔，当莫里西对记者说话时，也展现出明显的矛盾之处，因为他是他那个时代里被人问得最多、被人谈论最多的害羞者。在这些时候，他会误入一些潜在的、不太愉快的话题，比如他的临床抑郁症、他的独身生活，以及他的痛苦的单相思。但是他以尖刻的机智和讽刺形成了一层保护层，把它们全掩盖起来了，他细心地选择自己的词汇，说出的句子也是优美的。他反对知性和做作，学会了修辞的艺术。但是在某种程度上，他的话稍微有些偏离常规，偏爱晦涩难解的词汇，爱堆砌形容词，仿佛他是在脑海中查阅《罗格辞典》一般：“这个建议让我烦恼不断……我喜欢《东伦敦人》这部电视剧，尽管这不是我的本意……我对于死亡有着一

① 《成为莫里西的重要性》，第四频道，2003年6月8日。

种强烈的、不可动摇的、无法避免的困惑。”[①]

莫里西以拜伦式的虚饰掩盖其济慈式的尴尬，这在一个不求回报的情感正变得不合时宜的年代里是必要的。社会学家伊娃·伊露兹（Eva Illouz）在其著作《爱情为何总是受伤》中认为，不求回报的爱情自从被普罗旺斯的行吟诗人在诗歌中理想化为深刻与敏感的象征以来，在当代文化中则变成了一件尴尬的事。现代爱情意味着文明的、利己主义的结合，要求对方同样地回报以亲密和承诺。根据这种理论，当爱情受伤时，它只不过是两个不般配的人共同造成的一个错误罢了。在一个重视情感相互性的年代，不求回报的爱情标志着不成熟和缺乏自尊心。有一个新出现的词——“贫困”（needy）描述了这种不值得羡慕的状态，这个词曾经表示穷困和需要帮助的意思，现在则意味着粘人和缺乏安全感。

八

在这样一个歌颂情感素养却谨防“贫困”的新时代里，莫里西是理想的流行偶像。尽管他在歌词中偶尔会流露出自怨自艾的害羞，但是大多数时候他都避免这种感情. 即全然将自己的内心交由别人主宰。他的个人魅力在于：他似乎能袒露自己的灵魂，却又不会成为社会的牺牲品；他给自己戴上失败者的王冠，却又能给予他的歌迷以力量。尽管其他独立乐队的害羞者和“盯鞋自赏者”因为不能很好地吸引关注，让歌唱生涯

① 斯图尔特·莫考尼:《莫里西：你好，残酷的世界》，载《Q》，1994年4月；伦恩·布朗:《如果你以前听过这首歌，那就停止播放吧》，载《新音乐快递》，1988 年 2 月 20 日。

失去了上升势头，但是莫里西却乐在其中。他这样一个既厌世却又如此有安全感的人是不太常见的。在一个寻求亲密感和情感共鸣的年代，他两者都拒绝。他是一个适度矛盾的人物，出现于一场漫长的、却又胜负未明的克服害羞的战争行将结束之际。莫里西向人们表明，害羞仍然是不错的，害羞甚至可以获得一种反向的魅力，只要你能够让它看上去像是一种文化异议，一种对于方方正正的世界的安静反抗。

“史密斯兄弟”乐队解散之后，莫里西的厌世态度变成了一种自信的妙语，转变为一种自我嘲弄。他告诉一位采访者，他生活于“谄媚的、无法停止的激励”之上。① 他告诉另一位采访者，音乐的伟大之处在于，它“与人交流，而不必极其不便地给人们打电话”。② 对于那些无法在歌曲中表达的信息，他通过传真传达了出来。他参加“荒岛唱片”节目时说，他迫不及待地想要被人们抛弃。他所选择的奢侈品是床，因为“睡觉是我一天中最精彩的部分……我喜欢藏起来，我喜欢沉落……睡眠是死亡的兄弟”。③

但是，像莫里西这样的人确实是少见的，他能把害羞转向努力塑造完美的假象，行走于自怜和自信之间的钢丝绳上。他茁壮成长为一个与世隔绝者、一个不满者；我们中的大多数人都不可以像他这样。有的人很冷静，毫不费力地就能与世无争。这对于害羞者来说是充满魅力的行为榜样，因为他教会人们不必勉强自己“低三下四地回报他人”。最终，我们大多数人

① 托尼·帕森斯:《流行文化前沿放送》，伦敦：维京出版社，1994 年版，第 93 页。

② 《成为莫里西的重要性》，第四频道，2003 年 6 月 8 日。

③ “荒岛唱片”节目，BBC 广播四台，2009 年 12 月 4 日。

都明白了：无所皈依感是具有普遍性的，真正的英雄行为是继续尝试与他人建立联系，尽管坚持做某种你并不擅长的事情是令人沮丧的。

与世界达成这种和解，在普通人之中做个平庸者，并不会得到什么赞誉。你看上去不害羞，别人并不会因此而为你喝彩，或许是因为他们也在做着同样的把戏，更担心被你看穿了。博比·查尔顿终其一生在与害羞顽强缠斗，但没有人为此而欢呼。甚至是现在，他也更喜欢通过电话接受采访，害怕在公众面前讲话，尽管他不用带笔记就能讲得很好，还经常充满了情感。对他而言，这不是一种自恃害羞的挑衅姿态，而只是一种令人钦佩的善待生命与生活的态度，本身即是一种勇敢行为。他从不谈论自己的害羞，在已经写出的两本自传中都完全未加涉及。他只承认，他希望在求学时期更加努力，“这样的话，今天我就能更好地解释自己了”。[①]

---

① 利奥·麦金斯垂：《杰克和博比：两个有冲突的兄弟的故事》，伦敦：柯林斯·威洛出版社，2002 年版，第 21 页。

第 8 章
新冰河时代

1990 年，一位新获得执业资格的精神病医生齐藤环（Saitō Tamaki）[①]，在离东京只有一步之遥的船桥市（Funabashi）的爽风会佐佐木医院（Sofukai Sasaki Hospital）开设了门诊项目。他很快就注意到，许多来诊室的病人父母都遇到了非常相似的问题。他们的孩子——通常是家里最大的儿子或独子，正处于青春期或刚刚成人，不愿去上学或工作了。这些孩子把自己关在卧室里，用胶带封住窗户，拒绝出门，除非是上厕所或者是取母亲放在门外托盘上的饭菜。他们常常是白天睡上一整天，晚上看电视、听 CD、玩电脑游戏，或者是喝烧酒——日本的伏特加，以进行自我疗伤。

这些年轻人的自我退隐可能会持续数年，直到 20 多岁甚至 30 多岁，齐藤把这种症状称为“无尽的青春期”。对于发生在孩子身上的这种情况，父母们经常是感到羞耻，感觉责任在自己。因此这种情况一直被低估了，其数量难以估计。当然，治

---

① 齐藤环（1961—），日本心理学家、评论家。他的专业领域是青春期精神疾病的治疗。

疗任何形式的害羞都会遇到这种方法上的困境：从性质上来说，害羞很可能是未说出口的、看不见的，但是证据的缺失并不能证明害羞不存在。齐藤偶然间发现有许多这类病例被当成了精神分裂症，而在日本精神分裂症患者大概有 100 万，他据此粗略估算，这类年轻隐居者也有上百万。他使用一个自 1980 年代以来广为流行的词——“蛰居族”（hikikomori）去命名这些年轻人，意思是指退隐或把自己禁闭起来。

2001 年，日本厚生劳动省正式将“蛰居族”命名为一种社会问题，界定标准是年轻人拒绝出门达 6 个月及以上者。被称为“出租大姐姐”的工作人员受雇去访问蛰居族。在一个独生子女占很大比例的国家，这些替代性的兄弟姐妹试图哄诱蛰居族走出家门，住进宿舍，他们在那里可以通过纸牌游戏或打排球学习如何与同龄人打交道。

蛰居族似乎是日本 1980 年代“过劳死”问题的另一个极端。他们似乎也是日本教育—就业这一单向人生道路的受害者，随着 1990 年代早期亚洲经济泡沫的破裂，这种单向道路变得更加残酷了。很少有年轻人此时可以依靠就职活动（shushoku katsudo）——大公司大量招聘应届毕业生这一终生职业制度获得职位，他们不得不进入低工资、无出路的不稳定工作部门。像蛰居族这类年轻人，他们感到自己被新的社会契约疏离了或者是抛弃了。但是，在这个仍然繁荣的国度里，他们的家庭通常都是很富裕的，即使他们不能为家里挣钱，家里也能供养、保护他们。在这个租金昂贵、居住空间狭窄的国家里，20 多岁的日本人还常常与父母住在一起。社会学家山田正弘（Masahiro Yamada）以一个简练却又无情的短语——“单身寄生虫”（parasite singles）来称呼他们。[①]

许多人相信，蛰居族只会出现在日本这个具有独特集体意识的岛国。有人将其追溯到武士传统——武士们要训练独处的能力，这样别人就看不到他们的弱点了。其他人则将其与日本的礼貌联系在一起——礼貌统辖着日本的日常生活，十分详备，也容易导致焦虑；在日本，人们在街上打电话都是低声说话，公共厕所里配备了“声音公主”（Sound Princess），用假的冲厕所声音盖住撒尿的声音，而且无处不在的鞠躬礼甚至扩展到了自动售货机，它们在你买东西时会恭敬地上下“鞠躬”。日语中表示“害羞”的词是“人見知り（hitomishiri）”，字面的意思是“认人”，特别是指婴儿学会分辨自己的母亲与陌生人，被陌生人抱时会哭叫。在孩子的成长过程中，这被看作是健康的一步，相应地，害羞也常常被看成是好的。

蛰居族的近亲是“御宅族”（otaku）——沉迷于电脑游戏和漫画书的年轻“呆子”，这些人经常出没于东京电子产品集中区域秋叶原的女仆咖啡馆。那里的女招待打扮成法国女仆的模样——日本动漫中一个深受痴迷的形象，和他们玩五子棋或“石头—剪刀—布”游戏，跪到桌边给他们的咖啡搅拌牛奶和糖，甚至用勺子喂他们，同时称呼他们为“主人”。2004 年的日本畅销小说《电车男》讲的是一位害羞的电脑程序员，在电车上遇到了一个漂亮的、久经世故的女人，当一个醉鬼骚扰她时，他起身救场。这情节显然具有幻想色彩。

日本作家村上春树的作品，经常探讨日本年轻人的退隐和

---

① 大卫·皮林：《扭曲的逆境：日本与生存的艺术》，伦敦：企鹅出版社，2014 年版，第 191 页。

孤独主题。他的小说《天黑以后》的背景设置在东京一处夜生活场所（“不夜城”，大概是指新宿区的歌舞伎町）的附近，时间是一天夜晚从午夜至早上七点钟。它的主角是那些错过了回郊区的最后一班火车，躲到通宵营业的餐馆和卡拉 OK 厅包间里的人。小说的中心人物是两个近似蛰居族的年轻女人——爱丽和玛丽，两人是姐妹却互相不说话。爱丽长睡了两个月，只做维持生存的最低限度的事，既不通过静脉注射能量，也不吃放在她桌上的食物，只是当没有人在周围时才去上洗手间。玛丽在学校里受人欺凌，把食物都呕吐出来了，得了严重影响健康的胃痛，因此她少年时期就辍学了。此时她已经康复，但大部分时间里仍然是在夜间活动，她去了阿尔法城情爱旅馆（Alphaville Love Hotel）。在那里，情侣们根据大厅里展示的大照片，从带有编号的按钮中选择一间无窗的钟点房。

像许多村上春树的小说一样，《天黑以后》既是典型的日本小说，也更广泛地影射了所有现代资本主义城市的存在主义困境：消亡中的社区，薄弱的社会纽带以及流动式的生存方式。日本情爱旅馆行事谨慎，付账是通过自动取款机或者是把钱递给磨砂玻璃后的收银员，与预先结算的连锁酒店那种全球随地支付的方法并无太大不同，后者只要通过一张智能卡的芯片和密码，就能让我们完成交易，而不必与人交谈。这些方式是麻醉式的、匿名的，害羞者经常会感到安慰，因为这种冷淡对他们来说是如此的亲切。它们能让我们立即进入公共场所或私人世界，我们就像是半群居性的幽灵，不被别人关注或看到，身边却又到处都是人。

齐藤环当然不会认为，蛰居族是一种纯粹日本式的病理学的结果。相反，他将其看作是所有后工业社会所面临的问题的一部分，在这些社会中，自由市场经济居于主导地位，年轻人不得不从事临时性的工作，面对不太确定的未来。这些社会的区别在于，异化以何种方式、在什么方面体现出来。在西方，将青少年限制在家中——美国人称其为“禁足”（grounding），对于珍视行动自由的文化来说是一种惩罚。但是在日本，孩子们从很小的时候起就被教育，要认识安全的、内在的私密空间和可怕的、正式的外部空间的区别，回家进屋时脱鞋的惯例强化了这种空间转换的感觉。齐藤声称，蛰居族也出现在韩国和欧洲的一些地方，如意大利和西班牙，在这些地方也有许多年轻人还与父母同住。在英国和美国，被疏离的年轻人则更多地是出现在大街上。①

在齐藤看来，蛰居族只是普遍性问题的一个地方性表现罢了：现代生活把我们互相隔离了。印第安纳大学东南分校“害羞研究所”主任伯纳多·卡尔杜奇（Bernardo Carducci）指出，美国社会存在着相似的现象，他把它称为“愤世嫉俗式的害羞”。② 患者最可能是那些没有朋友的年轻人，他们很难与别人建立关系，作为反应，他们就退隐到一种幻想生活中，将那些拒绝他们的人不当人看。科罗拉多州利特尔顿市（Littleton）的那些所谓的“风衣杀手”（trench coat mafia）就感染了这种害羞。在哥伦拜恩中学（Columbine High School），这群愤懑不平的年轻人中的两个——埃里克·哈里斯（Eric Harris）和

---

① 齐藤环:《英文版前言》，见齐藤环:《蛰居族：无尽的青春期》，杰弗里·安吉斯译，明尼苏达州明尼阿波里斯：明尼苏达大学出版社，2013 年版，第 5~6 页。

② 伯纳多·卡尔杜奇:《害羞：新解决之道》，载《今日心理学》，2000 年 1 月，第 40 页。

迪伦·克莱伯德（Dylan Klebold），枪杀了他们的老师和 12 名同学。2007 年，卡尔杜奇在美国心理协会的一次会议上说，在过去十年所发生的 8 起致命的高中校园枪杀案中，凶手全都患有"愤世嫉俗式的害羞"。《时代》杂志在报道卡尔杜奇的发现时，使用的标题是"当害羞变得致命"。[①]

二

在日本被诊断出来的恐惧症中，最为常见的是人际恐惧症（taijin kyofusho）——对人际关系的恐惧。患上人际恐惧症的人担心自己的出现会让别人心烦，要么是因为过多的眼光接触、脸红、身体气味，要么是因为放屁。在年轻的男性中，这种情形尤为普遍，这类人最易变成蛰居族。

恐惧症是真实的感觉，但是它们也是我们思考、谈论这些感觉的方式。我们以"恐惧症"这个名字来统一命名一系列症状，这样，我们就把人类丰富的苦难切成了碎片。相似类型的恐惧症在不同历史时期、不同地方其实都出现过，只是症状略有不同或名称不同罢了。人际恐惧症在日本被诊断出来已经有一个多世纪了，但是直到 1980 年，美国精神病研究协会的《精神紊乱诊断与统计手册》才在其第三版中，增加了有几分相似的"社交恐惧症"。

1960 年代中期，南非的一位年轻的精神病医生艾萨克·马克斯（Isaac Marks）首次诊断出了社交恐惧症，当时他正在伦敦的精神病学研究所和莫兹利医院工作。在检视莫兹利医院的

---

① 爱丽丝·帕克:《当害羞变得致命》，载《时代》，2007 年 8 月 17 日。

图8－1 美国精神病研究协会编制的《精神紊乱诊断与统计手册》，第三版增加了“社交恐惧症”。长期以来，《精神紊乱诊断与统计手册》在美国具有很大的影响力。只有当病人的诊断符合手册上的描述时，医疗保险才会出钱治疗其精神疾病。现已成为全世界精神紊乱诊断的标准参考书。

恐惧症案例时，他观察到大约有8%的病人对社会处境感到焦虑，当他们集中注意力时会颤抖。他们的症状与那时最普遍的诊断结果——广场恐惧症并不十分符合。[①] 广场恐惧症病人在人群中会焦虑，但是这种恐惧更多地是害怕拥挤或者是被一大群人围住，而不是如社交恐惧症患者那样害怕被审视。广场恐惧症患者大多是女性，但是社交恐惧症患者不分性别，其症状也是独特的，比如害怕在别人面前吃饭、喝东西、呕吐、脸红、说话和写字。[②] 马克斯的发现只是初步的，却最终使得社交恐惧症被写进了《精神紊乱诊断与统计手册》，他本人对此也是喜忧参半的。

长期以来，《精神紊乱诊断与统计手册》在美国具有很大的影响力，只有当病人的诊断符合手册上的描述时，医疗保险才

① 艾萨克·马克斯:《恐惧与恐惧症》，伦敦：海尼曼医学出版社，1969年版，第113页。

② 艾萨克·M.马克斯:《恐惧症的分类》，载《英国精神医学杂志》，1970年第116期，第383页。

会出钱治疗其精神疾病。但是第三版手册的目标是要引起全世界对于精神病学的共同关注。它取得了辉煌的成功，被翻译成了多种语言，成为了全世界精神紊乱诊断的标准参考书。“害羞”开始成为临床用语，正式的测量手段也产生了，比如“脸颊和接吻害羞分级表”“社交沉默分级表”和“麦克科罗斯肯（McCroskey）害羞分级表”。每个量级都有其详细的项目和分值，为之前并不明确的、含糊的感觉——害羞带来了可测量性。比如，在“麦克科罗斯肯害羞分级表”中，引入了对一些陈述的赞同或不赞同的判断，像“我不大说话”“别人觉得我很安静”“我是个害羞的人”等。

克里斯多弗·莱恩（Christopher Lane）在其著作《害羞：正常行为是如何变成疾病的》中指出，《精神紊乱诊断与统计手册》第三版的出版是一个关键时刻，它促进了精神病学转向了生物医学。它把精神疾病主要看作是紊乱，需要用药物来治疗。自 1960 年代以来，信奉弗洛伊德学说的人失势了，因为他们的治疗方法看上去耗时耗力，而且效果时好时坏。1993 年，为了缓解《精神紊乱诊断与统计手册》上所描述的“社交焦虑紊乱”，一种药物——帕罗西汀（Paxil）在美国上市了，它起初是用来抗抑郁的药品。该药品的一则广告上说：“你知道对猫、灰尘或花粉过敏是什么样的表现。你打喷嚏、身上发痒，你的身体病了。现在，想想你对人感到过敏吧。”①

为别的用途而设计的药品也很快被调配过来，拿来应急了。百忧解（Prozac）和左洛复（Zoloft）作为抗抑郁药更广为

① 克里斯多弗·莱恩：《害羞：正常行为是如何变成疾病的》，康涅狄格州纽黑文：耶鲁大学出版社，2007 年版，第 124 页。

人知，也被用来缓解社交焦虑了。催产素（Oxytocin）也是如此，它又名“拥抱荷尔蒙”，意味着可以增进父母和孩子间的关系；此外还有喹硫平（Quetiapine）这种最初用作治疗精神分裂症的药物。在制药工业领域，这种给药物重新匹配疾病的现象被称为“因病贴牌”（condition branding）。批评者将其称为“疾病兜售”（disease mongering）——对于过度害羞、内向或屹耳式（Eeyorish）[①] 的人来说，这是自由社会的恶果的一部分。反抗害羞的战争似乎将前线开辟到了不快乐者身上，这可是一块巨大的蛮荒之地。

二

科学史专家伊恩·哈金（Ian Hacking）认为，他称之为“暂时性的精神疾病”比如社交恐惧症，似乎只是在某个特定历史时刻才冒出来的。它们部分的是话语的产物，是话语使它们被命名、被描述和被观察的。医生通过他们的诊断和治疗创造了这些紊乱名称，病人不知不觉地按照这些处方来界定自身，这是一种循环效应。但是，这并不意味着暂时性的精神疾病只是某个时期流行的分类法的结果；它们也是真实的，是能够被感知到的折磨。精神疾病是暂时性的，不仅仅是因为我们为同一种感觉找到了新的名称，也是因为特定的感觉找到了“一个生态区位”——一个在那个特定时刻适合其繁荣生长的环

① 屹耳，迪斯尼动画片《小熊维尼》系列中的角色，一只灰色的小毛驴，它悲观、过于冷静、自卑、消沉。

境。[①] 随着让它们得以显现的时机发生了改变，这些症状也转变了。例如，马克斯在 1960 年代所界定的社交恐惧症中，有许多对于在公共场合写字的恐惧——秘书害怕自己不会速记、有人担心去银行签支票时手会发抖，都已经被科技的发展克服了。[②]

"世界上所有的害羞会变成什么样子？"简·奥斯汀（Jane Austen）[③] 在 1907 年给她姐姐卡桑德拉（Cassandra）的一封信中写道，她对这个问题的预期是："在时间的进程中，道德和自然疾病会消失，新的道德和疾病会取代它们的位置。害羞和汗热病会让位于自信和中风患者。" [④] 大约一个世纪之前，精神痛苦者会出现晕厥、惊厥或脱离社会的神游症；现在，他们表现为临床忧郁症、饮食失调或社交恐惧症。在每个时代，这些症状都是十分真实的，由症状引起的痛苦大概也是如此。

所有的精神疾病表现为一个连续统一体，从理智出发，我们需要将其看作是正常状态。在我的人生中，我有许多次回避排队、回避人群，把自己关在办公室里，听到敲门声也不应声，或者是不接电话。但是从什么时候起，那些仅仅是引起悲伤的东西在无形之中变成病理性的了？我经常在他人身上看到

---

① 伊恩·哈金：《疯狂的旅行者：对于暂时性精神疾病现实的反思》，马萨诸塞州剑桥：哈佛大学出版社，2002 年版，第 81 页。

② 艾萨克·马克斯：《恐惧与恐惧症》，伦敦：海尼曼医学出版社，1969 年版，第 153 页。

③ 简·奥斯汀（1775—1817 年），英国小说家，与姐姐卡桑德拉关系密切。其小说都以匿名出版，背景、人物和题材都来自她所生活的乡村下层地主乡绅和牧师阶层的生活。

④ 简·奥斯汀 1807 年 2 月 8 日的书信，见迪尔德丽·勒法耶编：《简·奥斯汀的书信》，牛津：牛津大学出版社，2014 年版，第 124 页。

一些症状：年轻人连续几个星期也不迈出家门一步，一想到进入呆满人的房间就呼吸急促，一想到在公共空间里吃东西或喝东西就不知所措。这些现象让我想到，现代生活可能确实滋生了焦虑者和害羞者。

1997 年，英国心理协会组织了第一次关于害羞问题的国际会议，在卡迪夫召开。会上，菲利普·津巴多作了主题发言，他认为害羞正在变成一种流行病。他注意到，他的斯坦福害羞调查中心的数据表明，被确认为害羞者的比例上升到了 60%，他担心一个人与人之间没有交流的“新冰河时代”正在到来。他批评电子邮件、互联网和手机提供了一种接触的幻像，甚至出纳员也被自动取款机取代了，所有这些都让偶然接触这一“社会粘合剂”松动了。[①] 他预言，到 2000 年时，一整天不与任何人交谈也是件容易的事了。

在其他美国社会理论家比如罗伯特·普特曼（Robert Putnam）、约翰·卡乔波（John Cacioppo）和雪莉·特克（Sherry Turkle）的著作中，团体生活的衰落也是一个常见主题。他们提出，孤独是现代生活的病毒，是我们的生活方式——按照需求来定制消费的产物。这种生活方式使我们彼此隔离，然后再向我们兜售廉价的科技解决方法，来缓解我们的痛苦。我们前所未有地依靠特克所说的“社交机器人”来取代血肉之躯，[②] 比如“希瑞”（Siri）——苹果手机中的数字助手；或者“帕罗”（Paro）——日本用于老年护理的、可爱的海豹宝宝，它可以与人进行眼光接触，受到轻抚时会有回应。我们正在变成一种

---

① 琳达·格兰特：《羞怯者的沉默》，载《卫报》，1997 年 7 月 22 日。

② 雪莉·特克：《孤独地共处：我们为什么更多地指望科技，而更少地指望彼此》，纽约：基础读物出版社，2011 年版，第 1 页。也可参见第 8~9 页。

“半缺场文化”（culture of semi-absent）中的公民，“孤独地生活在一起”。甚至在公共场合，我们的脸也埋在手机和平板电脑后面，耳机缓冲了他人的噪音；我们眼睛盯着触摸屏，通过拇指在上面的舞动，我们就能与其他地方的朋友交谈。这个新机器时代让我们可以控制相互之间的联系次数，就像是吊注生理盐水一样。

三

然而，这个由科技创造出来的新冰河时代有一个奇怪之处。自由市场或许确实把我们变成了原子化的消费者，我们买东西、读东西、听东西，相互间进行实际的交谈，静默地穿过两边摆满商品的购物通道，在自动结账台输入我们的密码，跟随机器的声音指引结账。但是市场也想要知道我们的一切。它强调没有什么可以阻挡信息的自由流动，我们在一个电子的公共广场中过着我们的私人生活，这里的每个人都是裸体的、不知羞耻的。“脸书”（Facebook）将这种在线自我暴露的形式称为“彻底透明化”（radical transparency），它可以方便地将我们的身份与我们的购物记录联系起来，让我们更容易成为广告商的目标。

社交网络和智能手机的兴起，让人们可以稀松平常地暴露他们的私人生活，上传他们的陶醉照片，或者更新他们关系状态的变化——这些方式在几年前对我们所有人来说似乎是匪夷所思的，至今在我看来仍然是怪异的。就像生活于“老大哥”监视之下的人们真的会忘掉摄像头的存在一样，生活于社交网络之中的人们一点也感觉不到，公共生活与私人生活是相互对立的，有着不同类型的语言和行为。他们的默认模式是：这是自由、流畅的私人谈话，尽管陌生人可以偷听。

我在成人之后的生活中，大部分时间会巧妙地回避照镜子，回避看我在商店橱窗中的影像。我感觉自己像是一个火星人，偶然落入了这个充满了自拍杆和数码替身的新世界。我使用 Skype 网络电话时，对电脑屏幕一角那小方框中自己的头部特写感到不安。在这个美丽新世界中，真的有公民会快乐地把他们自己的照片上传到约会应用软件中，允许陌生人在他们的照片下选择“喜欢”或“不喜欢”，他们赶走不合格的求婚者，仿佛是赶走苍蝇一样？这感觉像是我们梦游到了一个奇怪的空间中，仅仅是在历史的一眨眼之间，就变得习惯于个人私密性限度的重大改变了。

我这样安慰自己：这是每个时代都有的自负，以为它已经彻底改变一切了。经过大约 15 万年的进化之后，人的个性必定会反抗短期效应。新技术并没有改变我们的本性；它们围绕着人类的本性塑造自身。尽管许多人在上网时似乎不明白他们是处于公共空间之中，别的人却精心地构造了一个刀枪不入的网络身份，从来不会影响他们的线下生活。现在出现了一些反脸书（anti-Facebook）应用，它们可以让你向通讯录中的所有联系人发送匿名信息，或者是读过之后即可自行消除的信息，就像是电影《不可能的任务》中那样。互联网给我们的一个教训是，保持私密性和匿名性的愿望有很强的复原能力，即使这种愿望在网上得到了满足，但是也并不总会让我们变得更温和或更体贴。在我们的社会本能和我们想从部落篝火旁偷偷溜走、独自沉思之间，总是存在着一种张力。对于我们所有人来说，这种张力的程度是不同的，但确实是永远存在的，自从狩猎采集者之中出现第一个因为生气而走到洞穴后面的人时起即已存在了。

在《精神紊乱诊断与统计手册》第三版中，“社交恐惧症”只占了几段篇幅。但是在其 2013 年出版的第五版中，它扩展到了 7 页之多。尽管其中强调，“通常的害羞”“本身并不是病态的”——很难让人放心的一个提醒，但是它罗列了广泛的社交焦虑紊乱症状。患者关心的是，“他或她会被评判为焦虑、脆弱、疯狂、愚蠢、无聊、吓人、肮脏或不讨人喜爱”。其变体还包括“害羞膀胱综合症”（shy bladder syndrome）——在公共厕所里有别人在场时尿不出来，以及“选择性的缄默症”，即对在社交场合中发表讲话的特有焦虑。①

按照现在的这种诊断方法，我们都是特别害羞和焦虑的，这是很惊人的结果。我不知道这是否是因为：就像抑郁者比精神病人的治疗效果要好一样，某种程度上，让过度害羞的人更自信，比让过度自信的人更害羞要容易一些——部分原因是，羞怯者更可能自我质疑，首先对治疗持开放态度。如果制药公司决定将其用于开发药品的狡猾手段，扩展到在不可一世、自以为是的人中导入适度的害羞的话，我可以推荐一些人去做临床试验。

尽管我曾经考虑过要医生给我开点赛乐特（Seroxat）——帕罗西汀在英国的名称，在国民医疗保健部门就可以得到，但我现在意识到我为什么从来没有付诸实践了。由害羞而引起的悲伤是真实的，帮助别人减轻这种痛苦是个高尚的目标。但

① 美国精神病研究协会:《精神紊乱诊断与统计手册（第 5 版）》，华盛顿特区：美国精神病研究协会，2013 年版，第 206、203、207 页。

是，吃药治疗社交焦虑症——因为感到愚蠢、无聊或者不受欢迎，感觉就像是对着风大喊，与雨争吵。这感觉像是试图发现一种治疗方法来抑制活跃状态。

四

1960年代晚期，神经学家奥立佛·沙克斯（Oliver Sacks）[①] 在贝丝·亚伯拉罕医院（Beth Abraham Hospital）治疗病人。这家位于纽约市布朗克斯的医院被称为“无可救药者之家”，病人曾是1920年代传染性的“昏睡症”的受害者，在超过40年的时间里都处于半清醒的状态。当沙克斯以左旋多巴药（L-dopa）治疗他们时，他们戏剧性地从他们的紧张性精神症状态中走了出来。沙克斯开始对这类人——由于大脑损伤、药物或外科手术而发生了戏剧性的性格转变的人产生了浓厚的兴趣。他的一位叫娜塔莎（Natasha K）的病人，一个害羞的、90岁的老太太，因受长期潜伏的神经梅毒的作用而摆脱了拘谨，爱与年轻男人调情。另一位病人B夫人，一位矜持的化学研究员，因受脑癌的作用而变成了一个爱开玩笑的人。这些案例似乎表明，我们的个性是脆弱的东西，因为它们完全受一个精致的、易损害的物体——大脑的控制。

可是，沙克斯作品中一个反复出现的主题是，人们在时尚之下的表现是不正常的，疾病让我们的独特性展现出来。身体受损害的人们比如昏睡症或紧张性精神症患者，毋庸置疑仍然

① 奥立佛·沙克斯（1933— ），英裔美国精神病学家、作家，写有许多关于精神病个案病史的很有特色的著作。

是他们自己。那种认为非物质性的个性完全产生于物质性的大脑的看法是很令人震惊的，因为大部分的人类历史是不可思议的，甚至于该受到天谴的。然而，同样令人震惊的是沙克斯的核心发现：大脑——这个居于我们两耳之间、由脂肪和蛋白质组成、三磅半重的凝胶状团块，维持着人的具有连贯性的个性，对我们大多数人来说，这种个性会持续终生。

沙克斯自己即是这个发现的注脚。他自童年时代起即患上了顽固的害羞，他用害羞者常用的一些策略（长期与人通信、沉迷于工作之中、借酒壮胆）以及一些不太常见的策略，来缓解他的孤独。1950 年代，作为一个年轻的英国人，沙克斯喜爱骑摩托车，因为摩托车提供了将身体与机器结合起来的感觉，可以从自我意识中暂时逃脱出来。这就像摩托车对 T. E. 劳伦斯的作用一样——他喜欢在糟糕的路面上，骑上强劲的超级款布拉夫（Brough Superiors）疾驰。沙克斯也受到了摩托车社团的欢迎；摩托车似乎“绕过了障碍，为每个人带来了社交松弛感和

图 8–2　神经学家奥立佛 · 沙克斯。童年时代起他即为顽固的害羞所苦，并有伴随终生的脸盲症。沙克斯认为，他自己害羞的根本原因既是心理上的，也是神经上的。而另一方面，他与其他害羞的医生比如 W.H.R. 里弗斯和罗伯特 · 考利一样，发现临床关系可以将自己从社交不安感中解放出来。对自身的超越最终他成为了当代最有影响力的神经学家、作家，被誉为“医学桂冠诗人”。

好脾气，即使是在呆板的英格兰也是如此”。[①]1960 年代前期，当沙克斯居住在加州圣莫尼卡（Santa Monica）的马索尔海滩（Muscle Beach）附近时，他开始过度地弥补自己的害羞。就像查尔斯·阿特拉斯（Charles Atlas）[②]的健美广告上那 98 磅的羸弱者，他开始了一段短暂却狂热的举重运动员生涯。在后来的生活中，他在水中寻求甜蜜的自我遗忘感觉，每天在长岛海峡（Long Island Sound）独自游泳数小时。

沙克斯的作品中散落着一些自传性的碎片，其中透露了他的害羞是怎么殃及了他的生活。他的第一本著作从来没有出版过，内容是关于肌阵挛——肌肉不由自主地抽搐的。因为他把唯一一份手稿给了该领域的一位专家，专家不久就自杀了，沙克斯因太过害羞，而没有向专家的寡妻要回手稿。他把自己在人际关系上的被动性与他的脑炎病人相比，这些病人从来不主动与人联系，但是却能接住别人抛来的球。当他试图去学习手语时，他发现他的食指不断地做着叉形符号，意思是“但是”。然而，他与其他害羞的内科医生比如 W.H.R. 里弗斯和罗伯特·考利一样，发现临床关系可以将他从社交不安感中解放出来，他能够与病人形成亲密的关系。

作为一名神经学家，他把自己的害羞称为“疾病”，并倾向于假定其临床原因，比如伴随他终生的脸盲症，这意味着他认不出人来，甚至认不出他自己的影像，只能根据他人的轮廓去认人。他避免参加晚会，知道会引起尴尬，比如未向朋友打招

① 奥立佛·沙克斯:《四处奔波的一生》，伦敦：斗牛士出版社，2015 年版，第 73 页。

② 查尔斯·阿特拉斯（1893—1972 年），美国健美先生，其教授的运动课程经由漫画书的广告宣传而大为流行。

呼或者把陌生人当成了朋友去打招呼。毫无疑问，脸盲症会加重人们的害羞，因为人脸不像其他动物的脸那样彼此之间很不相似，认脸是我们大多数人都可以出色地做到的，也是社会生活的基本组成部分之一。但是沙克斯承认，他自己害羞的根本原因既是心理上的，也是神经上的。自从他在预备学校里被一位精神错乱的老师威吓之后，他说，他部分地感到自己是“被禁止存在的”。[1]

沙克斯还有一个更大的困境：他想要被人们认识和认可，但是他对此并无自信。当他的关于偏头痛的第一本著作在英国媒体上受到评论时，他的父亲——也是一位医生，对他的儿子上报纸一事感到厌恶，因为当时做广告是可以让一位医生被从医师名录中除名的事。沙克斯一半赞成他父亲的看法，并且在多年之中，他都将“出版”（publish）错读成“惩罚”（punish）。[2] 他个性中的这种基本的矜持恒定地存在着，甚至 1960 年代他在加州相当鲁莽地服用了一些精神药品之后也是如此。进入老年之后，他宣称自己“遗憾的是 80 岁时还有着 20 岁时的、令人苦恼的害羞”。[3] 在被诊断出患上了眼癌之后，他本应关上门大哭的，但是甚至是一个人独处时，他也害羞得不愿喊叫。

---

① 约翰·海尔佩恩：《离开水的鱼》，载《独立报》，1991 年 2 月 17 日。

② 奥立佛·沙克斯：《四处奔波的一生》，伦敦：斗牛士出版社，2015 年版，第 155 页。

③ 奥立佛·沙克斯：《老年的快乐》，载《纽约时报》，2013 年 7 月 6 日。

五

个人成长是我们这个时代中的成长行业。它的指导原则是，个性是可塑的、柔韧的，是一种可以学习和改变的技能组合。戴尔·卡耐基（Dale Carnegie）[1]式的著作占满了书店的“心—体—神”（mind-body-spirit）书架：《如何与人交谈》《告别害羞》《让你自己变成难忘的人》《如何照亮房间以及让别人喜欢你》。它们贩卖的都是从害羞中重生的故事，讲述人们如何将自己从抑郁的孤独者转变为交际明星。这些故事不过是年度减肥明星故事在心理领域的翻版，像减肥明星穿着旧的、现在已经显得很肥大的裤子高兴地摆姿势炫耀一样。研究害羞的机构使用像“社交健康等级”这样的短语来衡量人的个性，听上去就像是在健身房里一样。从这种积极思考模式出发，害羞总是必须要“破产的”或者要“被征服的”。

但是，如果我从考察害羞者的生活中学会了什么的话，那便是：我们的个性并不会发生诸如此类的突然转向。我在此书中所写到的所有人，在他们生命的终点时仍然如在生命的起点时一样害羞。他们想方设法去掩盖它，引导它，巧妙地处理它或者逐渐转变它，但是它从未离开。我怀疑，如果我能像沙克斯那样活到 90 岁，我也将只是找到更多的方法去适应我的害羞，就像一个口吃的人学会去回避特定的词语一样。

护士帕梅拉·布赖特（Pamela Bright）在 1959 年的著作《日子将尽》中，写到了她在米德尔塞克斯医院（Middlesex Hospital）

---

① 戴尔·卡耐基（1888—1955年），美国作家、教育家，被誉为20世纪重要的心灵导师和成功学大师，著有一系列成人教育的书籍。

癌症病房工作的情形。她注意到，她的病人们死去的方式与他们活着时是一样的——“有侵略性的、害羞的、挑剔的、幽默的、感激的、疲倦的、健谈的和坚定自信的，他们都有话要告诉世界，然后离开人世”。自我中心主义者在生命的终点很难伺候，做作的人则精神饱满地发表他们的最后演讲，谦逊者在凌晨时分安静地离开，不想给别人惹麻烦，“从生命中溜走，就像野生动物偷偷地溜进孤独的处所之中”。[①] 当然，在生命快要终结时还害羞是毫无意义的，这时别人怎么看你已经没有意义了。你的意识都快结束了，为什么还要难为情呢？不过，从什么时候起害羞是理性的呢？如果你是理性的，你早已治愈了你的害羞，这样或许对你是有好处的。

我开始把自己的害羞看成是一种顽固的现实，就像沙克斯的病人的个性那样，甚至他们大脑中的损害和肿瘤也从未完全将其消除。我意识到，最好的策略便是禅宗式的接受。如果我承认我的害羞是一种顽固现实的话，就像是长了招风耳或歪牙一般，我就能接受它。我决定像软件开发者所说的那样，把害羞看成是一个特征，而不是一个错误。我现在只是试图做到，在与一个陌生人交谈后，我离开时只有轻微的挫败感。我或许借鉴商店里经常出现的那些告诫人们讲求信用的标语，给自己戴上一枚徽章，上面写着“请不要期望精彩的交谈，因为失败的现实会让你失望的”。

如果我不再勉强自己，害羞的症状就会减轻，我可以更多

① 帕梅拉·布赖特：《日子将尽》，伦敦：麦克吉本及凯伊出版社，1959年版，第163、182页。

地关注世界与他人。人们害羞的时候，越是想它，害羞越会加重。因此，如果你不去想它，情况或许不会变好，但也不会变坏。我竭尽所能地去反抗它，同时学会了去承受它，学会了既不以它为耻，也不暗自以它为荣。因此，我自己与害羞的战争最后以一份不稳定的休战协议而告终。

由于敌对状态暂停了，至少我可以说，我躲开了做蛰居族的命运。没有人需要在我门口的托盘上放上食物，或者雇用一名替代性的兄弟姐妹来将我哄诱走出家门。我不再认为我自己会散发出一些看不见的、让人不愉快的信息素了。我偶尔白天在公共场所出现，傍晚时分会被带去参加晚会，然后独自离开，没有人担心我会泪流满面地打个照面就跑掉。如果有人敲我办公室的门，我会应答（大多数时候）；如果电话铃响了，我会接电话（通常）。

换句话说，我会很快表现出还算说得过去的一个正常人的形象，因为我知道这是我们活着必须要作出的一部分付出，即使我有时感到我不得不竭尽情感努力去应付。就像是一个洗心革面的戒烟者一样，我希望离开围坐在酒吧或餐馆桌边的瘾君子们，跑出去偷偷地享受一点原先的孤独。在工作中，我曾经参加过一次火灾安全意识讲座。我们被告知：一进入到任何建筑物之中，我们就应该注意紧急出口在哪儿，因此当听到警报时，我们知道如何在匆忙中逃生。我想，那便是我了：总是一只眼盯着紧急出口，那是我计划好了的逃跑路线。

六

一位朋友对我说："你不认为害羞是上天给予我们的一个礼

物吗？我的意思是说，它给了我们一个倾斜了的视点，一种看待世界的特别方式。”我当时提出了异议，但是我现在改变主意了，开始接受她的思考方式。大多数时候，害羞是人们不想要的一个礼物。但是它仍然是礼物，伴随着它而来的孤独感赋予了我们难得的洞察力，我们现在很难想象没有这种洞察力该如何生活。

弗吉尼亚·伍尔芙（Virginia Woolf）① 在一篇漂亮的散文《论生病》中写到，疾病的体验可以粉碎“关于世界的幻想——以为它面面俱到，反映了每一声的呻吟；关于人的幻想——以为他们被共同的需要、恐惧绑定在一起，一只手腕抽搐，另一只就会痉挛”。当我们生病时，我们变成了“正直者军队”里的逃兵，那个军队在为一个勇敢却徒劳的目标作战，却反过来把我们给回避或遗忘了。生病的异质性，它对沉静和孤立的强制要求，让我们明白我们在这个世界上最终都只能靠自己。我们在正常的健康状态下，保持着友善的假面，试图“与人交流、做文明人、与人分享”。但是生病时“这个伪装停止了”。

不过，伍尔芙提出，疾病也开启了“未被发现的国度”——一些意识的新领域，既是惩戒性的也是创造性的。② 疾病提醒我们，我们的生命是建在沙地上的，最终什么都是不重要的。陷入悲伤之中不能自拔的人们经常说出相同的话：被迫走出公共生活的轨道后，他们看清了自己的真面目——集体生活塑造出来的一个组合性的怪物。害羞为我们提供了这种从社交

① 弗吉尼亚·伍尔芙（1882—1941 年），英国小说家、评论家，是著名的“布卢姆斯伯里”团体的核心之一，1941 年因精神病而投河自杀。

② 弗吉尼亚·伍尔芙:《论生病》，见《文集：第4卷》，伦敦：霍迦斯出版社，1967 年版，第 196、193 页。

生活中游离出来的状态，它的强度较低但却更为持久，让我们怀疑地看着这个似乎令人困惑的、奇怪的世界。

确实，正如疾病和悲伤一样，害羞带来了疏离感。这会让我们稍微显得有点疯狂，就像《蝴蝶梦》中那个无名的叙述者，想知道世界上有多少人像她一样，“遭受了痛苦，并继续遭受着痛苦，因为他们无法从自己害羞和矜持的网中逃脱，他们在自己面前盲目地、愚蠢地建起了一面扭曲的高墙，把真理掩藏了起来”。[①] 但是处在这垛扭曲的高墙之后，也让我们由外而内地打量这个社交世界。这便是一个礼物——只要我们偶尔攀过高墙，坚持把握现实，再一次地加入到“正直者军队”的伪装之中就行了。

七

我们仍然不能给害羞下定论。有人将其看作是无礼或自负的一种形式，有人则将其看作是敏感和睿智的标志，在不诚实的社交生活中是难得的。我开始认识到，害羞除了其自身之外很少再有意义。非常普遍的情形是，从害羞并不能推断出什么特别令人厌恶的或品德高尚的人类品性。它可以与自我中心主义、自怜联系在一起，也可以与谦逊、体贴联系在一起。害羞就在那儿，构成了人的多样性拼图中的一块。我对害羞的所有研究，得出的结论是我已经知道了的：人的行为是无比丰富和古怪的。

---

① 达夫妮·杜穆里埃：《蝴蝶梦》，伦敦：潘恩出版社，1975年版，第288页。

伊莱恩·摩根（Elaine Morgan）[1] 在她的著作《进化的创伤》中认为，人体的许多部分只是怪异的、无目的性的进化过程中的偶然残余物。比如，腰椎的弯曲部分可以让我们站起来，它就是一个进化的补充，这意味着我们的脊椎不可脱离其位置，不能承受太大的压力。因此，大约 400 万年前，我们的类人猿祖先中有一些做出了选择，不再四肢着地移动，站立了起来。这也是解释为什么我们今天在工作中需要休息的最常见原因：腰痛。有一种现象，进化生物学家将其称作“适应不良性行为”，即一种动物进化出的特征可以让它在一种环境中繁荣成长，在另一种环境中可能就不起作用了。

关于进化的一个常见神话是：它像发条一样地运转，有着一个清晰的设计和目标，它总是在寻找生存问题的理想答案。事实上，数十亿年来，进化所做的只是把自然变成了一个漂亮、壮丽的混乱世界。自然选择很少会落在完美的解决方案上。它只是消除了不可行的方案，最终留下了关于生存问题的、数以亿计的不同解决方案。没有人会把它称作为最佳解决方案，我当然也不会。但是它又是一个解决方案，部分地带有一些特征——自然作家理查德·梅比（Richard Mabey）恰如其分地将其称为存在的“多余粉饰”。[2] 害羞是进化过程中的又一个偶然事件，是我们人类进化的一个计划之外的衍生物，与人类奇怪的内省能力有关。它颇类似于腰痛——会随着时间的流逝而缓解，但又是易于复发的。害羞也会退潮和流动，毫无征

① 伊莱恩·摩根（1920—2013 年），英国女作家，著有多部进化人类学方面的书籍，提出“水猿假说”等理论。

② 理查德·梅比：《生命的进化》，见《绿荫之下：风景随笔》，伦敦：艾伦及昂温出版社，1985 年版，第 128 页。

兆地就会来折磨我们，就像坐骨神经痛一样。

我猜想，没有了害羞，人们可能会更快乐些，就像没有了腰背阵痛或其他随机问题如粉刺、近视、静脉曲张和头皮屑，人们可能会更快乐些一样。但是世界也许就平淡了一些，少了一分趣味。大自然可能是一团糟，但是它有一种巧妙的能力，即尽力把损失减到最小。进化的增量修补工作确实会改善世界。比如，我们背部的下部脊椎在过去的一千多年里逐渐增大，以更好地支撑它们必须承受的重量。正如摩根指出的，如果“直立行走在最初几百万年里是最困难的时期”，[①] 那么对于害羞来说也是如此：经过如此长时间的与它共存之后，我应该学会与它和睦相处了，甚至学会去利用它了。正如自然界需要不可爱的东西比如泥炭沼泽和蚯蚓栖息地，以维持其平衡一样，世界大概也需要害羞者——和大胆者，以及居于两者之间的所有类型的人，以弥补人类行为这一生态系统的微妙平衡。

害羞只是我们意识的一部分——我们意识到我们与其他生物共享着世界，意识到与他们共存是尴尬的却不可避免的。甚至于不会思考的物种似乎也略知这个道理，正如英国林业专家查尔斯·莱恩·普尔（Charles Lane Poole）在1920年代早期所发现的那样，当时他在澳大利亚和巴布亚新几内亚——那时归澳大利亚统治，独自开展了广泛的林木资源调查。尽管他在一次射击意外中失去了左手，装了个钩子代替，但是他在爬树方面很勇敢、很有才能，他考察树冠的方式，之前也没有科学家做过。

① 伊莱恩·摩根:《进化的创伤》，伦敦：纪念品出版社，1990年版，第27页。

热带雨林从地上看过去，树冠看上去像一大团乱糟糟的藤状植物。但是莱恩·普尔发现，即使是在长得再密实的森林里，树冠的顶部也有缝隙：相邻的树的主要嫩枝会停止生长，在它们之间毕恭毕敬地留出几英尺的距离。这种情形通常发生在相同的树种之间，仿佛它们是为了照顾同类。但是这在不同的树种之间也会发生——在热带雨林里，每公顷的土地上会有几百种的树种。莱恩·普尔，这个没有一丝英国式矜持的骑士，想出了一个甜美的名字去命名这种现象：皇冠害羞。①

尽管科学家们近年来有充分的条件去探索热带雨林的树冠，比如站到飞艇的充气研究平台上，停到树冠上方，但是他们仍然未能解决“皇冠害羞”这一神秘现象。有一种理论认为，它是由风的摇摆造成的，风的摇摆导致了敏感的新枝的摩擦和死亡。另一种理论认为，当枝尖接近其他树叶时，它们能感受到巨大的树荫，为了增加自身的日照强度，它们停止了生长。还有一种说法是，这是树木避开吃树叶的毛毛虫和其他害虫的一种方式，就像我们担心感染别人的病菌，拒绝与人握手一样。但是没有人能确定哪种解释是对的，正如没有人知道为什么海里的珊瑚礁之间也存在相似的现象一样。

当然，“皇冠害羞”是一个充满了拟人化的隐喻说法。树木和珊瑚礁互相之间并不真的害羞，同样地，紫罗兰也并不真的害羞。但是在理查德·梅比看来，“皇冠害羞”是一个便利的隐喻。他说，这表明地球上的生命遵守一个基本原理，即生命之间是讲求实际和协作的，而不是由我们通常所想象的丛林原则

① M. R. 雅各布斯：《桉树的生长习性》，堪培拉：林业与木材局，1955年版，第 128 页。

支配的，只存在捕杀—被杀的逻辑。地球上超过一半的植物和动物物种生活在森林的林冠之中，它们中的大多数物种协同式地生活着，尊重彼此的空间。生命是与环境间协商、调整，而不是毁灭竞争者，追求“适者生存”的过程——达尔文的“适者生存”思想经常是被过于曲解了。①

我更愿意把害羞看成是这样一个过程。正如热带雨林的树冠，我们害羞，是因为我们知道我们与其他生物不同。因为我们是人类，我们也就携带了这种罕见的自我意识，只有我们才明白，尽管我们都需要亲密关系，但我们又是孤独地面对世界的。在已知的宇宙中，人类的大脑是最为复杂的东西，从一个大脑到另一个大脑是我们走过的最艰难的旅程，每次交流的尝试都是一次赌博，不能确保我们被理解甚至于被倾听。考虑到这些顽固的现实，我们彼此之间有点害羞难道不是可以原谅的吗？

我终生都在反抗这种感觉——害羞是一种个人苦难，这种感觉让我只能从边缘去看生命。我的这种感觉很早就种下了，现在已经基本固定了，因此即使再多的成熟思考似乎也不能完全将它从我身上移除。但是至少现在，当我头脑比较清醒时，我看到了它只是一个幻觉。害羞不仅是人类的一项基本属性，它甚至是一把万能钥匙，可以帮我们理解这些社会性动物——脑子里充满了奇怪的自我忏悔和自我反思能力的现代智人。害羞并没有将我与喜爱群体生活的其他人类疏离开来；它是将我与他们联系到一起的共同纽带。

---

① 理查德·梅比：《圈起天堂：对于伊甸园神话的反思》，伦敦：伊甸园计划书屋，2005 年版，第 194 页。

致谢

我感谢在本书写作过程中所有帮助过我的人，他们为我提供了阅读材料、提出了建议或者与我谈论本书的内容，他们是：乔·弗里尔（Jim Friel）、埃尔斯佩思·格雷厄姆（Elspeth Graham）、琳西·汉利（Lynsey Hanley）、迈克尔·莫兰（Michael Moran）、韦恩·莫兰（Wynn Moran）、杰米·奥布莱恩（Jamie O'Brien）、乔安娜·普赖斯（Joanna Price）、格里·史密斯（Gerry Smyth）、萨米·苏登约基（Sami Suodenjoki）、卡罗琳娜·萨顿（Karolina Sutton）、露辛达·汤普森（Lucinda Thompson）和凯特·沃切斯特（Kate Walchester）。我也感谢利物浦中心图书馆、沃林顿图书馆及哲学学会的听众们，我曾经在这些地方与他们分享了我的想法。

丹尼尔·克鲁（Daniel Crewe）委托我写作此书，在我写作本书的初期阶段，他提供了大力支持；塞西莉·盖福德（Cecily Gayford）自始至终关心本书的写作，并进行了一丝不苟的编辑工作。我还要感谢马修·泰勒（Matthew Taylor）付出了细致的文字编辑工作，以及轮廓出版社的潘尼·丹尼尔

（Penny Daniel）、安德鲁·富兰克林（Andrew Franklin）、安娜－玛丽·菲茨杰拉德（Anna-Marie Fitzgerald）的所有帮助。

我所引用的“大众观察”组织的材料，版权属于“大众观察档案”的受托人，复印时得到了他们的允许。

译后记

探索害羞之谜

二十世纪八九十年代以来，西方史学出现了所谓的“文化转向”，“新文化史”成为了历史学的主流。1989年，美国学者林·亨特主编的《新文化史》问世，正式祭出了“新文化史”的大旗。新文化史关注的是“百姓的日常生活及其意义世界”，极大地开拓了史学的研究领域，使得之前难登大雅之堂的主题和材料成为了史学新宠。最极端的一个例证便是美国学者吉姆·道森的《尴尬的气味：人类排气的文化史》，其实中译本标题已经作了隐晦处理，英文版的副标题直译过来是“放屁的文化史”。很难想象，屁大的事怎么能与历史、与似乎高深莫测的学术著作联系起来，然而它们又确实与古往今来的所有人息息相关；“放屁”这样的事情固然微不足道，但是人们对待它们的态度和态度变化中却折射了不同文化的特质及其变迁的轨迹。

正如姜进在《新文化史经典译丛》“总序”中所说，“无论是貌似平静的日常生活，还是轰动一时的重大事件，新文化史研究的焦点都是当时当地参与其中的人群对自己的生活和周围世界的体验和理解，她/他们的生存策略以及表达自己诉求的特殊方式，相信生活在过去的男男女女正是以自己特殊的生存策略和对自由解放的向往开辟了人类生活方式的无限可能性”。新文化史关注的焦点决定了它无法从历史典籍中获得太多的材料，往往只能从个人性的日记、书信、传记、回忆以及文学作品中收集支离破碎的片段，从而明显地体现了叙事史学的特征。这就是林·亨特所断言的，“再现（representation）是史学家再也无法回避的一个问题”，“历史学研究的对象与文学和艺术的研究对象相似”。

《羞涩的潜在优势》即是这样一部文化史著作。作者乔·莫兰是利物浦约翰·摩尔斯大学英语和文化史教授，被誉为“一位具有惊人天赋的社会历史学家”“对于被忽视领域的首屈一指的探索者和解释者”。在英国苏塞克斯大学（Sussex University）攻读硕士和博士阶段，莫兰即对大学里特藏的“大众观察”档案表现出极大的兴趣，开始关注日常生活领域，特别是20世纪中叶以来的英国日常生活领域。除本书外，莫兰还著有《为初学者排序：从早餐到就寝，日常生活的故事》（2007）《在路上：一段被掩藏的历史》（2010）以及《扶手椅上的民族：电视机前的英国人的私密史》（2013），探讨的都是吃饭、睡觉、电视、公路等日常事物。这些事物平常到让我们习焉不察，却隐含着深层的文化意蕴。换言之，我们如何生活、我们进行什么样的日常活动，这些巨大的惯性事实上是由文化所规约的。

害羞自然也是文化的产物。尽管莫兰在《羞涩的潜在优势》中提及了不少自然界的“害羞”现象，从海豹、蝾螈、信天翁、麋鹿到人类的近亲红毛猩猩，从经常被用来隐喻“害羞”的紫罗兰到热带雨林中树冠的“皇冠害羞”现象，但是这些不过是人类一厢情愿的移情作用罢了。害羞是人类特有的一种情感反应，与人类特有的自我意识密切相关。人类是唯一一种可以将意识本身作为意识对象的动物，因此，意识到自己害羞会加重自己的害羞。害羞现象令进化论的始作俑者达尔文也百思不得其解，也暴露了我们对于进化论的通常误解——以为进化只是某种单一的进程，只有优秀的、具有适应性的品质才能留传下来。

莫兰推测，自从人类远祖中的个别人离开人群，潜入到洞穴深处，在墙壁上留下最早的艺术作品，害羞便存在了。人类学家马林诺夫斯基在西太平洋的岛民身上，欧文·戈夫曼在苏格兰北部设德兰岛的岛民身上，都发现了显著的害羞现象，马林诺夫斯基据此甚至倾向于将害羞看成是人性的基本组成部分。害羞现象如此普遍，却也表现出一定的地域特征，北欧民族以及莫兰的同胞——英国人，便以害羞、矜持著称；在同一个国家的不同地区，比如瑞典和法国的南北部居民在害羞程度方面也呈现出明显的差异。作为民族性格的害羞，往往可以从自然环境、社会结构、政治文化等方面找到解释，比如北欧的严寒天气、英国工人阶级的身份认同以及英国政治文化中的保密修辞等等。个体性的害羞，即使在最不害羞的民族中也能找到最害羞的案例，则与遗传、家庭、教育、个人经历等复杂原因联系在一起，往往同时也烙刻着时代与文化的印记。害羞现象显然要比我们想象中的复杂得多，不是仅仅以“天性”或“个性”之类的词语就能简单涵盖的。

作者主要考察了历史上一些伟大的害羞者的行迹：大卫·赖特、托马斯·布朗、达尔文、乔治·特里维廉、亚历山大·金莱克、第五代波特兰公爵、西格夫里·沙逊、H. R. 里弗斯、罗纳尔德·费尔班克、斯蒂芬·坦南特、阿兰·图灵、欧文·戈夫曼、伊丽莎白·泰勒、英格玛·伯格曼、查尔斯·舒尔茨、加里森·凯勒、戴高乐、阿奇博尔德·韦弗尔、英国国王乔治六世、阿加莎·克里斯蒂、德克·博加德、格伦·古尔德、尼克·德雷克、瓦什提·班扬、劳瑞、保罗·塞尚、乔吉奥·莫兰迪、坦普·葛兰汀、阿尔弗雷德·温赖特、珍妮特·法兰姆、托芙·扬松、博比·查尔顿、乔治·贝斯特、阿兰·本奈特、史蒂夫·莫里西、奥立佛·沙克斯……。如果加上那些顺带提及的害羞者，这个名单会更长。他们有男有女，国籍涉及英国、美国、意大利、法国、加拿大、芬兰、瑞典、新西兰，身份更是五花八门，遍及作家、科学家、历史学家、公爵、国王、总统、将军、社会学家、导演、音乐家、画家、演员、医生、足球明星等等。他们中的少数人已为中国读者所熟悉，如达尔文、戴高乐、塞尚以及被尊为“计算机之父”的阿兰·图灵，但是他们性格中害羞的一面则不为人知；大多数人都是国内读者较为陌生的，却往往是某个国家某个时代的文化英雄。

这些害羞者并不是励志故事的主角，相反，他们终其一生都在与自己的害羞缠斗。有的甚至达到了惨烈的地步，比如第五代波特兰公爵耗时耗力建造了自己的庞大地宫，加里森·凯勒差点因害羞而丧命，珍妮特·法兰姆几乎跳进了泰晤士河。莫兰与他笔下的这些人物一样，也长年受害羞的困扰。这既激发了他探讨害羞这一论题的兴趣，也提供了他检视自身害羞的契机。通过这些人物和自身的经历，他得出了一个多少有些令人沮丧的发现——你几乎很难摆脱自己的害羞，唯一的办法就是学会与其共处。许多伟大的害羞者在与周围的人沟通受阻时，转而积蓄力量、另寻他途，试图与更大范围的人群建立别样的联系，成就了各自的事业。害羞没有阻碍亚历山大·金莱克与他人决斗的勇气，没有妨碍西格夫里·沙逊成为战壕中的孤胆英雄；害羞反而让博比·查尔顿和乔治·贝斯特成为了足球场上的勇者，让托芙·扬松、史蒂夫·莫里西、劳瑞等人以文字、歌声、绘画等建立了与世界的联系。

莫兰小心地避免了关于害羞的两个极端看法。一个是最常见的看法，即把害羞看成是反常甚至于病态。1980年，“社交恐惧症”被写进了美国精神病协会的《精神紊乱诊断与统计手册》第三版之中，“害羞”成为了临床用语，并有了相应的测量手段。2013年，在该手册的第五版中，关于“社交恐惧症”的内容增加了很多倍。更为令人震惊的是，按照其标准衡量，“我们都是特别害羞和焦虑的”。许多抗抑郁及治疗精神分裂症的药品被拿来治疗社交焦虑症。与此同时，个人成长成为了我们时代中的成长产业，书店里充斥着卡耐基式的自我激励、自我成长式的作品。

对于害羞者来说，这些都构成了巨大的压抑力量，甚至成为他们自我诊断的依据，并内化为他们的自我评价。在我们这个看上去似乎已经足够多元与包容的时代里，其实仍然充斥着理想的人格模板，它越强大，就会产生越深的强迫性。随着“亚健康”概念的提出和普及，越来越多的人们陷入了健康焦虑之中。这种焦虑与其说因健康而起，不如说因关于健康的话语而生。正如苏珊·桑塔格在《疾病的隐喻》中所说，“没有比赋予疾病以某种意义更具惩罚性的了”。

另一种看法并不占主流，却有成长的趋势。它把害羞看成是一项天赋，至少是具有天赋的某种证明。在将害羞当作“异常”这一点上，这种看法其实与前一种如出一辙，不同的只是评价上的截然对立罢了。如果它不能激发我们重新去思考所谓“正常”的标准，它也可能会沦为一种反向压迫。一些孤独症患者的确展现了罕见的才能，但是，莫兰同时注意到了像日本社会中“蛰居族”这样的人群正在日益增长。随着现代科技的进步尤其是社交媒体的广泛使用，现代社会的一个矛盾也日益突出：我们交往的手段越来越便捷，却越来越像陌路人；我们在社交媒体上大量分享自己的私人生活，却感受到了前所未有的孤独。

当新科技创造出了一个无交流的“新冰河时代”，害羞是否将会成为人类的常态？我们如何对待这种普遍性的害羞？害羞的矛盾性在于，它是一种“穿着低跟鞋的傲慢”；在人际交往中，害羞者不想引人注目，却恰恰因为害羞而引人注目。而且正如前文所提及的，害羞者一旦意识到自己的害羞，只会让害羞状况加重。正因为如此，刻意矫正害羞往往效果适得其反。莫兰通过历史上伟大害羞者的故事告诉我们，正视害羞、与害羞妥善地共处，最重要的是不要因为害羞而中断了与他人、与更广阔的人群交流的努力和尝试，才是害羞者走出自我的不二法门。作为一个严重的害羞者，莫兰也以自己的方式践行了这一点。他的系列著作包括本书，将他与世界上更广的、陌生的人群联系起来，不正展现了害羞的力量吗？

本书根据英国轮廓图书有限公司（Profile Books Ltd）2016年英文版译出。由于译者水平有限，不当之处敬请读者批评指正。

译者
2017 年 4 月于西安交通大学

图书在版编目（CIP）数据

羞涩的潜在优势——害羞者心理指南/（英）乔·莫兰著；张勇译. — 重庆：重庆出版社，2017.12

ISBN 978-7-229-12618-6

Ⅰ. ①羞… Ⅱ. ①乔… ②张… Ⅲ. ①个性心理学 Ⅳ. ①B848.9

中国版本图书馆CIP数据核字（2017）第216828号

版贸核渝字（2017）第167号

羞涩的潜在优势——害羞者心理指南

XIUSEDE QIANZAI YOUSHI——HAIXIUZHE XINLI ZHINAN

［英］乔·莫兰 著 张 勇 译

责任编辑：孙 曙 叶 子
特约编辑：李少林
装帧设计：主语设计

重庆出版集团
重 庆 出 版 社 **出版**

重庆市南岸区南滨路162号1幢 邮政编码：400061 http://www.cqcb.com

北京中科印刷有限公司 印刷

开本：889mm×1194mm 1/32 印张：11.75 字数：200千

2017年12月第1版 2017年12月第1次印刷

ISBN 978-7-229-12618-6

定价：54.80元